电工入门200例

DIANGONG RUMEN 200LI

张宪　张大鹏　主编

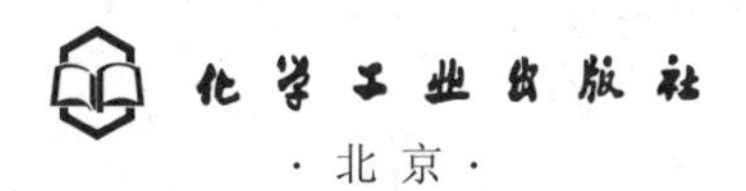

·北京·

图书在版编目（CIP）数据

电工入门200例/张宪，张大鹏主编. —北京：化学工业出版社，2017.5
ISBN 978-7-122-29266-7

Ⅰ.①电… Ⅱ.①张…②张… Ⅲ.①电工技术-基本知识 Ⅳ.①TM

中国版本图书馆CIP数据核字（2017）第048159号

责任编辑：宋　辉　　　装帧设计：王晓宇
责任校对：王素芹

出版发行：化学工业出版社（北京市东城区青年湖南街13号　邮政编码100011）
印　　装：三河市延风印装有限公司
787mm×1092mm　1/16　印张16　字数383千字　　2017年6月北京第1版第1次印刷

购书咨询：010-64518888（传真：010-64519686）　售后服务：010-64518899
网　　址：http://www.cip.com.cn
凡购买本书，如有缺损质量问题，本社销售中心负责调换。

定　　价：49.00元

版权所有　违者必究

前言

FOREWORD

进入 21 世纪，电工电子技术的发展日新月异，现代电气设备性能和结构发生的巨大变化令人目不暇接。我们已经进入了高速发展的信息时代。电工技术的广泛应用，给工农业生产、国防事业、科技和人民的生活带来了革命性的变化。如果我们想正确地掌握、使用、维修电气设备，就必须具备一定的理论知识、具有较强的动手能力。为推广现代电工技术，普及电工科学知识，编者根据多年的电气工作实践经验，并结合教学科研经验，对维修电工应掌握的基础知识和实际操作技能进行了全面地梳理，编写了这本《电工入门 200 例》。

本书对电工入门知识和实际操作做了详尽叙述，可为初学者奠定较扎实的理论和实际操作知识，既是广大初学者的启蒙读本和速成教材，也是电工的良师益友。

本书内容包括电工基本知识与常用符号、电工识图技能、电工材料、低压电器及应用、高压配电、变压器、三相异步电动机、三相异步电动机典型控制线路、直流电动机、照明与配线、安全用电等。

本书由张宪、张大鹏主编，郭振武、赵慧敏、刘小钊、白效松副主编，邹放、陈影、沈虹、赵建辉、李志勇、付兰芳、韩凯鸽、杨冠懿等参编。全书由贾继德、付少波、王冠群主审。

由于水平有限，书中难免有不妥之处，恳请广大读者批评指正。

编　者

目 录

CONTENTS

第九章　直流电动机 ………………… 176

第十章　照明与配线 ………………… 204

第十一章　安全用电 ………………… 231

Chapter 01

第一章 电工基本知识与常用符号

例 1 电气设备常用基本文字符号

文字符号适用于电气技术领域中技术文件的编制，用以标明电气设备、装置和元器件的名称及电路的功能、状态和特征。

根据我国最新公布的电气图用文字符号的国家标准（新标准编号 GB/T 7159）规定，文字符号采用大写正体的拉丁字母，分为基本文字符号和辅助文字符号两类。基本文字符号分为单字母和双字母两种。单字母符号是按拉丁字母顺序将各种电气设备、装置和元器件分为 23 大类，每大类用一个专用单字母符号表示，如“R”表示电阻器类、“C”表示电容器类等，但单字母符号应优先采用。

双字母符号由一个表示种类的单字母符号与另一个字母组成，其组合形式应以单字母符号在前，另一个字母在后的次序列出。如“TG”表示电源变压器，“T”为变压器单字母符号。只有在单字母符号不能满足要求，需要将某大类进一步划分时，才采用双字母符号，以便较详细和具体地表达电气设备、装置和元器件等。各类常用基本文字符号，如表 1-1 所示。

表 1-1 电气设备常用基本文字符号

设备、装置和元器件种类	举例	基本文字符号	
		单字母	双字母
组件部件	分离元件放大器 激光器 调节器	A	
	本表其他地方未提及的组件、部件		
	电桥		AB
	晶体管放大器		AD
	集成电路放大器		AJ
	磁放大器		AM

续表

设备、装置和元器件种类	举例	基本文字符号	
		单字母	双字母
组件部件	电子管放大器	A	AV
	印制电路板		AP
	抽屉柜		AT
	支架盘		AR
非电量到电量变换器或电量到非电量变换器	热电传感器 热电池 光电池 测功计 晶体换能器 送话器 拾音器 扬声器 耳机 自整角机 旋转变压器 变换器或传感器（用作指示和测量）	B	
	压力变换器		BP
	位置变换器		BQ
	旋转变换器（测速发电机）		BR
	温度变换器		BT
	速度变换器		BV
电容器	电容器	C	
二进制元件 延迟器件 存储器件	数字集成电路和器件 延迟线 双稳态元件 单稳态元件 磁芯存储器 寄存器 磁带记录机 盘式记录机	D	
其他元器件	本表其他地方未规定的器件	E	
	发热器件		EH
	照明灯		EL
	空气调节器		EV
保护器件	过电压放电器件（避雷器）	F	
	具有瞬时动作的限流保护器件		FA
	具有延时动作的限流保护器件		FR
	具有延时和瞬时动作的限流保护器件		FS
	熔断器		FU
	限压保护器件		FV

续表

设备、装置和元器件种类	举　　例	基本文字符号	
		单字母	双字母
发生器 发电机 电源	旋转发电机	G	
	振荡器		
	发生器		GS
	同步发电机		
	异步发电机		GA
	蓄电池		GB
	旋转式或固定式变频机		GF
信号器	声响指示器	H	HA
	光指示器		HL
	指示灯		HL
继电器 接触器	瞬时接触继电器	K	KA
	瞬时有或无继电器		KA
	交流继电器		KA
	电流继电器		KA
	闭锁接触继电器(机械闭锁或永磁铁式有或无继电器)		KL
	双稳态继电器		KL
	接触器		KM
	极化继电器		KP
	簧片继电器		KR
	延时有或延时无继电器		KT
	逆流继电器		KR
	电压继电器		KV
电感器 电抗器	感应线圈 线路陷波器 电抗器(并联和串联)	L	
电动机	电动机	M	
	同步电动机		MS
	可做发电机或电动机用的电机		MG
	力矩电动机		MT
模拟元件	运算放大器 混合模拟/数字器件	N	
测量设备 试验设备	指示器件 记录器件 积算测量器件 信号发生器	P	
	电流表		PA

续表

设备、装置和元器件种类	举　例	基本文字符号	
		单字母	双字母
测量设备试验设备	(脉冲)计数器	P	PC
	电度表		PJ
	记录仪器		PS
	时钟、操作时间表		PT
	电压表		PV
电力电路的开关器件	自动开关	Q	QA
	转换开关		QC
	断路器		QF
	刀开关		QK
	负荷开关		QL
	电动机保护开关		QM
	隔离开关		QS
电阻器	电阻器	R	
	变阻器		
	电位器		RP
	测量分路表		RS
	热敏电阻器		RT
	压敏电阻器		RV
控制、记忆、信号电路的开关器件选择器	拨号接触器 连接级	S	
	控制开关		SA
	选择开关		SA
	按钮开关		SB
	机电式有或无传感器(单级数字传感器)		
	液体标高传感器		SL
	压力传感器		SP
	位置传感器(包括接近传感器)		SQ
	转数传感器		SR
	温度传感器		ST
变压器	电流互感器	T	TA
	控制电路电源用变压器		TC
	电力变压器		TM
	磁稳压器		TS
	电压互感器		TV

续表

设备、装置和元器件种类	举例	基本文字符号	
		单字母	双字母
调制器 变换器	鉴频器 解调器 变频器 编码器 变流器 逆变器 整流器 电板译码器	U	
电子管 晶体管	气体放电管	V	
	二极管		VD
	晶体管		VT
	晶闸管		VT
	电子管		VE
	控制电路用电源的整流器		VC
传输通道 波导 天线	导线 电缆 母线 波导 波导定向耦合器 偶极天线 抛物天线	W	
端子 插头 插座	连接插头和插座 接线柱 电缆封端和接头 焊接端子板	X	
	连接片		XB
	测试插孔		XJ
	插头		XP
	插座		XS
	端子板		XT
电气操作的 机械器件	气阀	Y	
	电磁铁		YA
	电磁制动器		YB
电气操作的 机械器件	电磁离合器	Y	YC
	电磁吸盘		YH
	电动阀		YM
	电磁阀		YV
终端设备 混合变压器 滤波器 均衡器 限幅器	电缆平衡网络 压缩扩展器 晶体滤波器 网络	Z	

例 2 电工常用辅助文字符号

电工常用辅助文字符号如表 1-2 所示。

表 1-2 电工常用辅助文字符号

文字符号	名称	文字符号	名称	文字符号	名称
A	电流	A	模拟	AC	交流
A AUT	自动	ACC	加速	ADD	附加
ADJ	可调	AUX	辅助	ASY	异步
B BRK	制动	BK	黑	BL	蓝
BW	向后	C	控制	CW	顺时针
CCW	逆时针	D	延时(延迟)	D	差动
D	数字	D	降	DC	直流
DEC	减	E	接地	EM	紧急
F	快速	FB	反馈	FW	正,向前
GN	绿	H	高	IN	输入
INC	增	IND	感应	L	左
L	限制	L	低	LA	闭 锁
M	主	M	中	M	中间线
M MAN	手动	N	中性线	OFF	断开
ON	闭合	OUT	输出	P	压力
P	保护	PE	保护接地	PEN	保护接地与中性线共用
PU	不接地保护	R	记录	R	右
R	反	RD	红	R	
RES	备用	RUN	运转	RST	复位
ST	启动	S SET	置位,定位	S	信号
STE	步进	STP	停止	SAT	饱和
T	温度	T	时间	SYN	同步
V	真空	V	速度	TE	无噪声(防干扰)接地
WH	白	YE	黄	V	电压

例 3 测量仪表常用文字符号

电工测量仪表常用文字符号如表 1-3 所示。

表 1-3　电工测量仪表常用文字符号

文字符号	名称	文字符号	名称
A	安培表	varh	乏时表
mA	毫安表	Hz	频率表
μA	微安表	λ	波长表
kA	千安表	cosφ	功率因数表
Ah	安培小时表	φ	相位表
V	伏特表	Ω	欧姆表
mV	毫伏表	MΩ	兆欧表
kV	千伏表	n	转速表
W	瓦特表(功率表)	h	小时表
kW	千瓦表	$\theta(t^\circ)$	温度表(计)
var	乏表(无功功率表)	$\pm$	极性表
Wh	瓦时表(电度表)	ΣA	和量仪表(如电量和量表)

例 4　电压电流及接线元件图形符号

电压电流及接线元件图形符号见表 1-4。

表 1-4　电压电流及接线元件图形符号

图形符号	说　明	文字符号
——	直流	DC
∼ 50Hz	交流，50Hz	AC
∼	低频(工频或亚音频)	
≈	中频(音频)	
≋	高频(超音频、载频或射频)	
≂	交直流	
+	正极	
−	负极	
↷	按箭头方向单向旋转	
	双向旋转	
∿	往复运动	

续表

图形符号	说明	文字符号
	非电离的电磁辐射(无线电波、可见光等)	
	电离辐射	
	正脉冲	
	负脉冲	
	交流脉冲	
	锯齿波	
	故障(用以表示假定故障位置)	
	击穿	
	屏蔽导线	
	同轴电缆、同轴对	
	端子	
	导线的连接	
	导线的交叉连接	
	导线的不连接(跨越)	
	插座(内孔)或插座的一个极	
	插头(凸头)或插头的一个极	
或	插头和插座(凸头和内孔)	X
	接地一般符号	E
	接机壳或接底板	
	等电位	

例 5 无源元件图形符号

无源元件图形符号见表 1-5。

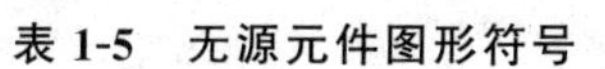

表 1-5　无源元件图形符号

图形符号	说　　明	文字符号
	电阻器一般符号	R
	可变(调)电阻器	R
	滑动触点电位器	RP
	带开关滑动触点电位器	RP
	压敏电阻器(U 可用 V 代替)	RV
	热敏电阻器(θ 可用 t°代替)	RT
	磁敏电阻器	
	光敏电阻器	
	0.125W 电阻器	R
	0.25W 电阻器	R
	0.5W 电阻器	R
	1W 电阻器(大于 1W 用数字表示)	R
	熔断电阻器	R
	滑线式变阻器	R
	两个固定抽头的电阻器	R
	加热元件	
	电容器一般符号	C
	穿心电容器	C
	极性电容器	C
	可变(调)电容器	C
	微调电容器	C
	热敏极性电容器	C
	压敏极性电容器	C
	双联同调可变电容器	C
	差动可变电容器	C

续表

图形符号	说　明	文字符号
	电感器、线圈、绕组、扼流圈	L
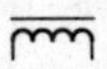	带磁芯铁芯的电感器	L
	磁芯有间隙的电感器	L
	带磁芯连续可调的电感器	L
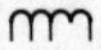	有两个抽头的电感器(可增加或减少抽头数目)	L
	可变电感器	L
	双绕组变压器	T
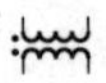	示出瞬时电压极性标记的双绕组变压器	T
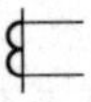	电流互感器　脉冲变压器	TA
	绕组间有屏蔽的双绕组单相变压器	T
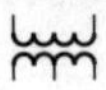	在一个绕组上有中心点抽头的变压器	T
	耦合可变的变压器	T
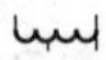	单相自耦变压器	T
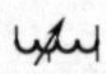	可调压的单相自耦变压器	T

例 6　天线、指示灯等图形符号

天线、指示灯等图形符号见表 1-6。

表 1-6　天线、指示灯等图形符号

图形符号	说　明	文字符号
	天线一般符号	W
	环形(框形)天线	W
	磁棒天线(如铁氧体天线)(如不引起混淆,可省去天线一般符号)	W
	偶极子天线	WD*

续表

图形符号	说　明	文字符号
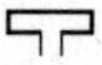	折叠偶极子天线	WD*
	无线电台一般符号	
	原电池或蓄电池	GB
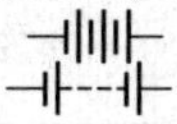	原电池组或蓄电池组	GB
	灯和信号灯一般符号	H
	闪光型信号灯	HL
	电铃	HA
	电警笛、报警器	HA
	蜂鸣器	HA
	传声器(话筒)一般符号	BM*
	扬声器一般符号	BL*
	扬声-传声器	B
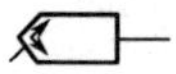	唱针式立体声头	B
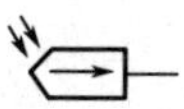	单音光敏播放头	B
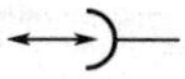	单声道录放磁头	B
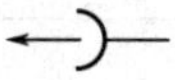	单声道录音磁头	B
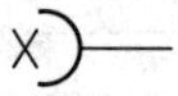	消磁磁头	B
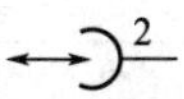	双声道录放磁头	B
	具有两个电极的压电晶体	B
	具有三个电极的压电晶体	B

例 7　滤波器、仪表等图形符号

滤波器、仪表等图形符号见表 1-7。

表 1-7　滤波器、仪表等图形符号

图形符号	说　　明	文字符号
*	电动机一般符号，符号内星号必须用下述字母来代替： G　发电机，M　电动机， MS　同步电动机，SM　伺服电动机， GS　同步发电机	G
	滤波器一般符号	Z
	高通滤波器	Z
	低通滤波器	Z
	带通滤波器	Z
	带阻滤波器	Z
	高频预加重装置	
	高频去加重装置	
	压缩器	Z
	扩展器	Z
	均衡器	Z
dB	可变衰减器	
V	电压表	PV
	示波器	P
	检流计	P
θ	温度计、高温计	P
n	转速表	P
	熔断器一般符号	FU
	避雷器	F
	手动开关的一般符号	S
E	按钮开关(不闭锁)	SB

续表

图形符号	说　　明	文字符号
	拉拔开关(不闭锁)	S
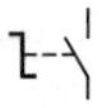	旋钮开关、旋转开关(闭锁)	S
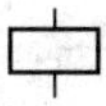	继电器一般符号	K

注：表中带“*”的双字母符号，是根据国家标准GB/T 7159中的“补充文字符号的原则”而补充的。

例8　控制装置和阻容元件新旧电路图形符号对照表

控制装置和阻容元件新旧电路图形符号对照见表1-8。

表1-8　控制装置和阻容元件新旧电路图形符号对照

新符号(GB 4728)		旧符号(GB 312)	
名称	图形符号	名称	图形符号
动合触点(本符号可作开关一般符号)	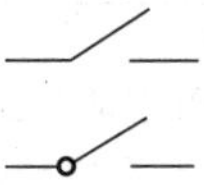	开关的动合触点	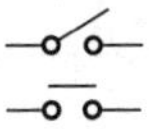
		继电器的动合触点	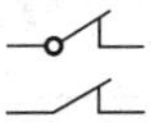
动断触点	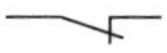	开关的动断触点	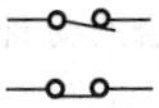
		继电器的动断触点	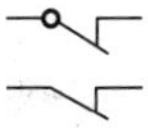
先断后合的转换触点	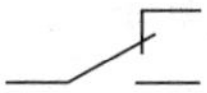	开关的切换触点	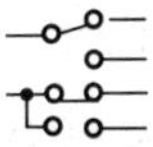
		继电器的切换触点	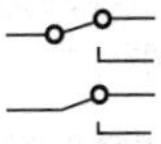
中间断开的双向触点	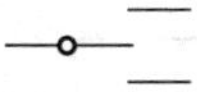	单极转换开关	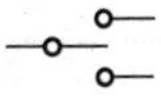
有弹性返回的动合触点		—	—
有弹性返回的动断触点		—	—
动合按钮开关	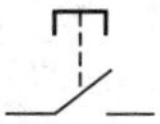	带动合触点的按钮	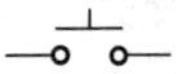
动断按钮开关		带动断触点的按钮	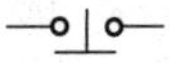

续表

新符号(GB 4728)		旧符号(GB 312)	
名称	图形符号	名称	图形符号
手动开关的一般符号		—	—
热敏电阻器	θ	直热式热敏电阻	t°
极性电容器	优选型 其他型	有极性的电解电容器	
热继电器动合触点		热继电器动合触点	
热继电器动断触点		热继电器动断触点	
延时闭合的动合触点		延时闭合的动合触点	
延时断开的动合触点		延时断开的动合触点	
延时闭合的动断触点		延时闭合的动断触点	
延时断开的动断触点		延时断开的动断触点	
接近开关动合触点		接近开关动合触点	
接近开关动断触点		接近开关动断触点	
气压式液压继电器动合触点	p	气压式液压继电器动合触点	
气压式液压继电器动断触点	p	气压式液压继电器动断触点	
速度继电器动合触点	n	速度继电器动合触点	n
速度继电器动断触点	n	速度继电器动断触点	n

续表

新符号(GB 4728)		旧符号(GB 312)	
名称	图形符号	名称	图形符号
接触器线圈	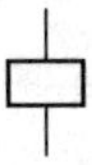	接触器线圈	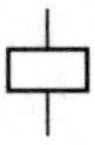
继电器线圈	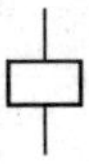	继电器线圈	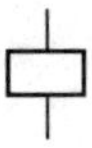
缓慢释放继电器的线圈	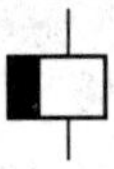	缓慢释放继电器的线圈	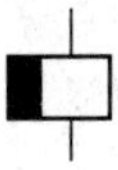
缓慢吸合继电器的线圈	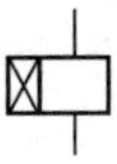	缓慢吸合继电器的线圈	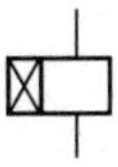
热继电器的驱动器件	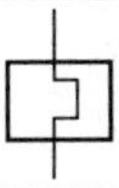	热继电器的驱动器件	
电磁离合器	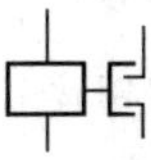	电磁离合器	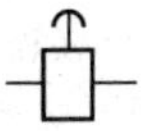
电磁阀		电磁阀	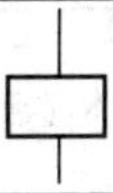
电磁制动器		电磁制动器	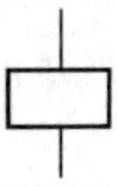
电磁铁	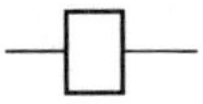	电磁铁	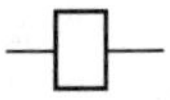
照明灯一般符号	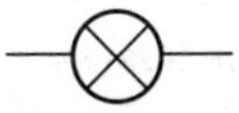	照明灯一般符号	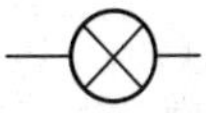

例 9　半导体器件新旧电路图形符号对照表

半导体器件新旧电路图形符号对照见表 1-9。

表 1-9　半导体器件新旧电路图形符号对照

新符号(GB 4728)		旧符号(GB 312)	
名称	图形符号	名称	图形符号
半导体二极管一般符号		半导体二极管、半导体整流器	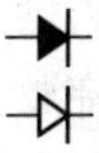
发光二极管		发光二极管	

续表

新符号(GB 4728)		旧符号(GB 312)	
名称	图形符号	名称	图形符号
变容二极管		变容二极管	
单向击穿二极管、电压调整二极管		稳压二极管	
光电二极管		光电二极管	
光电池		光电池	
光敏电阻		光敏电阻	
反向阻断三极晶体闸流管		半导体晶闸管	
双向晶体闸流管		双向晶闸管	
具有N型基极单结型半导体管		双基极二极管	
N沟道结型场效应半导体管		—	—
PNP型半导体管		p-n-p型半导体管	
NPN型半导体管		n-p-n型半导体管	

例10 项目代号各代号段的构成方法

为便于查找、区分各种图形符号所表示的元器件、装置和设备，在电路图上采用一种称为"项目代号"的特定代码，标注在各个图形符号的旁边。电路图上的每个图形符号所表示的元器件、装置与系统都可称为项目。

一个完整的项目代号应包括高层代号、位置代号、种类代号和端子代号四个代号段。可见，项目代号不仅提供项目种类，而且还提供项目的层次关系、实际位置等信息。

各代号段可由拉丁字母或数字组成，也可由拉丁字母和数字组合而成。为了区分各代号段，分别规定了前缀符号。

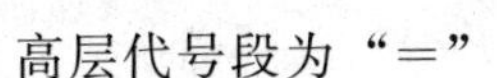

高层代号段为“＝”

位置代号段为“＋”

种类代号段为“－”

端子代号段为“:”

使用前缀符号可使各代号段以适当方式进行组合。为了使图面避免不必要的拥挤，项目代号允许适当简化，不一定全部包含四个代号段，根据需要可以由一个代号段构成，也可以由几个代号段构成，甚至省去前缀符号，使电路图简单、清晰。其各代号段的构成方法如表 1-10所示。

表 1-10　项目代号各代号段的构成方法

代号段名称	说明	组成方法	举例
种类代号“－”	用以识别项目的种类的代号	前缀符号加字母代码和数字序号。其中字母代码就是文字符号，如表 1-4 所示	—W5—PJ2 简化 W5PJ2 表示：电度表 PJ2 属于线路 W5 上使用
高层代号“＝”	指系统或设备中较高层次的项目的代号	前缀符号加字母和数字序号	＝A4—W5PJ2 表示：线路 W5 又是 4 号开关柜 A 内的线路
位置代号“＋”	表示项目在设备、系统或建筑中实际位置的代号	前缀符号加字母和数字构成	＋106＋C＋3 简化为＋106C3，如图 1-1 所示 表示：106 室有四个开关柜和控制柜的开关室。列用字母表示，机柜用数字表示。对于 C 列第 3 机柜的位置代号为＋106＋C＋3
端子代号“:”	表示接线端子、插头、插座、连接片一类元件上的端子	前缀符号加数字构成	X1:3 表示：端子板 1 上的第 3 号端子

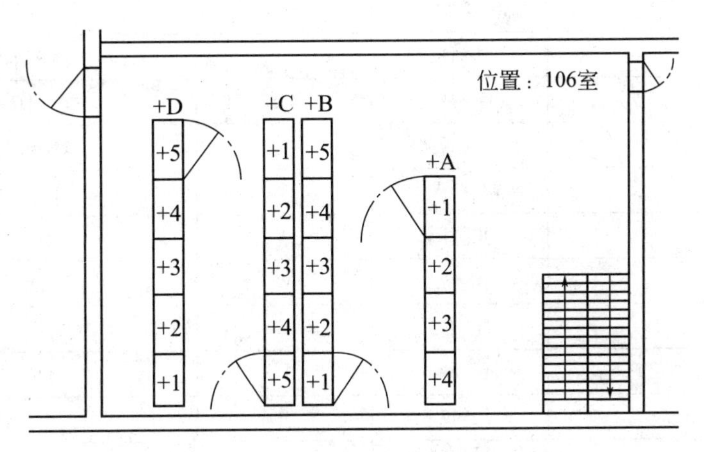

图 1-1　设备的位置代号

例 11　国际单位制基本单位

国际单位制基本单位如表 1-11 所示。

表 1-11 国际单位制基本单位

量的名称	单位名称	单位符号
长度	米	m
质量	千克(公斤)	kg
时间	秒	s
电流	安[培]	A
热力学温度	开[尔文]	K
物质的量	摩[尔]	mol
发光强度	坎[德拉]	cd

注：1. 圆括号中的名称，是它前面的名称的同义词，下同。

2. 无方括号的量的名称与单位名称均为全称。方括号中的字，在不致引起混淆、误解的情况下，可以省略。去掉方括号中的字即为其名称的简称。下同。

3. 本标准所列的符号，除特殊说明外，均指我国法定计量单位中所规定的符号以及国际符号，下同。

4. 人们在生活和贸易中，质量习惯称为重量。

例 12 国际单位制辅助单位及导出单位

包括国际单位制辅助单位在内的具有专门名称的国际单位制导出单位，如表 1-12 所示。

表 1-12 国际单位制辅助单位及导出单位

量的名称	引导出单位		
	名称	符号	用 SI 基本单位和 SI 导出单位表示
[平面]角	弧度	rad	1rad=1m/m=1
立体角	球面度	sr	$1sr=1m^2/m^2=1$
频率	赫[兹]	Hz	1Hz=1/s
力	牛[顿]	N	$1N=1kg/m/s^2$
压力,压强,应力	帕[斯卡]	Pa	$1Pa=1N/m^2$
能[量],功,热量	焦[耳]	J	1J=1N·m
功率,辐[射能]通量	瓦[特]	W	1W=1J/s
电荷[量]	库[仑]	C	1C=1A·s
电压,电动势,电位,(电势)	伏[特]	V	1V=1W/A
电容	法[拉]	F	1F=1C/V
电阻	欧[姆]	Ω	1Ω=1V/A
电导	西[门子]	S	1S=1/Ω
磁通[量]	韦[伯]	Wb	1Wb=1V·s
磁通[量]密度,磁感应强度	特[斯拉]	T	$1T=1Wb/m^2$
电感	亨[利]	H	1H=1Wb/A

续表

量的名称	引导出单位		
	名称	符号	用 SI 基本单位和 SI 导出单位表示
摄氏温度	摄氏度	℃	1℃＝1K
光通量	流[明]	lm	1lm＝1cd・sr
[光]照度	勒[克斯]	lx	$1lx=1lm/m^2$

例 13　国际单位制词头

国际单位制中构成倍数单位的词头，如表 1-13 所示。

表 1-13　国际单位制词头

因数	词头名称		符号
	英文	中文	
10^{24}	yotta	尧[它]	Y
10^{21}	zetta	泽[它]	Z
10^{18}	exa	艾[可萨]	E
10^{15}	peta	拍[它]	P
10^{12}	tera	太[拉]	T
10^{9}	giga	吉[咖]	G
10^{6}	mega	兆	M
10^{3}	kilo	千	k
10^{9}	hecto	百	h
10^{1}	deca	十	da
10^{-1}	deci	分	d
10^{-2}	centi	厘	c
10^{-3}	milli	毫	m
10^{-6}	micro	微	μ
10^{-9}	nano	纳[诺]	n
10^{-12}	pico	皮[可]	p
10^{-15}	femto	飞[母托]	f
10^{-18}	atto	阿[托]	a
10^{-21}	zepto	仄[普托]	z
10^{-24}	yocto	幺[科托]	y

例 14　可与国际单位制单位并用的我国法定计量单位

可与国际单位制单位并用的我国法定计量单位，如表 1-14 所示。

表 1-14　可与国际单位制单位并用的我国法定计量单位

量的名称	单位名称	单位符号	与 SI 单位的关系
时间	分	min	1min＝60s
	[小]时	h	1h＝60min＝3600s
	日(天)	d	1d＝24h＝86400s
[平面]角	度	°	1°＝(π/180)rad
	[角]分	′	1′＝(1/60)°＝(π/10800)rad
	[角]秒	″	1″＝(1/60)′＝(π/648000)rad
体积	升	l,L	$1l=1dm^2=10^{-3}m^3$
质量	吨 原子质量单位	t u	$1t=10^3kg$ $1u\approx1.660540\times10^{-27}kg$
旋转速度	转每分	r/min	1r/min＝(1/60)/s
长度	海里	n mile	1nmile＝1852m (只用于航行)
速度	节	kn	1kn＝1nmile/h＝(1852/3600)m/s (只用于航行)
能	电子伏	cV	$1eV\approx1.602177\times10^{19}J$
级差	分贝	dB	
线密度	特[克斯]	tex	$1tex=10^{-6}kg/m$
面积	公顷	hm^2	$1hm^2=10^4m^2$

注：1. 平面角单位度、分、秒的符号，在组合单位中应采用（°）、（′）、（″）的形式。

例如，不用°/s 而用（°）/s。

2. 升的两个符号属同等地位，可任意选用。

3. 公顷的国际通用符号为 ha。

例 15　常用法定计量单位与非法定计量单位及其换算

常用法定计量单位与非法定计量单位及其换算，如表 1-15 所示。

表 1-15　常用法定计量单位与非法定计量单位及其换算

物理量名称	法定计量单位		非法定计量单位		单位换算
	单位名称	单位符号	单位名称	单位符号	
长度	米	m	英尺 英寸	ft in	1ft＝0.3048m 1in＝0.0254m
面积	平方米	m^2	平方英尺 平方英寸	ft^2 in^2	$1ft^2=0.0929030m^2$ $1in^2=6.4516\times10^{-4}m^2$
体积 容积	立方米 升	m^3 L,(l)	立方英尺 立方英寸	ft^3 in^3	$1ft^3=0.0283168m^3$ $1in^3=1.63871\times10^{-5}m^3$
质量	千克(公斤) 吨 原子质量单位	kg t u	磅 盎司	lb oz	1lb＝0.45359237kg 1oz＝28.3495g

续表

物理量名称	法定计量单位		非法定计量单位		单位换算
	单位名称	单位符号	单位名称	单位符号	
温度	开[尔文] 摄氏度	K ℃	华氏度	℉	表示温度差和温度间隔时：1℃=1K 表示温度的数值时： 摄氏温度值℃=热力学温度值K−273.15 表示温度差和间隔时：$1℉=\frac{5}{9}℃$ 表示温度数值时： $K=\frac{5}{9}(℉+459.67)$， $℃=\frac{5}{9}(℉-32)$
旋转速度	每秒 转每分	(r/min)/s		rpm	1rpm=1r/min=(1/60)/s
力；重力	牛[顿]	N	达因 千克力	dyn kgf	$1dyn=10^{-5}N$ 1kgf=9.80665N
压力，压强；应力	帕[斯卡]	Pa	巴 千克力每平方厘米 毫米水柱 毫米汞柱 工程大气压 标准大气压 磅力每平方英寸	bar kgf/cm^2 mmH_2O mmHg at atm lbf/in^2	$1bar=10^5Pa$ $1kgf/cm^2=0.0980665MPa$ $1mmH_2O=9.80665Pa$ 1mmHg=133.322Pa 1ta=98066.5Pa =98.0665kPa 1atm=101325Pa =101.325kPa $1lbf/in^2=6894.76Pa$ =6.89476kPa
能量；功；热	焦[耳] 电子伏 千瓦时	J eV kW·h	尔格 千克力米	erg kgf·m	$1erg=10^{-7}J$ 1kgf·m=9.80665J
功率，辐射通量	瓦[特]	W	千克力米每秒	kgf·m/s	1kgf·m/s=9.80665W
功率，辐射通量	瓦[特]	W	电工马力 伏安 乏	VA var	1电工马力=746W 1VA=1W 1var=1W
电导	西[门子]	S	欧姆	Ω	1Ω=1S
磁通量	韦[伯]	Wb	麦克斯韦	Mx	$1Mx=10^{-8}Wb$
磁通量密度，磁感应强度	特[斯拉]	T	高斯	Gs，G	$1Gs=10^{-4}T$
速度	米每秒 千米每[小]时 米每分	m/5 km/h m/min	英尺每秒 英里每[小]时	ft/s mile/h	1ft/s=0.3048m/s 1mile/h=0.44704m/s 1km/h=0.277778m/s 1m/min=0.0166667m/s
光照度	勒[克斯]	lx	英尺烛光	$1m/ft^2$	$1lm/ft^2=10.76lx$

续表

物理量名称	法定计量单位		非法定计量单位		单位换算
	单位名称	单位符号	单位名称	单位符号	
加速度	米每二次方秒	m/s^2	英尺每二次方秒	ft/s^2	$1ft/s^2=0.3048m/s^2$
转动惯量	千克二次方米	$kg \cdot m^2$	磅二次方英尺 磅二次方英寸	$lb \cdot ft^2$ $lb \cdot in^2$	$1lb \cdot ft^2=0.0421401kg \cdot m^2$ $1lb \cdot in^2=2.92640\times10^{-4}kg \cdot m^2$
动量	千克米每秒	kg·m/s	磅英尺每秒	lb·h/s	1lb·h/s=0.138255kg·m/s
力矩	牛米	N·m	千克力米 磅力英尺 磅力英寸	kg/m lbf·ft lbf·in	1kg/m=9.80665N·m 1lbf·ft=1.35582N·m 1lbf·in=0.112985N·m
[动力]黏度	帕秒	Pa·s	泊 厘泊	P,Po cP	$1P=10^{-1}Pa \cdot s$ $1cP=10^{-3}Pa \cdot s$
传热系数	瓦每平方米开[尔文]	$W/(m^2 \cdot K)$	卡每平方厘米秒开	$cal/(cm^2 \cdot s \cdot K)$	$1cal/(cm^2 \cdot s \cdot K)=41868W/(m^2 \cdot K)$
传热系数	瓦每平力·米开[尔文]	$W/(m^2 \cdot K)$	千卡每平方米时开	$kcal/(m^2 \cdot h \cdot K)$	$1kcal/(m^2 \cdot h \cdot K)=1.163W/(m^2 \cdot K)$
热导率	瓦每米开[尔文]	W/(m·K)	卡每厘米秒开 千卡每米时开	cal/(cm·x·K) kcal/(m·h·K)	1cal/(cm·s·K)=418.68W/(m·K) 1kcal/(m·h·K)=1.163W/(m·K)

Chapter 02

第二章 电工识图技能

例 1 电气图的组成

电气图一般由电路、技术说明和标题栏三部分组成。

(1) 电路

电路的结构形式和所能完成的任务是多种多样的，就构成电路的目的来说一般有两个，一是进行电能的传输、分配与转换，如图 2-1(a) 所示的电力系统；二是进行信息的传递和处理，如图 2-1(b) 所示的扩音机。本书着重介绍前一类电路。

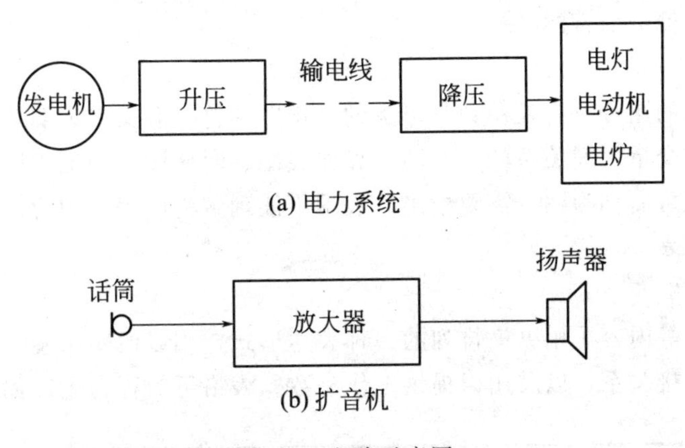

图 2-1 电路示意图

进行电能的传输、分配与转换的电路（以下简称电路），通常分为主电路和辅助电路两部分。主电路也叫一次回路，是电源向负载输送电能的电路，它一般包括发电机、变压器、开关、接触器、熔断器和负载等。辅助电路也叫二次回路，是对主电路进行控制、保护、监测、指示的电路，它一般包括继电器、仪表、指示灯、控制开关等。通常主电路通过的电流较大，导线的线径较粗，而辅助电路中的电流较小，导线的线径也较细。

电路是电气图的主要构成部分。由于电器元件的外形和结构比较复杂，因此采用国家统一规定的图形符号和文字符号来表示电器元件的不同种类、规格以及安装方式。此外，根据电气图的不同用途，要绘制成不同的形式。有的只绘制电路图，以便了解电路的工作过程及特点。有的只绘制装配图，以便了解各电器元件的安装位置及配线方式。对于比较复杂的电路，通常还绘制安装接线图。必要时，还要绘制分开表示的接线图（俗称展开接线图）、平面布置图等，以供生产部门和用户使用。

（2）技术说明

电气图中的文字说明和元件明细表等总称为技术说明。文字说明注明电路的某些要点及安装要求等，通常写在电路图的右上方，若说明较多，也可附页说明。元件明细表列出电路中元件的名称、符号、规格和数量等。元件明细表以表格形式写在标题栏的上方，元件明细表中序号自下而上编排。

（3）标题栏

标题栏画在电路图的右下角，其中注有工程名称、图名、图号，还有设计人、制图人、审核人、批准人的签名和日期等。标题栏是电路图的重要技术档案，栏目中的签名者对图中的技术内容要各负其责。

例2　电气图的表达形式

（1）简图

简图是用图形符号、带注释的框或简化外形表示系统或设备中各组成部分之间相互关系及其连接关系的一种简图。在不致引起混淆的情况下，简图也可简称为图。显然，电气图的大多数图，如概略图（也称系统图或框图）、逻辑图、功能图、电路图、接线图都属于简图。

简图并不是指内容“简单”，而是指形式的“简化”，它是相对于严格按几何尺寸、绝对位置等而绘制的机械图而言的。

（2）表图

表图是一种新的图种。它是用数量很少的专用图形符号和文字说明相结合的方法，来描述两个或两个以上变量之间关系的一种图，如曲线图、时序图、功能表图。在不致引起混淆的情况下，表图也可简称为图。需要指出，表图不能理解为图表，因为表图的表达形式主要是用图，而不是用表。

（3）表格

表格是把数据等内容采用纵横排列的一种表达形式，用以说明系统、成套设备中各组成部分相互关系或连接关系，以及用以提供工作参数。表格可简称为表，如常见的设备表等。

例3　电气图的基本要素

（1）图形符号

一个电气系统、设备或装置通常由许多部件、组件、功能单元等组成。这些部件、组件、功能单元等被称为项目。在主要以简图形式表示的电气图中，为了描述和区分这些项目的名称、功能、状态、特征及相互关系、安装位置、电气连接等，没有必要也不可能一一画出各种元件的外形结构，一般是用一种简单的符号表示，这些符号就是图形符号。

图形符号是构成电路图的主体。例如，小长方形“─▭─”表示电阻器，两道短杠

“⊣⊢”表示电容器，连续的半圆形“⌒⌒⌒”表示电感器等。各个元器件图形符号之间用连线连接起来，就可以反映出调幅音频发射电路的结构，即构成了调幅音频发射电路的电路图。如图2-2所示就是几种常见电子元器件的电路图形符号。

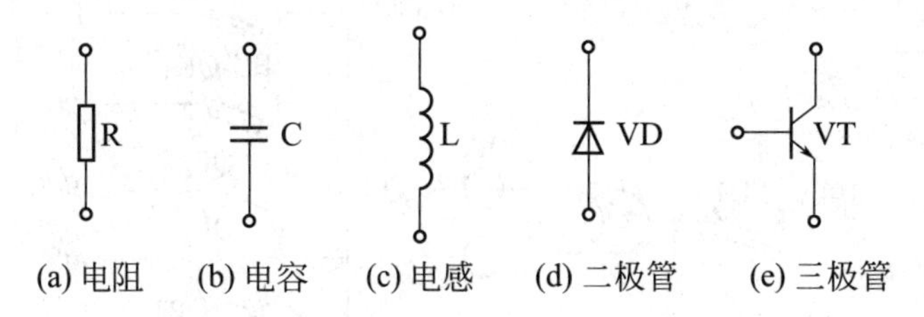

图2-2　几种常见电子元器件的电路图形符号

（2）文字符号

显然，在一个图中仅用图形符号来表示还是不严格的，还必须在符号旁标注不同的文字符号（严格地讲，应该是项目代号），以区别其名称、功能、状态、特征及安装位置等。图形符号和文字符号的结合，一看就知道它是不同用途的元件；并且，由于在同一图中文字符号的唯一性，这样，描述同一对象的各种图样和技术文件中，其对应关系就明确了。所以，图形符号、文字符号（或项目代号）是电气图的主要组成部分，制图与读图过程中都必须很好运用。

例如，在图2-2所示3电路符号中，文字符号“R”表示电阻器，“C”表示电容器，“L”表示电感器，“VT”表示晶体管等。在一张电路图中，相同的元器件往往会有许多个，这也需要用文字符号将它们加以区别，一般是在该元器件文字符号的后面加上序号。例如，电阻器分别以“R_1”、“R_2”等表示；电容器分别标注为“C_1”、“C_2”、“C_3”等表示；晶体管有两个，分别标注为“VT_1”、“VT_2”。

当然，为了更具体地加以区分，在一些图中除了标注文字符号外，有时还要标注技术数据，如型号、规格等。

例4　电气图的特征

（1）清楚易懂

电气图是用图形符号、连线或简化外形来表示系统或设备中各组成部分之间相互电气关系及其连接关系的一种图。

如某一变电所电气图，如图2-3所示，10kV电压变换为0.38kV低压，分配给四条支路，用文字符号表示，并给出了变电所各设备的名称、功能和电流方向及各设备连接关系和相互位置关系，但没有给出具体位置和尺寸。

（2）简单明了

电气图是采用电气元器件或设备的图形符号、文字符号和连线来表示的，没有必要画出电气元器件的外形结构，所以对于系统构成、功能及电气接线等，通常都采用图形符号、文字符号来表示。

（3）特性鲜明

电气图主要是表示成套装置或设备中各元器件之间的电气连接关系，不论是说明电气设备工作原理的电路图、供电关系的电气系统图，还是表明安装位置和接线关系的平面图和连线图等，都表达了各元器件之间的连接关系。

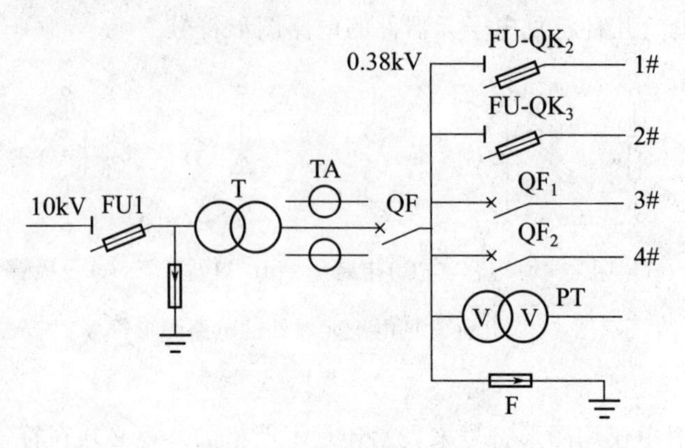

图 2-3　变电所电气图

（4）布局合理

电气图的布局依据图所表达的内容而定。电路图、系统图是按功能布局，只考虑便于看出元件之间功能关系，而不考虑元器件实际位置，要突出设备的工作原理和操作过程，按照元器件动作顺序和功能作用，从上而下，从左到右布局。而对于接线图、平面布置图，则要考虑元器件的实际位置，所以应按位置布局。

（5）形式多样

对系统的元件和连接线描述方法不同，构成了电气图的多样性，如元件可采用集中表示法、半集中表示法、分散表示法，连线可采用多线表示、单线表示和混合表示。同时，对于一个电气系统中各种电气设备和装置之间，从不同角度、不同侧面去考虑，存在不同关系。

例 5　系统图和框图

系统图和框图是用符号或带注释的框概略地表示系统、分系统、成套装置或设备的基本组成、相互关系及其主要特征的一种简图。从体系的角度看，系统图和框图概括地表达了设计的整体方案、简要工作原理和主要组成部分及各个组成部分间的相互关系；从功能的角度看，系统图和框图概略地表达各个组成部分的主要特征，即对项目的功能和作用等做出简要的说明。

系统图可分不同层次绘制，可参照绘图对象的逐级分解来划分层次。较高层次的系统图可反映对象的概况；较低层次的系统图，可将对象表达得较为详细。

（1）系统图和框图的用途

为进一步编制详细技术文件以及逻辑图、电路图、接线图、平面图等，为进行有关的电气计算、选择导线、开关等设备，拟定配电装置的布置和安装位置等，提供主要依据。供安装、操作和维修时参考。

（2）系统图和框图的基本形式

系统图和框图的布局采用功能布局法，能清晰表达过程和信息的流向，便于看图。控制信号流与过程流向应相互垂直。基本形式如下。

① 用一般符号绘制的系统图。如图 2-4 所示为只有一个变配电所的某工厂供电系统图，图 2-5 为某住宅楼照明配电系统图。

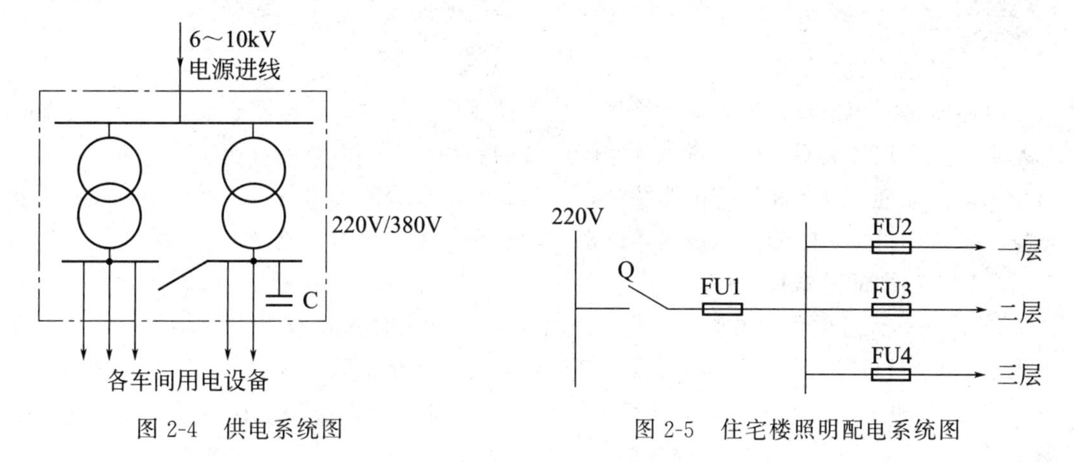

图 2-4 供电系统图　　图 2-5 住宅楼照明配电系统图

② 框图。表示系统或分系统的组成，通常采用框图的形式。图 2-6 是某整流装置构成的框图，它主要由整流器及其对整流输出电压、电流的大小进行控制的装置的图形符号构成。

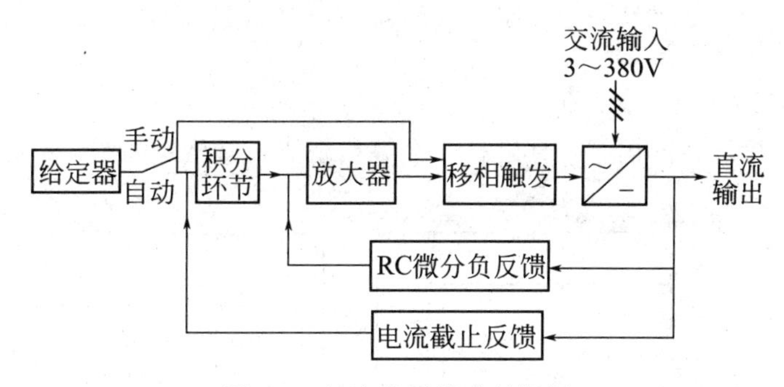

图 2-6 整流装置构成的框图

③ 与非电流程统一绘制的系统图。在某些情况下能更清楚表示系统的构成和特征。图 2-7是表示某水泵电动机供电和给水统一绘制的系统图。它表示了电动机供电、水泵工作和控制三个部分间的连接关系。

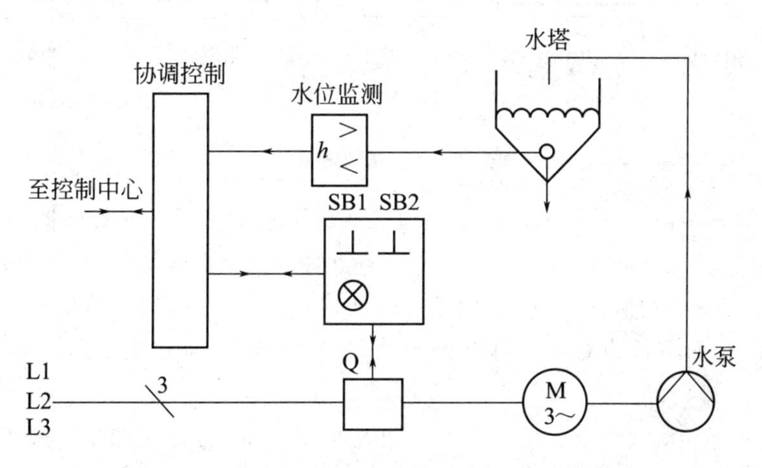

图 2-7 水泵电动机供电和给水统一绘制的系统图

例6 电路图

（1）电路图的主要用途

电路图是采用图形符号和文字符号并按工作顺序，详细表示电路、设备或成套装置的全部基本组成和连接关系，而不考虑其实际位置的一种图形。电路图可用于详细理解电路表达对象的工作原理、分析和计算电路特性，为测试和寻找故障提供信息，并为绘制接线图提供依据。电路图可单独绘制，也可与接线图、功能图（表）等组合绘制。

（2）电路图的基本规定

① 设备和元件的表示方法：在电路图中，设备和元件采用符号表示，也可采用简化外形表示，并应以适当形式标注其代号、名称、型号、规格、数量等。

② 设备和元件的工作状态：设备和元件的可动部分通常应表示在非激励或不工作的状态或位置。

③ 符号的布置：对于驱动部分和被驱动部分之间采用机械连接的设备和元件（如继电器的线圈和触点），以及同一设备的多个元件（如转换开关的各对触点），可在图上采用集中布置、半集中布置和分开布置。

（3）电路图的绘制方法

① 图幅分区法（也称坐标法）

图纸通常由边框线、图框线、标题栏、会签栏组成，其格式如图2-8所示。

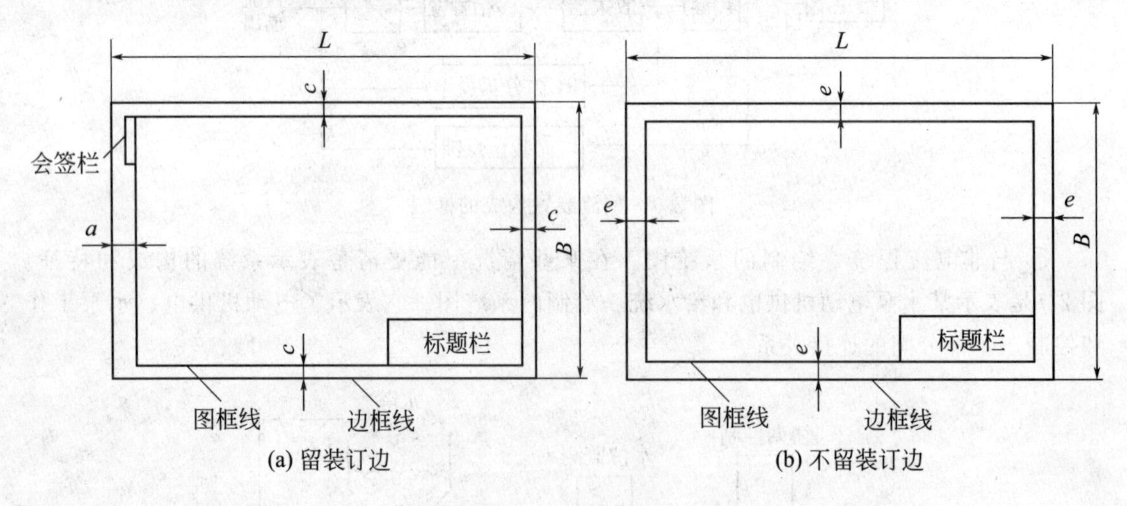

图2-8 图纸格式

图纸幅面简称图幅（也称幅面），指由边框线所围成的图面。通常根据图的复杂程度和图线的密集程度选定图幅。电气图的基本幅面有五种，其幅面代号及尺寸如表2-1所示，由表可知，A0幅面的长边恰好为A1幅面短边的2倍；A0幅面的短边恰好与A1幅面长边相等，因此将A0幅面沿长边对折，可以得到两张A1的幅面。其他幅面之间也近似有这种关系。

若基本幅面不能满足要求，按规定可以加大幅面。A0～A2号图纸一般不得加长，A3、A4号图纸可根据需要，沿短边加长。如果需要加长的图纸，应采用表2-2所规定的幅面。

表 2-1　基本幅面的代号及尺寸

幅面代号	A0	A1	A2	A3	A4
宽×长(B×L)/mm×mm	841×1189	594×841	420×594	297×420	210×297
留装订边边宽(c)/mm	10	10	10	5	5
不留装订边边宽(e)/mm	20	20	10	10	10
装订侧边宽(a)/mm	25				

表 2-2　加长图纸的代号及尺寸　　/mm×mm

幅面代号	A3×3	A3×4	A4×3	A4×4	A4×5
宽×长(B×L)	420×891	420×1189	297×630	297×841	297×1051

图幅分区即将整个图样的幅面分区，将图纸相互垂直的两边各自加以等分，每一分区长度为 25～27mm。然后从图样的左上角开始，在图样周边的竖边方向按行用大写字母分区编号，横边方向按列用数字分区编号，图中某个位置的代号用该区域的字母和数字组合起来表示。图幅分区后，相当于在图样上建立了一个坐标。电气图上项目和连接线的位置则由此“坐标”而唯一地确定。

项目和连接线在图上的位置表示方式有三种：用行的代号（字母）表示，如 A、B；用列的代号（数字）表示，如 3、4；用区的代号表示。区的代号为字母和数字的组合，且字母在左，数字在右，如 B3、C4。

在采用图幅分区法的电路中，对于水平布置的电路，一般只需标明行的标记；对于垂直布置的电路，一般只需标明列的标记；复杂的电路图才需要标明组合标记，如图 2-9(a) 所示阴影部分的位置表示成 B3。图中的位置及标记方法如表 2-3 所示。

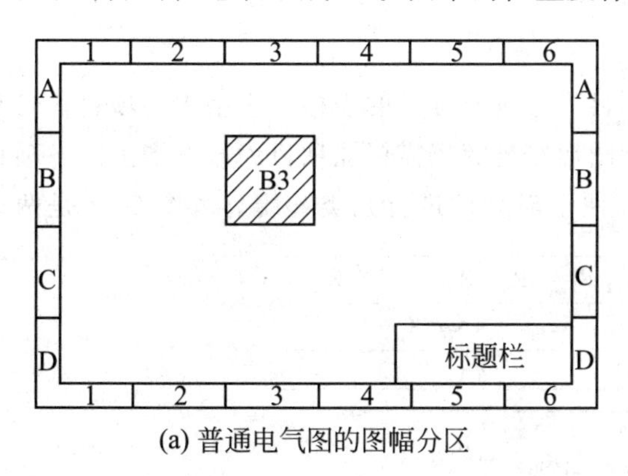

(a) 普通电气图的图幅分区

用途区
6区
数字区
1 2 4 5 6 7 8
标题栏

(b) 机床电气控制电路的图幅分区

图 2-9　图幅分区法

表 2-3　分区位置代号及标记方法

符号或元件的图中位置		标记方法
有关联的符号在同一张图内	本图中的 B 行	B
	本图中的 3 列	3
	本图中的 B 行 3 列(B3 区)	B3

续表

符号或元件的图中位置		标记方法
有关联的符号不在同一张图内	具有相同图号的第2张图中的B3区	2/B3
	图号为1235单张图中的B3区	图1235/B3
	图号为1235的第2张图中的B3区	图1235/2/B3
按项目代号确定位置的方式（例如：所指项目为＝P1系统）	＝P1系统单张图中的B3区	＝P1/B3
	＝P1系统的第2张图中的B3区	＝P1/2/B3

在某些电路图中，例如，机床电气控制电路图，由于控制电路内的支路多，且各支路元件布置与功能也不相同，图幅分区可采用图2-7(b)的形式。只对图的一个方向分区，分区数不限，各个分区长度也可不等。这种方式不影响分区检索，又可反映用途，有利于看图。

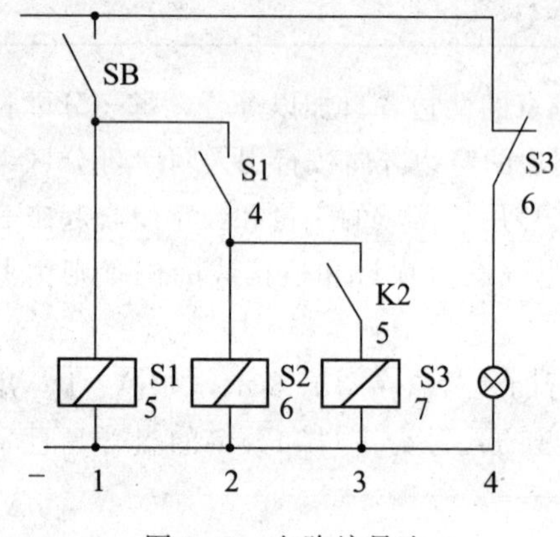

图2-10　电路编号法

② 电路编号法

电路编号法是对图样中的电器或分支电路用数字按序编号。若水平布图，数字编号按自上而下的顺序；若垂直布图，数字编号按自左而右的顺序。数字分别写在各支路下端，若要表示元件相关联部分所在位置，只需在元件的符号旁标注相关联部分所处支路的编号即可。

如图2-10所示为某电路的部分支路，电路从左向右编号。线圈K1下标注“5”，说明受线圈K，驱动的触点在5号支路上；而5号支路上触点K1下标注“4”，说明驱动本触点的线圈在4号支路上，其余可类推。

③ 表格法

表格法是指在图的边缘部分绘制一个按项目代号进行分类的表格。表格中的项目代号和图中相应的图形符号在垂直或水平方向对齐，图形符号旁仍需标注项目代号。图上的各项目与表格中的各项目一一对应。这种位置表示法便于对元件进行归类和统计。图2-11是两级

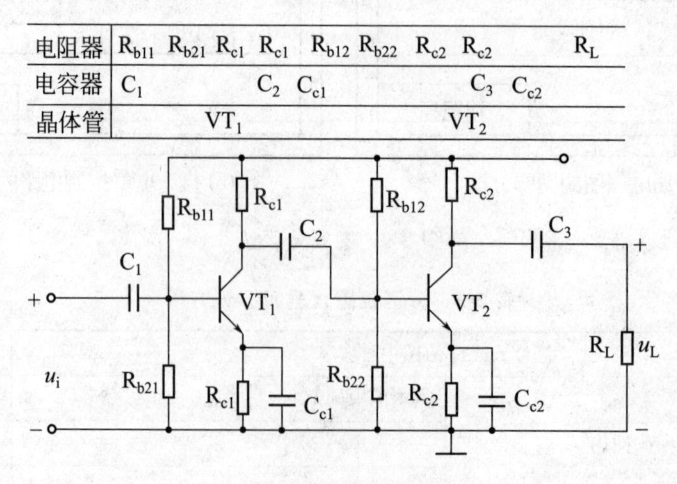

电阻器	R_{b11}	R_{b21}	R_{c1}	R_{c1}	R_{b12}	R_{b22}	R_{c2}	R_{c2}		R_L
电容器	C_1			C_2	C_{c1}			C_3	C_{c2}	
晶体管			VT_1					VT_2		

图2-11　表格法

放大器电路，其元件位置就是采用表格法来表示的。

（4）电路图的基本形式

① 集中式电路图：将一个元件各组成部分的图形符号绘制在一起，习惯上称为原理电路图，如图 2-12 所示，集中表示法仅适用于简单的图。

② 分开式电路图：将原理图上的控制、保护部分单独取出，按每个设备的作用，把同一动作回路画在一起，这样就会把一个电气设备的线圈和接点分开画在几处，其间没有任何连接符号相连，只是标上了相同的项目代号，如图 2-13 所示。为了较迅速查找到同一项目的所有部分，可以采用插图和表格。

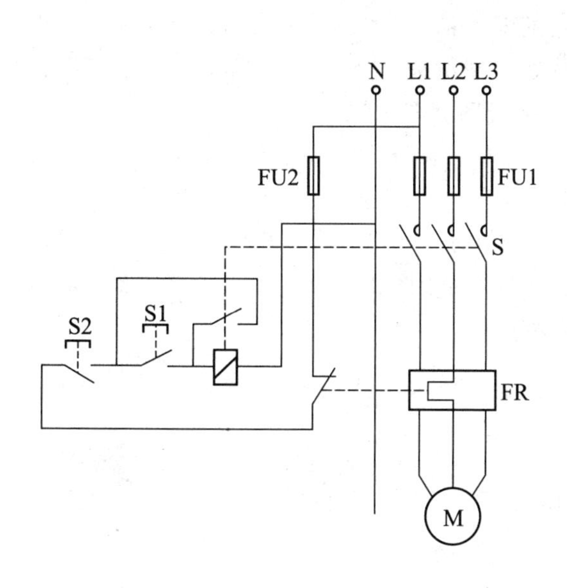

图 2-12　电动机控制电路原理图
（集中式表示法示例）

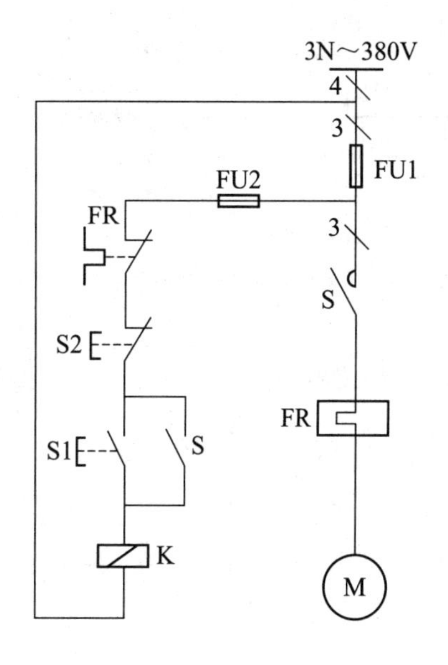

图 2-13　电动机控制电路展开图
（分开式表示法示例）

例 7　安装接线图和接线表

接线图或接线表是表示电气设备或成套装置中各元器件之间连接关系的一种简图或表格。用来进行安装接线、线路检查、线路维修和故障处理。接线图和接线表只是表达相同内容的两种不同形式，两者的功能完全相同，可以单独使用，也可以组合在一起使用，一般以接线图为主，接线表为辅。

接线图中的元件、器件、部件和成套设备等项目，一般采用简化外形符号（如矩形、正方形、圆形）表示，必要时也可用图形符号表示。符号旁边应标注项目代号和端子代号并应与电路图中的标注一致。

在接线图中，端子一般用图形符号和端子代号表示；当用简化外形表示端子所在的项目时，可不画端子符号，仅用端子代号表示。

（1）单元接线图或单元接线表

表示成套装置或设备中一个结构单元内部各元件间连接情况的图或表。表示方法有

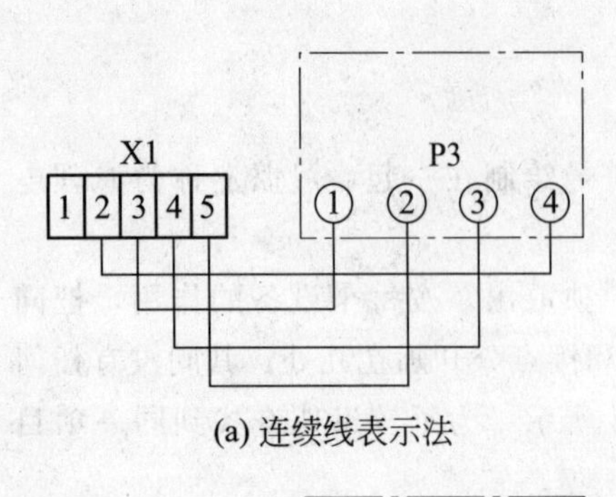

(a) 连续线表示法

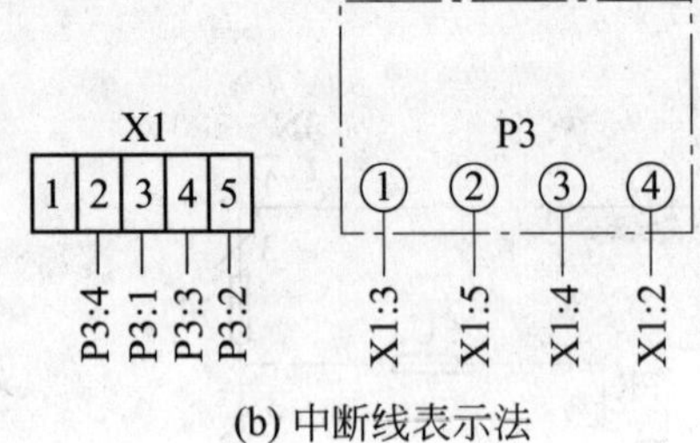

(b) 中断线表示法

图 2-14 连接导线的表示方法

两种。

① 连续线表示法——端子之间的连接导线用实在线条表示，如图 2-14(a) 所示，某电能表的单元接线图。

② 中断线表示法——端子之间的连接导线不连线条，而只在每个端子标明相连导线对两端子的代号，即采用“对面标号法”来标注端子，如图 2-14(b) 所示。

(2) 互连接线图或互连接线表

表示成套装置或设备内两个或两个以上单元之间线缆连接关系的图和表。连接线比较多时，可用加粗的线条来表示导线组或电缆。如图 2-15 所示为用中断线表示法的互连接线图。图中三个项目代号为＋A、＋B、＋C，其内部各有一只端子板，项目代号-X1。项目＋A和＋B间用 107 号电缆相连，＋B和＋C间用 108 号电缆相连，＋A-X1 的 3 号和 4 号端子上接有 109 号电缆，该电缆接至＋D。对于图 2-15 所示的互连接线图，可用表 2-4 来表示。

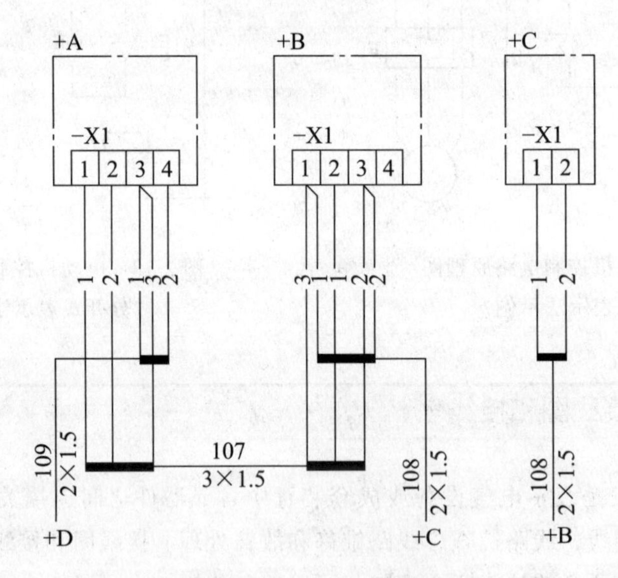

图 2-15 用中断线表示互连接线图

表 2-4 互连接线表示例

线缆号	线号	线缆型号规格	连接点Ⅰ			连接点Ⅱ		
			项目代号	端子号	参考	项目代号	端子号	参考
107	1 2 3	3×1.5	＋A-X1	1 2 3	 109.1	＋B-X1	2 3 1	 108.2 108.1
108	1 2	2×1.5	＋B-X1	1 3		＋C-X1	1 2	

续表

线缆号	线号	线缆型号规格	连接点Ⅰ			连接点Ⅱ		
			项目代号	端子号	参考	项目代号	端子号	参考
109	1 2	2×1.5	+A-X1	3 4		+D		

注："参考"栏内的数字编号，例如，109.1 表示 109 号电缆的 1 号芯线，它和 107 号电缆的 3 号芯线连在同一个端子（+A-X1 上的 3 号端子）上。

接线图和接线表是在电路图、位置图等类图的基础上绘制和编制出来的，因此在实际应用中，接线图通常要和电路图、平面位置图结合使用。

例 8 电气平面图和材料表

（1）电气平面图

电气平面图是表示电气工程项目的电气设备、装置和线路的平面布置图。

例如：为了表示电动机及其控制设备的具体平面布置，则可采用如图 2-16 所示的平面布置图。图中示出了电源经控制箱或配电箱，再分别经导线 BX-3×6mm^2、BX-3×4mm^2、BX-3×2mm^2 接至电动机 1、2、3 的具体平面布置。

除此之外，为了表示电源、控制设备的安装尺寸、安装方法、控制设备箱的加工尺寸等，还必须有其他一些图。不过，这些图与一般按正投影法绘制的机械图没有多大区别，通常可不列入电气图。

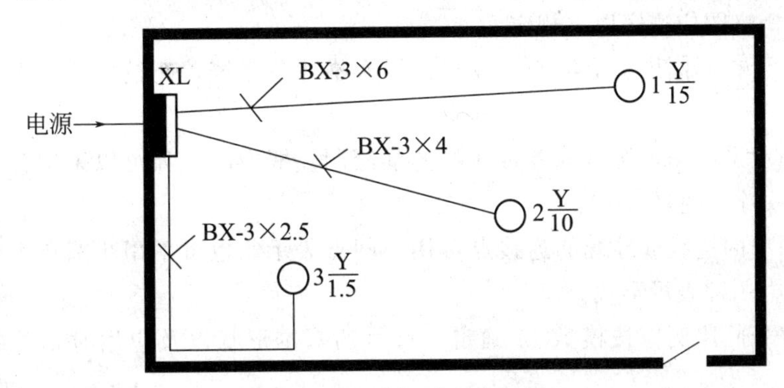

图 2-16 电动机平面布置图

（2）设备元件和材料表

设备元件和材料表就是把成套装置、设备、装置中各组成部分和相应数据列成表格，来表示各组成部分的名称、型号、规格和数量等，便于读图者阅读，了解各元器件在装置中的作用和功能，从而读懂装置的工作原理。设备元件和材料表是电气图中的重要组成部分，它可置于图中的某一位置，也可单列一页。表 2-5 是 Z3040 摇臂钻床控制线路元器件明细。

表 2-5 Z3040 摇臂钻床控制线路元器件明细

符号	名称及用途	符号	名称及用途
M1	主轴及进给电动机	M3	液压泵电动机
M2	摇臂升降电动机	M4	冷却泵电动机

续表

符号	名称及用途	符号	名称及用途
KM1	主电动机启动接触器	T	控制变压器
KM2、KM3	M2 电动机正反转接触器	QS	电源开关
KM4、KM5	M3 电动机正反转接触器	FR1、FR2	热继电器
KT	断电延时时间继电器	FU1～FU3	熔断器
SB2，SB1	主轴电动机启动、停止按钮	SA1、SA2	转换开关
SB3、SB4	摇臂升降按钮	EL	照明灯
SB5、SB6	主轴箱及立柱松开夹紧按钮	HL1、HL2	主轴箱和立柱松开夹紧指示灯
SQ1	摇臂上升、下降限位开关	HL3	主电动机工作指示灯
SQ2	摇臂松开信号行程开关	YA	控制用电磁阀
SQ3	摇臂夹紧信号行程开关	PE	保护接地线
SQ4	主轴箱与立柱夹紧行程开关		

例9 概略图识读

概略图用于概略表示系统、分系统、成套装置、设备、软件等（如无线电接收机或电站）的概貌，并能表示出各主要功能件之间和（或）各主要部件之间的主要关系（如主要特征及其功能关系）。概略图用于作为教学、训练、操作和维修的基础文件。还可作为进一步设计工作的依据，编制更详细的简图，如功能图和电路图。

（1）绘制概略图应遵守以下规定

① 概略图可在不同层次上绘制，较高的层次描述总系统，而较低的层次描述系统中的分系统。

② 概略图应采用图形符号或者带注释的框绘制。框内的注释可以采用符号、文字或同时采用符号与文字，见图 2-17。

③ 概略图中的连线或导线的连接点可用小圆点表示，也可不用小圆点表示。但同一工程中宜采用其中一种表示形式。

④ 图形符号的比例应按模数 M 确定。符号的基本形状以及应用时相关的比例应保持一致。

⑤ 概略图中的图形符号应按所有回路均不带电、设备在断开状态下绘制。

⑥ 概略图中表示系统或分系统基本组成的符号和带注释的框均应标注项目代号，如图 2-18（a）所示。项目代号应标注在符号附近，当电路水平布置时，项目代号宜注在符号的上方；当电路垂直布置时，项目代号宜注在符号的左方。在任何情况下，项目代号都应水平排列，如图 2-18（b）、（c）所示。

⑦ 概略图上可根据需要加注各种形式的注释和说明。如在连线上可标注信号名称、电平、频率、波形、去向等。也允许将上述内容集中表示在图的其他空白处。概略图中设备的技术数据宜标注在图形符号的项目代号下方。

⑧ 概略图宜采用功能布局法布图，必要时也可按位置布局法布图。布局应清晰并利于识别过程和信息的流向，见图 2-19。

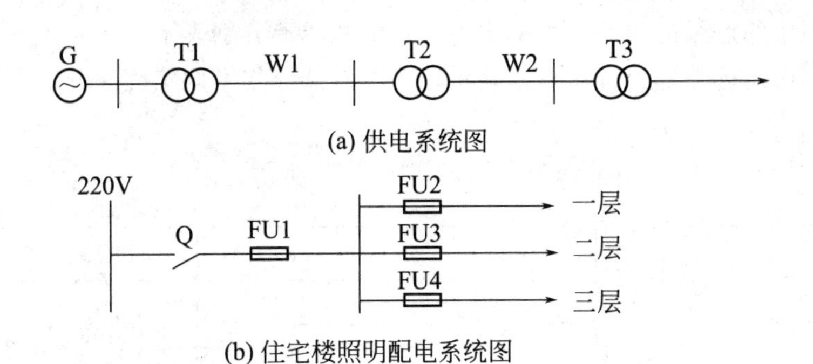

(a) 供电系统图

(b) 住宅楼照明配电系统图

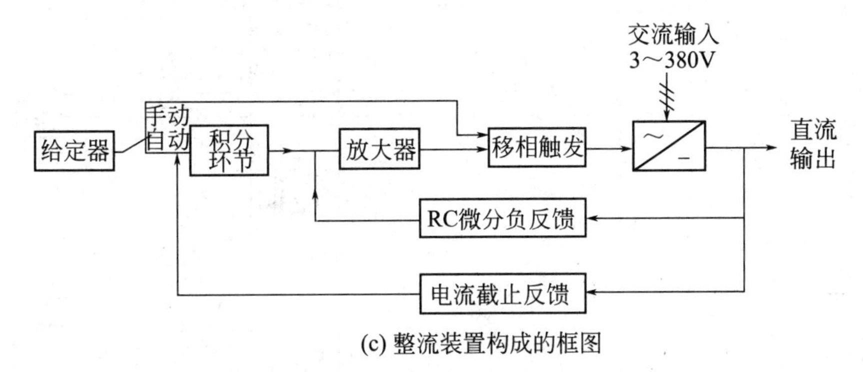

(c) 整流装置构成的框图

图 2-17　概略图

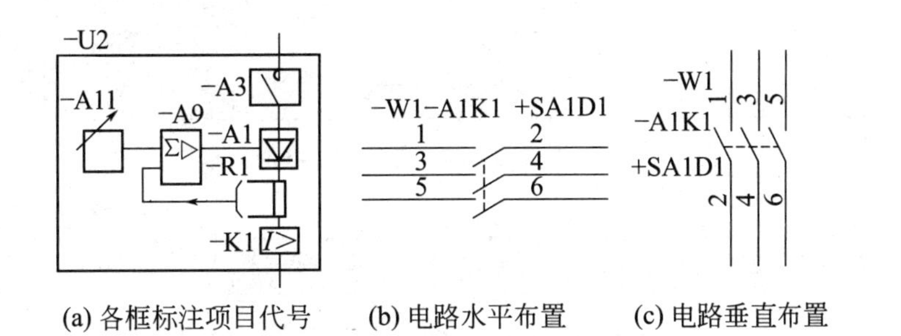

(a) 各框标注项目代号　(b) 电路水平布置　(c) 电路垂直布置

图 2-18　概略图中项目代号标注示例

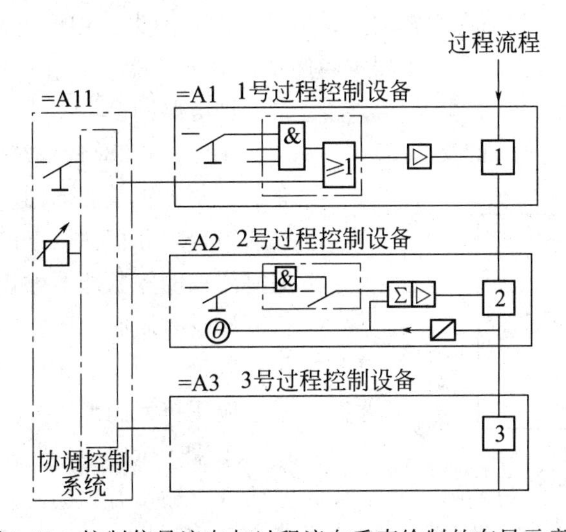

图 2-19　控制信号流向与过程流向垂直绘制的布局示意图

⑨ 概略图中的连线的线形，可采用不同粗细的线形分别表示。

⑩ 概略图中的远景部分宜用虚线表示，对原有部分与本期工程部分应有明显的区分。

（2）概略图示例

发电机-变压器-线路组继电保护框图，如图 2-20 所示。

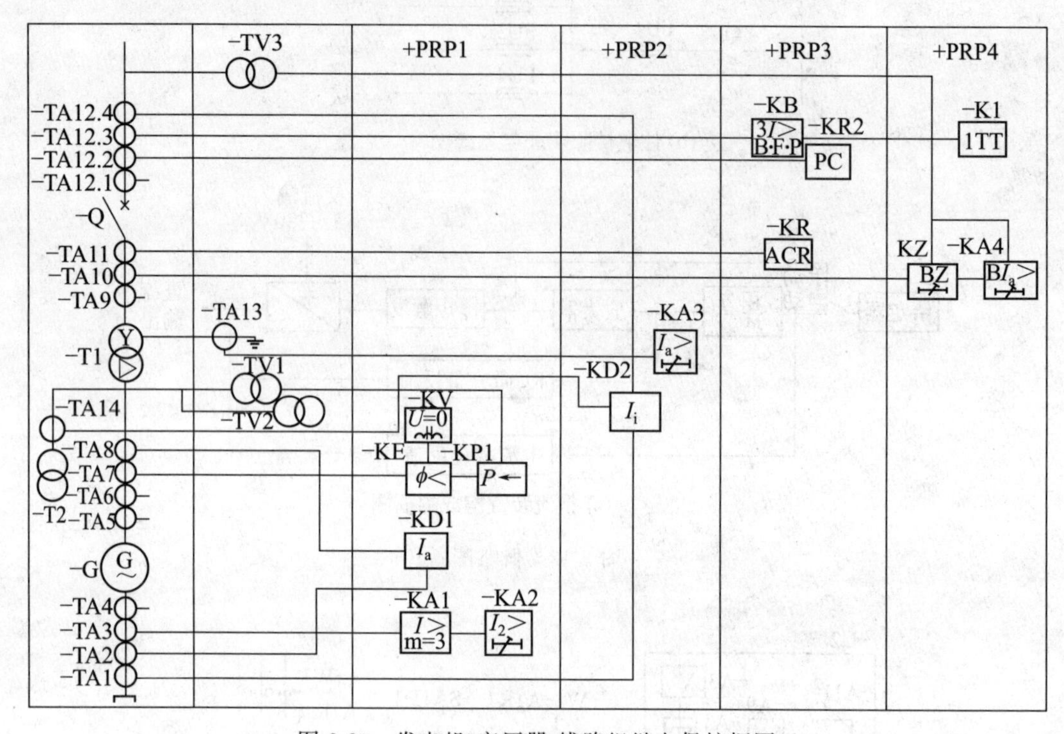

图 2-20　发电机-变压器-线路组继电保护框图

例 10　常用数字集成电路图符号构成

逻辑图是用二进制逻辑单元图形符号绘制的，以实现一定逻辑功能的一种简图，可分为理论逻辑图（纯逻辑图）和工程逻辑图（详细逻辑图）两类。理论逻辑图只表示功能而不涉及实现方法，因此是一种功能图；工程逻辑图不仅表示功能，而且有具体的实现方法，因此是一种电路图。

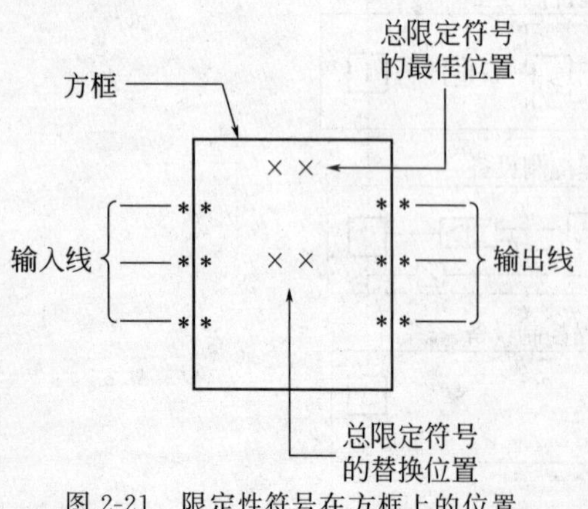

图 2-21　限定性符号在方框上的位置

GB/T 4728.12—2008 该项标准规定，所有二进制逻辑单元的图形符号皆由方框（或方框的组合）和标注其上的各种限定性符号及使用时附加的输入线、输出线等组成。对方框的长宽比没有限制。限定性符号在方框上的标注位置应符合图 2-21 中的规定。

应用单元图形符号应注意以下几点：

① 图中的××表示总限定符号，＊表示与输入、输出有关的限定符号。标注在方框外的字母和其他字符不是逻辑单元符号的组成部

分，仅用于对输入端或输出端的补充说明。只有当单元的功能完全由输入、输出的限定符号决定时，才不需要总限定符号。

② 方框的长宽比是任意的，主要由输入、输出线数量及电路图的总体布局决定。

③ 为了节省图形所占的篇幅，除了图 2-21 所示的方框外，还可以使用公共控制框和公共输出单元框。图 2-22(a) 中给出了公共控制框的画法。公共控制框表示电路的一个或多个输入（或输出）端与一个以上单元电路所共有。

在图 2-22(b) 所示的例子中，当 a 端不加任何限定符号时，该图表示输入信号 a 同时加到每个受控的阵列单元上。（每个阵列单元的逻辑功能应加注限定符号予以说明。）

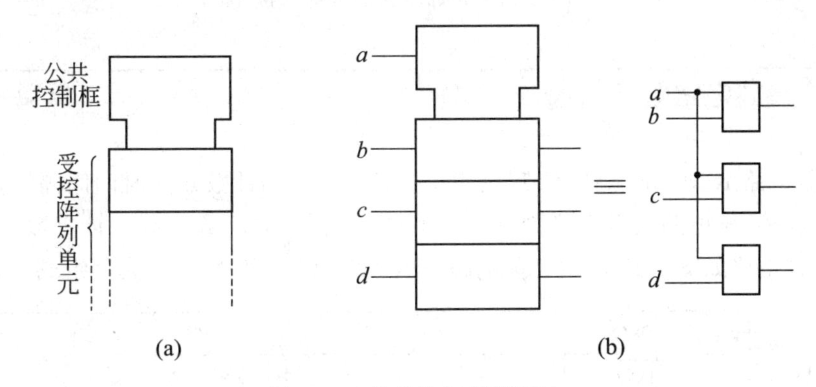

图 2-22　公共控制框的画法

④ 图 2-23(a) 是公共输出单元框的画法。单元框是基本方框。公共控制框和公共输出单元框是在此基础上扩展出来的，用于缩小某些符号所占面积，以增强表达能力。

在图 2-23(b) 所示的例子中，表示 b、c 和 a 同时加到了公共输出单元框上（公共输出单元的逻辑功能应另加注限定符号加以说明）。

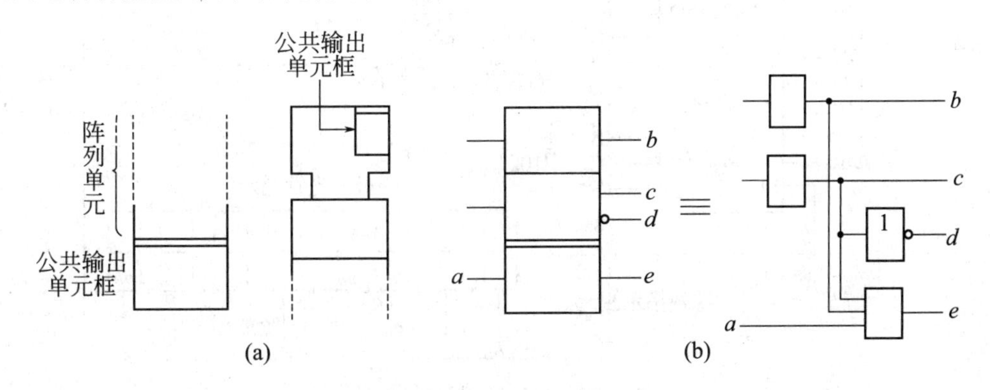

图 2-23　公共输出单元框的画法

⑤ 输入线和输出线最好分别放在图形符号相对的两边，并应与符号框线相垂直。通常规定输入线在左侧、输出线在右侧，或者输入线在上部，输出线在下部。有时为了保持图面清晰简单，允许个别图形符号采用其他方位。

⑥ 内部连接符号为了缩小图形所占的幅面，可以将相邻单元的方框邻接画出，如图 2-24所示。

当各邻接单元方框之间的公共线是沿着信息流的方向时，这些单元之间没有逻辑连接，如图 2-24(a) 所示。如果两个邻接方框的公共线垂直于信息流方向，则它们之间至少有一种逻辑连接，图 2-24(b) 就属于这种情况。

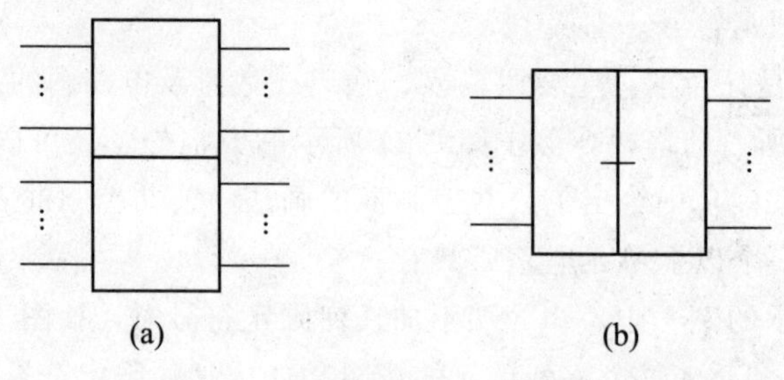

(a)　　　　(b)

图 2-24　相邻单元的方框邻接

例 11　集成电路图示例

通用计数电路 ICM7216A/B/C/D 是用于数字频率计、计数器、时间间隔测量仪器的单片专用集成电路。该电路只需外接少量元件就能构成 10MHz 数字频率计等数字测量仪表。10MHz 频率计电路如图 2-25 所示。该电路用 ICM7216D 并外加一些元件组成。

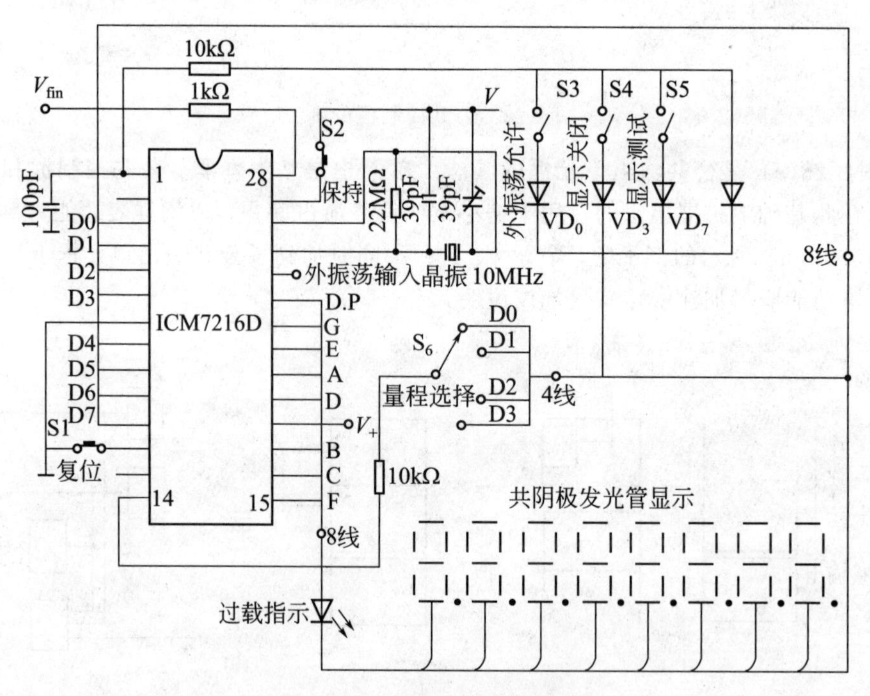

图 2-25　10MHz 频率计电路

电路中用一块高精度晶体和两个低温系数电容构成 10MHz 并联振荡电路，其输出信号作时间基准频率信号，内部分频后产生闸门时间。测量频率从 28 端（输入 A）输入。用转换开关 S6 选择量程，即选择频率计的闸门时间，分别是 0.01s、0.1s、1s、10s。用开关 S3，S4 和 S5 选择工作模式。当 S3 接通时，将 1 端（CONTROL INPUT）和 VD_O 连接，电路允许外振荡输入。当 SW4 接通时，将 1 端和 VD3 相连，则电路进入显示关闭状态，此时功耗降低。S5 接通时，1 端和 VD7 相连，电路处于显示测试状态，检查 LED 的模式。S1 为控制电路复位开关。S2 接通时使电路处于保持状态。

图 2-25 中，位输出用单线代表 8 根输出线。这 8 根线的一端分别接到对应的 LED 公共阴极上，另一端对应排列接至 D0～D7 的引脚上。同样七段与小数点输出也用单线代表 8 根输出线，其中七段输出 A、B、C、D、E、F、G 分别接在 8 个 LED 的相应段上，用 VD7 来表示过载。为了防止 ICM7216D 的控制端 1 引入大电流产生的噪声，用一个 $R=10\text{k}\Omega$ 和 $C=100\text{pF}$ 的网络来滤波。并接在晶振体两端的 22MΩ 电阻用来给内部振荡电路提供直流反馈偏置，39pF 电容用来微调晶振频率，频率输入用 1kΩ 电阻作保护。芯片驱动电路输出 15～35mA 的峰值电流，所以在 5V 电源下可直接点燃发光二极管七段译码显示器。

由此可见，要想全面准确地理解各种集成电路原理图，就要求读者应尽量多地掌握一些常见的集成电路基本资料，这样才能快速、准确地识读其电路原理。

例 12　电气图的布局方法

电气图的布局方法有两种，即功能布局法和位置布局法。

（1）功能布局法

功能布局法是指电气图中元件符号的布置，只考虑便于看出它们所表示的元件之间的功能关系，而不考虑实际位置的一种布局方法。电气图中的系统图、电路图都是采用这种布局方法。例如，有的电路图中，各元件按供电顺序（电源-负荷）排列，有的电路图中，各元件按动作原理排列，至于这些元件的实际位置怎样布置则不予表示。

（2）位置布局法

位置布局法是指电气图中元件符号的布置对应于该元件实际位置的布局方法。电气图中的接线图、位置图、平面布置图通常采用这种布局方法。例如，有的电路图中，配电箱内各元件基本上都是按元件的实际相对位置布置和接线的，有的电路图中的平面图，配电箱、电动机及其连接导线是按实际位置布置的。

（3）绘制简图的布局要求

简图的绘制应做到布局合理、排列均匀、图面清晰、便于看图。为此在布局时应注意以下几点。

① 表示导线、信号通路、连接线等的图线应采用直线，且交叉和折弯要最少。

② 简图可以水平布置，或者垂直布置，有时为了把相应的元件连接成对称的布局，也可采用斜交叉线，如图 2-26 所示。

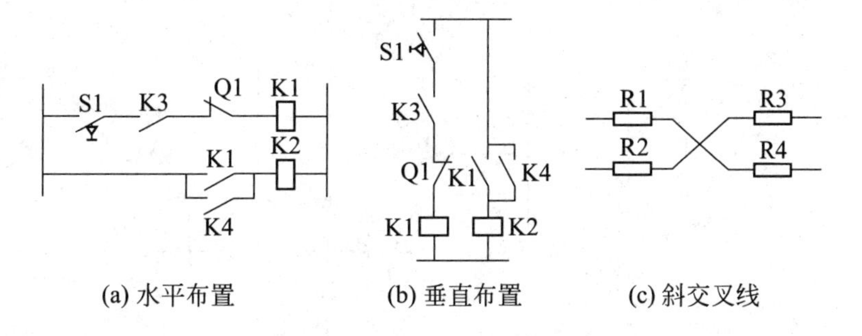

图 2-26　简图布局

③ 电路或元件应按功能布置，并尽可能按其工作顺序排列。

④ 对因果次序清楚的简图，尤其是电路图和逻辑图，其布局顺序是从左到右和自上而下。

⑤ 在闭合电路中，正（前）向通路上的信号流方向应该从左至右或自上而下，反馈通路的方向则是从右至左或自下而上，如图2-27所示。应在信息线上画开口箭头以表明流向，开口箭头不得与其他任何符号（如限定符号）相邻近。

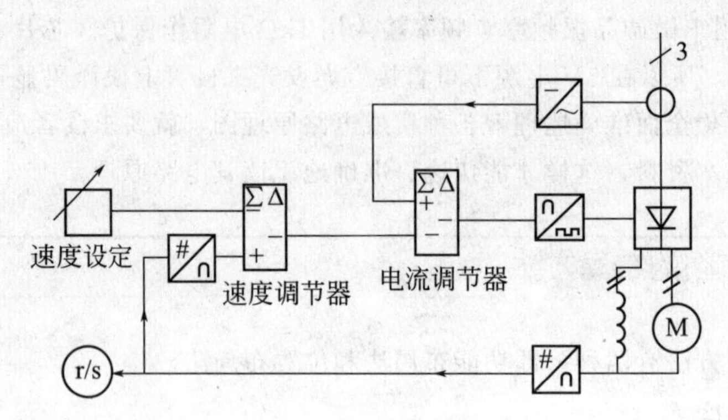

图2-27 信号流方向的表示

⑥ 图的引入线或引出线，最好画在图纸边框附近。

⑦ 在同一张电气图样中只能选用一种图形形式，图形符号的大小和线条的粗细也应基本一致。

例13 主电路的简化画法

在发电厂、变配电所和工厂电气控制设备、照明等电路中，主电路通常为三相三线制或三相四线制的对称电路或基本对称电路，为了便于表示设备和电路的功能，在这些电路图中，可将主电路或部分电路简化用单线图表示。然而，在某些情况下，对于不对称部分及装有电流互感器、热继电器等的局部电路，用多线图（一般为三线图）表示。图2-28(a)是三相三线制及三相四线制简化成单线的表示方法，表示多相电源的电路的导线符号，宜按相序从上到下或从左到右排列，中性线应排在相线的下方或右方。图2-28(b)则为表示两相式电流互感器及热继电器在用三线图表示时的局部电路画法。

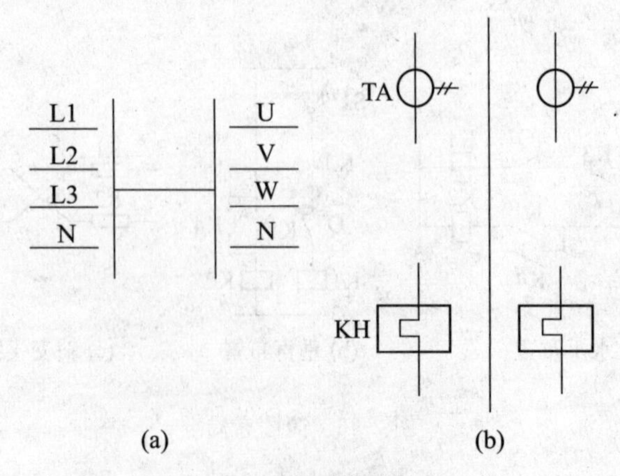

图2-28 主电路的简化画法

例 14 并联支路的简化方法

在许多个相同支路并联时，只需画出其中的一条支路，而不必画出所有支路。但在画出的支路上必须标上公共连接符号、并联的支路数以及各支路的全部项目代号，如图 2-29 所示，其表示 4 个支路并联。

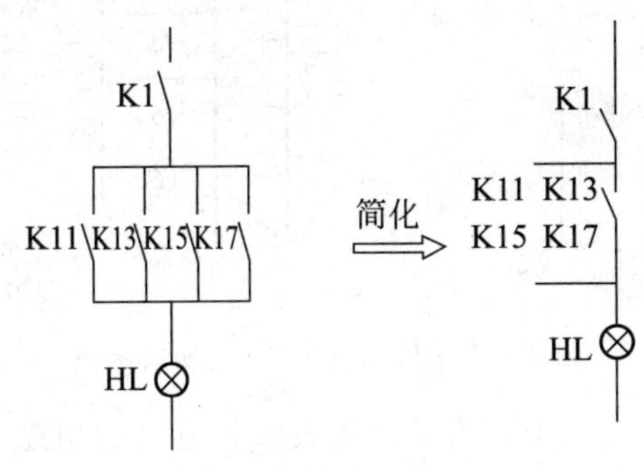

图 2-29 并联支路的简化

例 15 多路连接示例

多路连接时也可采用如图 2-30 的连接方法。

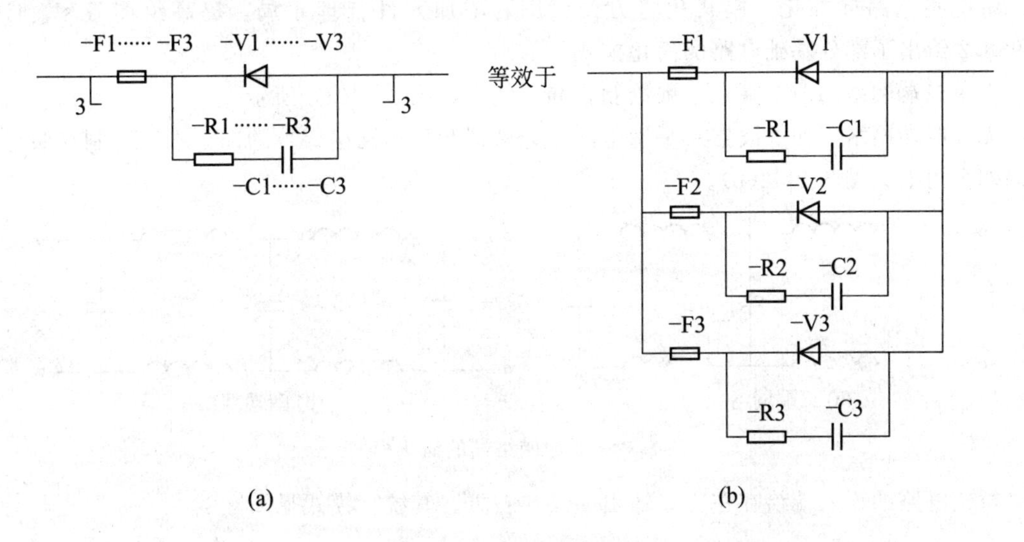

图 2-30 多路连接示例

例 16 相同电路的简化画法示例

在同一张电路图中，相同电路重复出现时，仅需详细表示出其中 1 个，其余电路可用点画线围框表示，但仍要绘出各电路与外部连接的有关部分，并在围框内适当加以说明，如“电路同上”、“电路同左”等字样，如图 2-31 所示。图 2-31(a) 中有两个相同的电路，但元件代号不同，对该电路简化，可只绘出一个电路，另一电路的元件代号标注在括号内。

图 2-31(b) 是一个具有 6 个相同电路的简化画法，图中用单线表示，并注明了项目代号。

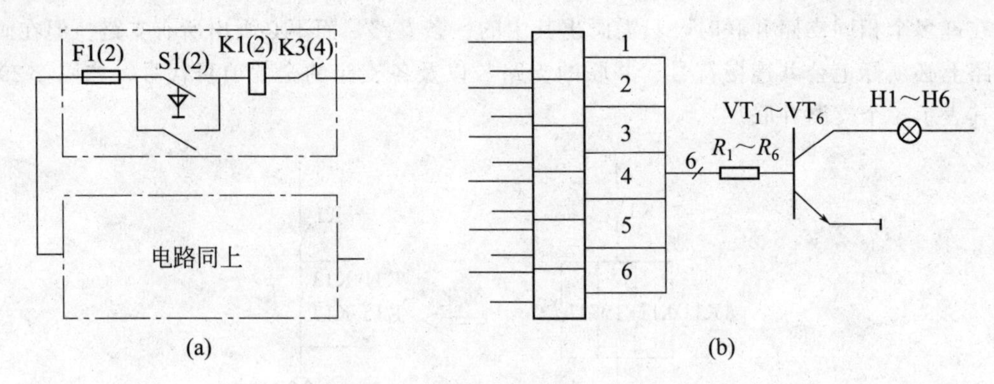

图 2-31　相同电路的简化画法示例

然而在供配电电气主接线图中，为了清楚表示各电路的用途（负荷），一般对相同的电路都要分别画出，只是在标注装置、设备的型号规格时可用“设备同左”等字样简化。

例 17　某些基础电路的简化模式

某些常用基础电路的布局若按统一的形式出现在电路图上就容易识别，也简化了电路图。将这些电路标准化、模式化将方便读图，增加元件合理布局，提高绘图效率。GB/T6988.2 给出了部分基础电路的简化模式。

无源二端网络的两个端点一般绘制在同一侧，如图 2-32(a) 所示。

无源四端网络（如滤波器、平滑电路、衰减器和移相网络等）的四个端应绘制在假想矩形的四个角上，见图 2-32(b)。

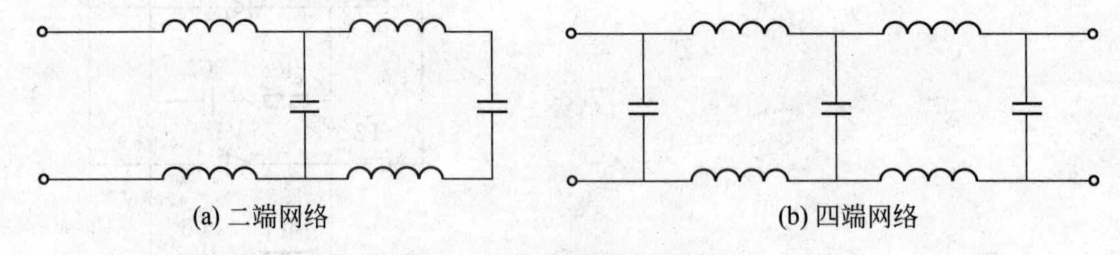

图 2-32　无源网络端的简化模式

桥式电路的输入端绘在左方，输出端绘在右方，其统一模式见图 2-33。

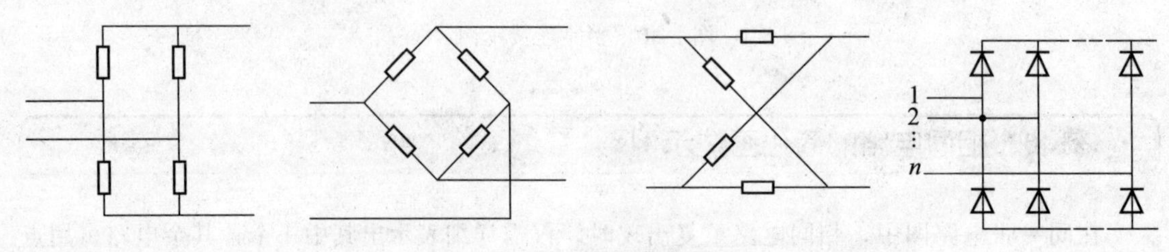

图 2-33　桥式电路简化模式

常用的共基极（NPN）阻容耦合放大器电路的简化模式，见图 2-34。

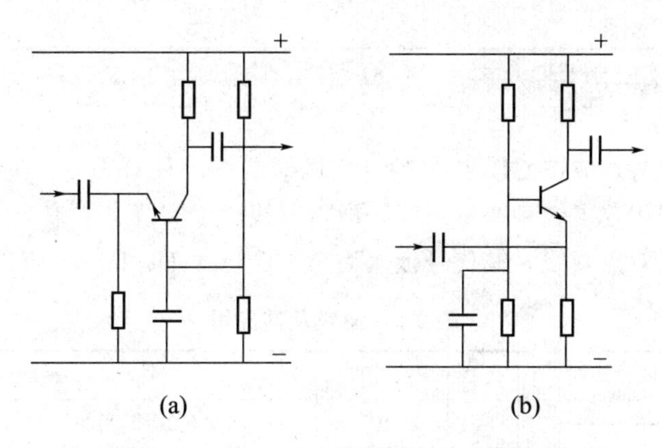

图 2-34　共基极（NPN）阻容耦合放大器电路的简化模式

图 2-35 与图 2-36 分别为共发射极（NPN）阻容耦合放大器和共集电极（NPN）阻容耦合放大器电路。

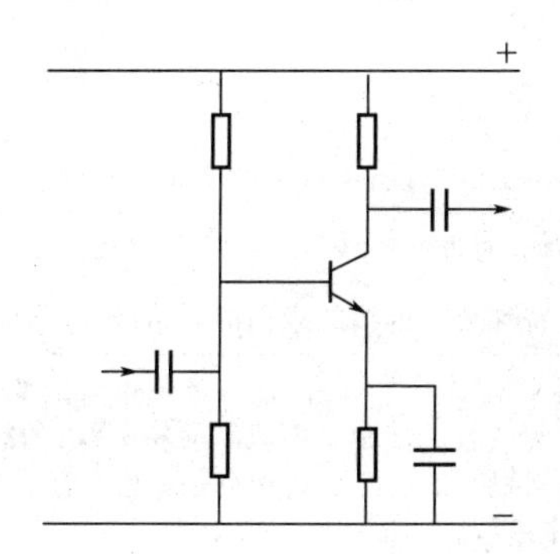

图 2-35　共发射极（NPN）阻容耦合放大器

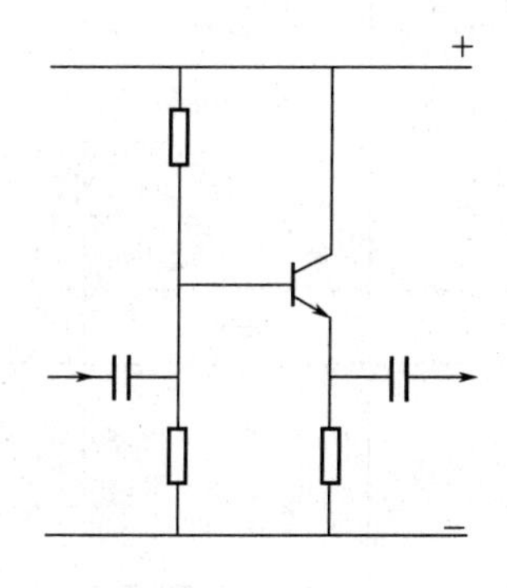

图 2-36　共集电极（NPN）阻容耦合放大器

带星-三角形启动器的电动机电路原则上应按图 2-37 绘制。

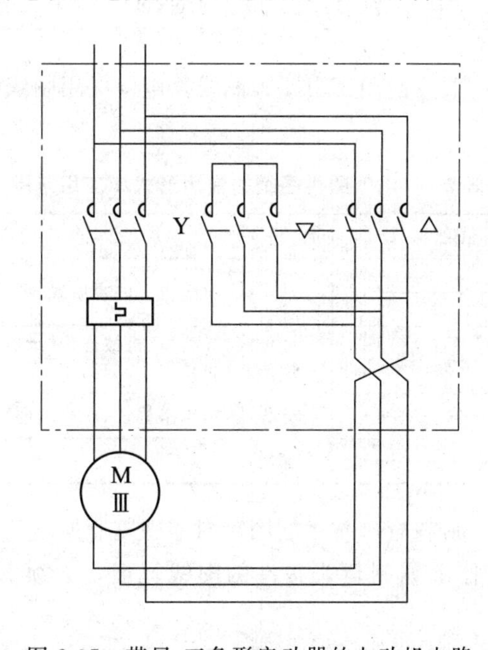

图 2-37　带星-三角形启动器的电动机电路

例18 图线及其应用

在绘制机械图样时，应按GB/T 4458.1《机械制图　图样画法》标准规定选用适当的图线。机械制图标准规定了8种基本图线，即粗实线、细实线、波浪线、双折线、虚线、细点画线、粗点画线、双点画线，其代号依次为A、B、C、D、F、G、J、K。见表2-6。

表2-6　图线及其应用

序号	图线名称	图线形式	代号	图线宽度/mm	一般应用
1	粗实线	————	A	b=0.5～2	可见轮廓线,可见过渡线
2	细实线	————	B	约b/3	尺寸线和尺寸界线,剖面线,重合剖面轮廓线,螺纹的牙底线及齿轮的齿根线,引出线,分界线及范围线,弯折线,辅助线,不连续的同一表面的连线,成规律分布的相同要素的连线
3	波浪线	～～～	C	约b/3	断裂处的边界线,视图与剖视的分界线
4	双折线	—╱╲—╱╲—	D	约b/3	断裂处的边界线
5	虚线	— — — — —	F	约b/3	不可见轮廓线,不可见过渡线
6	细点画线	—·——·—	G	约b/3	轴线,对称中心线,轨迹线,节圆及节线
7	粗点画线	—·——·—	J	b	有特殊要求的线或表面的表示线
8	双点画线	——··—	K	约b/3	相邻辅助零件的轮廓线,极限位置的轮廓线,坯料轮廓线或毛坯图中制成品的轮廓线,假想投影轮廓线,试验或工艺用结构(成品上不存在)的轮廓线,中断线

例19 电气图用图线的常用形式和应用范围

根据电气图的需要，一般只使用其中4种图线，电气图用图线的常用形式和应用范围见表2-7。

表2-7　电气图用图线的常用形式和应用范围

序　号	图线名称	图线形式	一般应用
1	实线	————	基本线,简图主要内容用线,可见轮廓线,可见导线
2	虚线	— — — —	辅助线、屏蔽线、机械连接线,不可见轮廓线、不可见导线、计划扩展内容用线
3	点画线	——·——	分界线、结构围框线、功能围框线、分组围框线
4	双点画线	——··——	辅助围框线

缩微文件的图线宽度，应符合《技术制图　对缩微复制原件的要求》(GB/T 10609.4—1989)的规定。在其他媒体上编制正式文件的图线宽度，必须满足该媒体相适应的宽度要求。

如果采用两种或两种以上的图线宽度，任何两种线宽比例应不小于2∶1。

两条平行图线边缘之间的间隙至少是粗线条的两倍，两条线宽一样的平行线之间的间隙，应不小于每条线宽的三倍；两条缩微文件的平行线之间的间隙应不小于线宽的两倍，最小值不小于0.7mm。

对电气简图中的平行连接线，其中心间距至少为字体的高度，如有附加信息标注，则间距至少为字体高度的两倍。

例20　图中的文字要求

图中的文字、如汉字、字母和数字是电气技术文件和电气图的重要组成部分，是读图的重要内容，因此要求字体必须规范，做到字体端正、清晰，排列整齐、均匀。图面上字体的大小，依图幅而定。按《机械制图的文件》（GB 4457.3—1984）的规定，汉字采用长仿宋体，字母、数字可用直体、斜体；字体号数，即字体高度（单位为mm），分为20，14，10，7，5，3.5，2.5七种，字体的宽度约等于字体高度的2/3，而数字和字母的笔画宽度约为字体高度的1/10。因汉字笔画较多，一般不小于3.5号字，对参数的字母可采用斜体，字头向右倾斜75°。

对缩微文件的字体最小高度，根据图纸幅面大小，IEC推荐A0（5号字）、A1（3.5号字）、A2（2.5号字）、A3（2.5号字）、A4（2.5号字）。

例21　电气识图的基本要求

识读电气图的基本要求有以下几点。

（1）由浅入深，循序渐进地识图

初学识图要本着从易到难、从简单到复杂的原则识图。一般来讲，照明电路比电气控制电路简单，单项控制电路比系列控制电路简单。复杂的电路都是简单电路的组合，从识读简单的电路图开始，弄清每一电气符号的含义，明确每一电气元件的作用，理解电路的工作原理，为识读复杂电气图打下基础。

（2）应具有电工电子技术的基础知识

在实际生产的各个领域中，所有电路如输变配电、建筑电气、电气控制、照明、电子电路、逻辑电路等，都是建立在电工电子技术理论基础之上的。因此，要想准确、迅速地读懂电气图，必须具备一定的电工电子技术基础知识、这样才能运用这些知识，分析电路，理解图纸所含的内容。如三相笼型感应电动机的正转和反转控制，就是利用电动机的旋转方向是由三相电源的相序来决定的原理，用倒顺开关或两个接触器进行切换，改变输入电动机的电源相序，来改变电动机的旋转方向。而Y-△启动则是应用电源电压的变动引起电动机启动电流及转矩变化的原理。

（3）掌握电气图用图形和文字符号

电气图用图形符号和文字符号以及项目代号、电器接线端子标志等是电气图的“象形文字”，是“词汇”，“句法及语法”，相当于看书识字、识词，还要懂得一些句法、语法。图形、文字符号很多，必须能熟记会用。可以根据个人所从事的工作和专业出发，识读各专业共用和本专业专用的电气图形符号，然后再逐步扩大。

（4）熟悉各类电气图的典型电路

典型电路一般是常见、常用的基本电路。如供配电系统中电气主电路图中最常见、常用的是单母线接线，由此典型电路可导出单母线不分段、单母线分段接线，而由单母线分段再区别是隔离开关分段还是断路器分段。再如，电力拖动中的启动、制动、正反转控制电路，连锁电路，行程限位控制电路。

不管多么复杂的电路，总是由典型电路派生而来，或者由若干典型电路组合而成的。因此，熟练掌握各种典型电路，在识图时有利于对复杂电路的理解，能较快地分清主次环节及其他部分的相互联系，抓住主要矛盾，从而能读懂较复杂的电气图。

（5）掌握各类电气图的绘制特点

各类电气图都有各自的绘制方法和绘制特点。掌握了电气图的主要特点及绘制电气图的一般规则，如电气图的布局、图形符号及文字符号的含义、图线的粗细、主副电路的位置、电气触头的画法、电气网与其他专业技术图的关系等，并利用这些规律，就能提高识图效率，进而自己也能设计制图。由于电气图不像机械图、建筑图那样直观形象和比较集中，因而识图时应将各种有关的图纸联系起来，对照阅读。如通过系统图、电路图找联系；通过接线图、布置图找位置，交错识读会收到事半功倍的效果。

（6）把电气图与其他图对应识读

电气施工往往与主体工程及其他工程如工艺管道、蒸汽管道、给排水管道、采暖通风管道、通信线路、机械设备等项安装工程配合进行。电气设备的布置与土建平面布置、立面布置有关；线路走向与建筑结构的梁、柱、门窗、楼板的位置有关，还与管道的规格、用途、走向有关；安装方法又与墙体结构、楼板材料有关；特别是一些暗敷线路、电气设备基础及各种电气预埋件更与土建工程密切相关。因此，识读某些电气图还要与有关的土建图、管路图及安装图对应起来看。

（7）掌握涉及电气图的有关标准和规程

电气识图的主要目的是用来指导施工、安装，指导运行、维修和管理。有一些技术要求不可能都一一在图样上反映出来，也不能一一标注清楚，由于这些技术要求在有关的国家标准或技术规程、技术规范中已作了明确的规定。因而，在识读电气图时，还必须了解这些相关标准、规程、规范，才能真正读懂图。

例22 电气识图的基本步骤

（1）了解说明书

了解电气设备说明书，目的是了解电气设备总体概况及设计依据，了解图纸中未能表达清楚的各有关事项。了解电气设备的机械结构、电气传动方式、对电气控制的要求、设备和元器件的布置情况，以及电气设备的使用操作方法、各种开关、按钮等的作用。

（2）理解图纸说明

拿到图纸后，首先要仔细阅读图纸的主标题栏和有关说明，搞清楚设计的内容和安装要求，就能了解图纸的大体情况，抓住看图的要点。如图纸目录、技术说明、电气设备材料明细表、元件明细表、设计和安装说明书等，结合已有的电工电子技术知识，对该电气图的类型、性质、作用有一个明确的认识，从整体上理解图纸的概况和所要表述的重点。

（3）掌握系统图和框图

由于系统图和框图只是概略表示系统或分系统的基本组成、相互关系及主要特征，因此紧接着就要详细看电路图，才能清楚它们的工作原理。系统图和框图多采用单线图，只有某些 380V/220V 低压配电系统图才部分地采用多线图表示。

（4）熟悉电路图

电路图是电气图的核心，也是内容最丰富但最难识读的电气图。看电路图时，首先，要识读有哪些图形符号和文字符号，了解电路图各组成部分的作用，分清主电路和辅助电路、交流回路和直流回路，其次，按照先看主电路，后看辅助电路的顺序进行识读图。

看主电路时，通常要从下往上看，即从用电设备开始，经控制元件依次往电源端看；当然也可按绘图顺序由上而下，即由电源经开关设备及导线向负载方向看，也就是弄清电源是怎样给负载供电的。看辅助电路时，从上而下、从左向右看，即先看电源，再依次看各条回路，分析各条回路元件的工作情况及其对主电路的控制关系。

通过看主电路，要搞清楚电气负载是怎样获取电能的；电源线都经过哪些元件到达负载，以及这些元件的作用、功能。通过看辅助电路，则应搞清辅助电路的回路构成、各元件之间的相互联系和控制关系及其动作情况等。同时还要了解辅助电路与主电路之间的相互关系，进而搞清整个电路的工作原理和来龙去脉。

（5）清楚电路图与接线图的关系

接线图是以电路为依据的，因此要对照电路图来看接线图。看接线图时要根据端子标志、回路标号从电源端依次查下去，搞清线路走向和电路的连接方法，搞清每个回路是怎样通过各个元件构成闭合回路的。看安装接线图时，先看主电路后看辅助回路。看主电路是从电源引入端开始，顺序经开关设备、线路到负载（用电设备）。看辅助电路时，要从电源的一端到电源的另一端，按元件连接顺序对每一个回路进行分析。接线图中的线号是电气元件间导线连接的标记，线号相同的导线原则上都可以接在一起。由于接线图多采用单线表示，因此对导线的走向应加以辨别，还要搞清端子板内外电路的连接。配电盘内外线路相互连接必须通过接线端子板，因此看接线图时，要把配电盘内外的线路走向搞清楚，就必须注意搞清端子板的接线情况。

（6）熟悉电气元器件结构

电路是由各种电气设备、元器件组成的，如电力供配电系统中的变压器、各种开关、接触器、继电器、熔断器、互感器等，电子电路中的电阻器、电感器、电容器、二极管、三极管、晶闸管及各种集成电路等。因此，熟悉这些电气设备、装置和控制元件、元器件的结构、动作工作原理、用途和它们与周围元器件的关系以及在整个电路中的地位和作用，熟悉具体机械设备、装置或控制系统的工作状态，有利于电气原理图的识图。例如，在图 2-38 所示三极管共发射极放大电路中，三极管 VT 是放大器件，了解它的结构，熟悉它的工作原理，就能正确认识它的放大原理：R_B 是基极偏置电阻，给放大电路提供合适的静态；R_C 是集电极负载电阻，起电压转换作用；C_1、C_2 是耦合电容，起通交流信号隔离直流的作用。

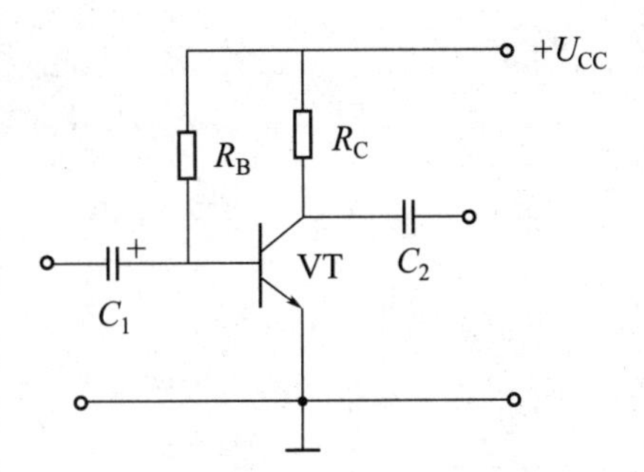

图 2-38 三极管共发射极放大电路

（7）结合典型电路识读图

所谓典型电路，就是常用的基本电路。如三相感应电动机的启动、制动、正反转、过载保护、连锁电路等，供配电系统中电气主接线常用的单母线主接线，电子电路中三极管放大电路、整流电路、振荡电路等，都是典型电路。

无论多么复杂的电路图，都是由若干典型电路所组成的。因此，熟悉各种典型电路，对于看懂复杂的电路图有很大帮助。不仅看图时能很快分清主次环节、信号流向，抓住主要矛盾，而且不易搞错。

Chapter 03

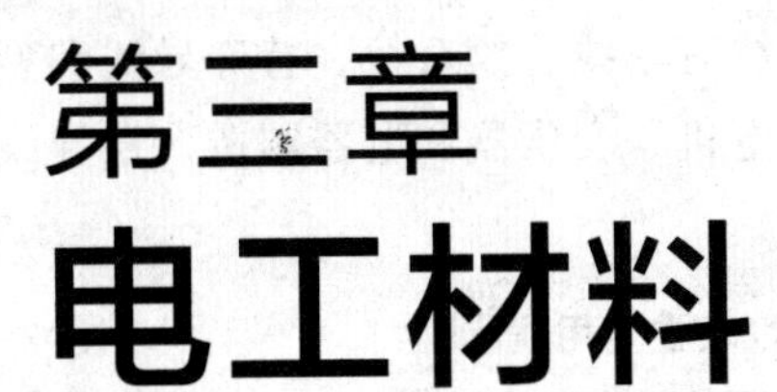

第三章 电工材料

例 1 电工材料的分类

电工材料的种类很多，新型材料也不断涌现，这给电子仪器仪表装配工在选材时增加了难度。因此，需要学习更多的知识，才能正确用材。电气工程上常将电工材料作如下分类。

① 导电材料
- 普通导电材料　如铜、铝及其合金材料。
- 特殊导电材料　如熔体材料、电阻材料、电热材料、电触头材料、热双金属等。

② 绝缘材料
- 固态绝缘材料　如绝缘纤维制品、橡胶、塑料、玻璃、陶瓷等。
- 气态绝缘材料　如空气、六氟化硫等。
- 液体绝缘材料　如绝缘油、绝缘漆和胶等。

③ 磁性材料　如铁、硅钢、稀土钴、钴、镍等。

④ 半导体材料　如硅、锗、硒等。

⑤ 超导材料　如铌-钛-铜合金，铋锶钙和铜的氧化物等。

例 2 常用导电材料主要性能

普通导电材料是指专门用于传导电流的金属材料。如做电线电缆的铜材、铝材。常用导电材料主要性能如表 3-1 所示。

表 3-1　常用导电材料主要性能

名称	电阻率 ρ(20℃时)/(Ω·m)	抗拉强度/MPa	抗氧化耐腐蚀(比较)	电阻温度系数 α(20℃时)/℃$^{-1}$	可焊性
银 Ag	0.0165×10^{-6}	160～180	中	0.0038	优
铜 Cu	0.0173×10^{-6}	200～220	上	0.0040	优
铝 Al	0.0283×10^{-6}	70～80	中	0.0041	中
低碳钢 Fe	0.12×10^{-6}	250～330	下	0.0042	良

注：表中电阻温度系数 $\alpha=\dfrac{R_2-R_1}{R_1(t_2-t_1)}$ (℃$^{-1}$)。

用以传输电能、传输信息和实现电磁能量转换的线材产品称为电线电缆，它包括裸导线、电磁线、电气装备用绝缘电线和电缆线四大类。

例 3 裸导线的性能及用途

裸导线是指仅有金属导体而无绝缘层的电线。裸导线有单线、绞合线、特殊导线和型线与型材四大类。主要用于电力、交通运输、通信工程与电机、变压器和电器制造。裸导线的分类、型号、特性及主要用途见表 3-2。

表 3-2 裸导线的分类、型号、特性及主要用途

分类	名称	型号	截面范围/mm²	主要用途	备注
裸型线	硬铝扁线 半硬铝扁线 软铝扁线	LBY LBBY LBR	a:0.80～7.10 b:2.00～35.5	用于电机、电器设备绕组	
	硬铜扁线 软铜扁线	TBY TBR	a:0.80～7.10 b:2.00～35.00	用于安装电机、电器、配电设备	
	硬铜母线 软铜母线	TMY TMR	a:4.00～31.50 b:16.00～125.00	用于安装电机、电器、配电设备	
裸软接线	铜电刷线 软铜电刷线 纤维编织镀锡铜电刷线	TS TSR TSX	0.3～16	用于电机、电器及仪表线路上连接电刷	
	纤维编织镀锡铜软电刷线	TSXR	0.6～2.5		
	铜软绞线	TJR	0.06～5.00	电气装置、电子元器件连接线	
	镀锡铜软绞线	TJRX			
	铜编织线	TZ	4～120		
	镀锡铜编织线	TZX			

例 4 漆包线的使用

漆包线的绝缘层是漆膜，在导电线芯上涂覆绝缘漆后烘干形成。特点是漆膜薄而牢固，均匀光滑，有利于线圈的自动绕制。漆包线主要采用有机合成高分子化合物，广泛用于制造中、小型电机、变压器和电器线圈。按漆膜及使用特点分为油性漆包线、聚氨酯漆包线、聚酯漆包线、聚酯亚胺漆包线、聚酰亚胺漆包线和缩醛漆包线等。

（1）漆包线的主要规格与性能

漆包线其规格及性能参数主要有线径、耐温等级、机械性能、电性能、热性能等。表 3-3列出了部分常用漆包线的主要性能比较。

除表 3-3 列出的主要性能外，漆包线的参数与性能还包括耐有机溶剂性能、耐化学药品性能和耐制冷剂性能。

表 3-3　常用漆包线的主要性能比较

漆包线种类	规格/mm	耐温等级/℃	机械性能		电性能		热性能		
			耐刮性	弹性	击穿电压	介质损耗角正切	软化击穿温度	热老化	热冲击
油性漆包线	0.02～2.5	105	差	优	良	优	差	良	一般
聚氨酯漆包线	0.015～1.0	120	一般	良	良	优	良	良	一般
聚酯漆包线	0.02～2.5	130	良	良	优	优	优	优	一般
聚酰亚胺漆包线	0.06～2.5	220	一般	优	优	良	优	优	优

(2) 漆包线的用途

漆包线在电子产品中的用途很广，可作为中、高频线圈及仪表、仪器的线圈，普通中小型电机、微电机绕组和油浸变压器的线圈，还可作为大型变压器线圈和换位导线。如规格为0.02～2.5mm的油性漆包圆铜线，可作为中、高频线圈及仪表、仪器的线圈；而聚酯漆包线可作为普通中小型电机绕组。缩醛漆包线可作为大型变压器线圈和换位导线。

例 5　绕包线的使用

绕包线用天然丝、玻璃丝、绝缘纸或合成树脂薄膜等紧密绕包在导电线芯（或漆包线）上，形成绝缘层的电磁线。一般绕包线的绝缘层较漆包线厚，是组合绝缘，电性能较高，能较好地承受过电压与过载负荷。

绕包线主要分为纸包线、玻璃丝包线、丝包线和薄膜绕包线四大类。

(1) 绕包线的主要规格与性能

其规格与性能的主要参数有线径、耐温等级、耐弯曲性、电性能、热性能。表 3-4 列出了常用绕包线的主要性能比较。

表 3-4　常用绕包线的主要性能比较

绕包线种类	规格/mm	耐温等级/℃	耐弯曲性	电性能		热性能
				击穿电压	过载性	
纸包线	1.0～5.6	105	差	优	—	—
玻璃丝包线	0.25～6.0	120～180	较差	—	优	—
丝包线	0.05～2.5	105	较好	优	好	—
薄膜绕包线	2.5～5.6	120～220	优	优	—	优

(2) 绕包线的用途

由于绕包线的电性能较高，能较好地承受过电压与过载负荷，所以主要应用于大型设备及输送电设备。例如：纸包线常作为油浸电力变压器的线圈；玻璃丝包线可作为发电机、大中型电动机、牵引电机和干式变压器的绕组。丝包线常用于仪器仪表、电信设备的线圈绕组，以及采矿电缆线的线心等。薄膜绕包线常用于高温、有辐射等场所的电机绕组及干式变压器线圈。

例6 聚氯乙烯（PVC）绝缘电线

（1）结构

绝缘电线由线芯和绝缘层组成，其线芯有铜芯线，也有铝芯线；有单根线，也有多根线，绝缘层为包在线芯外面的聚氯乙烯材料。在电工材料手册中查阅聚氯乙烯绝缘电线，就会看到有一栏是根数/单线直径（mm），若该栏中的数据是1/0.8，则表示这个聚氯乙烯绝缘电线的线芯是单根线（俗称独股线），且线芯直径是0.8mm；若该栏中的数据是7/1.7，则表示这个聚氯乙烯绝缘电线的线芯是7根线，且线芯直径是1.7mm。

（2）常用聚氯乙烯绝缘电线的主要性能参数

① 工作温度。电线的线芯允许长时间工作温度不超过65℃，电线的安装温度不低于−15℃。

② 电线导电线芯的直流电阻。只要导线实际的电阻值不大于直流电阻值，即为符合要求的导线。直流电阻值与导线的材料、截面积有关。相同材料导线的截面积越大，直流电阻值就越小。以铝线为例，在20℃时，截面积是4mm² 的铝线每千米直流电阻为7.59Ω；截面积是10mm² 的铝线每千米直流电阻为3.05Ω。相同截面积的导线，铜线的直流电阻值小于铝线的直流电阻值，例如：在20℃时，截面积为1.5mm² 的铜芯线，每千米直流电阻不大于12.5Ω；而同样是截面积为1.5mm² 的铝芯线，每千米直流电阻不大于20.6Ω。

③ 绝缘线芯能承受规定的交流50Hz击穿电压。即绝缘电线耐压值。例如，绝缘厚度为1.0mm的电线耐压值是6000V；绝缘厚度为1.4mm的电线耐压值是8000V。

④ 绝缘电线的载流量。即绝缘电线在运行中允许通过的最大电流值。相同材料导线的截面积越大，载流量就越大；反之，载流量就越小。以铝线为例，截面积1.5mm² 的铝线载流量是18A；截面积2.5mm² 的铝线载流量是25A。相同截面积的导线，铜线的载流量比铝线大。例如：截面积是4mm²，铜线的载流量是42A，铝线的载流量是32A。

铜线的电性能优于铝线，但铜线的价格较贵。

（3）常用聚氯乙烯绝缘电线的用途

聚氯乙烯绝缘电线广泛应用于交流额定电压（U_o/U）为450V/750V、300V/500V及以下和直流电压1000V以下的动力装置及照明线路的固定敷设中。适用于各种交流、直流电器装置，电子仪表、仪器、电信设备等。

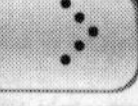

例7 聚氯乙烯绝缘软线

① 结构。聚氯乙烯绝缘软线与聚氯乙烯绝缘电线的结构基本相同，其线芯有铜芯线，也有铝芯线；与聚氯乙烯绝缘电线不同的是，线芯只有多股线，没有独股线。其特点是柔软，可多次弯曲。

② 主要性能参数。聚氯乙烯绝缘软线与聚氯乙烯绝缘电线的主要性能参数基本相同。使用时要注意工作电压，大多为交流250V或直流500V以下，及在交流额定电压（U_o/U）为450V/750V、300V/500V及以下。

③ 用途。聚氯乙烯绝缘软线适用于各种交流、直流移动电器、电工仪器、电信设备及

自动化装置等。

常用橡胶、聚氯乙烯绝缘软线的品种、型号和主要用途如表 3-5 所示。

表 3-5　常用橡胶、聚氯乙烯绝缘软线的品种、型号和主要用途

产品名称	型号	截面范围/mm^2	额定电压 (U_0/U) /V	最高允许 工作温度 /℃	主要用途
聚氯乙烯绝缘单芯软线	RV	0.12～10	450/750	70	供各种移动电器、仪表、电信设备、自动化装置接线、移动电具、吊灯的电源连接线
聚氯乙烯绝缘双芯平行软线	RVB	0.12～2.5	300/300		
聚氯乙烯绝缘双芯绞合软线	RVS	0.12～2.5			
聚氯乙烯绝缘及护套平行软线	RVVB	0.5～0.75			
聚氯乙烯绝缘和护套软线	RVV	0.12～6 （4 芯以下） 0.12～2.5 （5～7 芯） 0.12～1.5 （10～24 芯）	300/500	70	同 RV,用于潮湿和机械防护要求较高场合
丁腈聚氯乙烯复合绝缘平行软线	RFB RVFB	0.12～2.5	交流 300/500	70	同 RVB,但低温柔软性较好
丁腈聚氯乙烯复合绝缘绞合软线	RFS RVFS	0.12～2.5	直流 500	70	同 RVB,但低温柔软性较好
橡胶绝缘棉纱编织双绞软线	RXS	0.2～4 0.3～4	300/500	65	用于灯头、灯座之间,移动家用电器连接线
橡胶绝缘棉纱总编软线（2 芯或 3 芯）	RX				
氯丁橡套软线	RHF		300/500	65	用于移动电器的电源连接线
橡套软线	RH				
聚氯乙烯绝缘软线	RVR-105	0.5～6	450/700	105	高温场所的移动电器连接线
氟塑料绝缘耐热电线	AF AFP	0.12～0.4 （2～24 芯）	300/300	−60～200	用于航空、计算机、化工等行业

聚氯乙烯绝缘屏蔽电线用于防电磁波干扰，广泛应用于防止互相干扰的仪器仪表、电子设备、电信器件、计算机及电声广播等线路中。

例 8　电缆线的使用

电缆线是指在绝缘护套内装有多根相互绝缘芯线的电线，除了具有导电性能好、芯线之间有足够的绝缘强度、不易发生短路故障等优点外，其绝缘护套还有一定的抗拉、抗压和耐磨特性。

电缆线按其用途可分为通用电缆线、电力电缆线和通信电缆线等。电气装备用电缆线用作各种电气装备、电动工具、仪器和日用电器的移动式电源线；电力电缆线用于输配电网络干线中；通信电缆线用作有线通信（如电话、电报、传真、电视广播等）线路，按结构类型分为对称通信电缆线和同轴通信电缆线。

（1）结构

电缆线有铜芯线、铝芯线，有单芯线、多芯线，并有各种不同的线径。普通电缆线由导线的线芯、绝缘层、保护层、护套组成；屏蔽电缆线由导线的线芯、绝缘层、保护层、屏蔽层、护套组成。

① 线芯。线芯的材料主要有铜和铝，在电路中起载流作用。

② 绝缘层和保护层　绝缘层材料应具有电气性能和适当的机械物理性能，适用于隔离相邻导线或防止导线不应有的接地。

③ 屏蔽层。屏蔽层是用金属带绕包或细金属丝编织而成，主要材料有铜、钢、铝，作用是抑制其内部或外部电场和磁场的干扰和影响。

④ 护套。常用的护套材料有聚氯乙烯、黑色聚乙烯、尼龙、聚氨酯、氯丁橡胶等。护套的主要作用是机械保护和防潮。

（2）绝缘电缆线的规格、参数

电缆线一般由线芯、绝缘层和保护层组成。它们的规格和参数主要有电缆线的根数，例如：若为三根线，通常就称为三芯电缆；每根芯线的规格，其中包括每根芯线的根数、截面积，这项指标很重要，它是决定电缆线载流量的重要因素。线芯有软芯和硬芯之分。绝缘层的作用是防止通信电缆漏电和电力电缆放电，它由橡胶、塑料或油纸等绝缘物包缠在芯线外构成。保护层有金属护层和非金属护层两种，金属护层大多为铝套、铅套、皱纹金属套和金属编织套等；非金属护层大多数采用橡胶、塑料等。另外，还有耐压值、载流量等参数。

绝缘电缆线的型号和用途如表3-6所示。

表3-6　绝缘电缆线的型号和用途

型号	名　称	主要用途	结构示意图	说明
AV	聚氯乙烯绝缘安装线	适用于交流电压250V以下或直流电压500V以下的弱电流仪器仪表和电信设备电路的连接，使用温度为－60～＋70℃	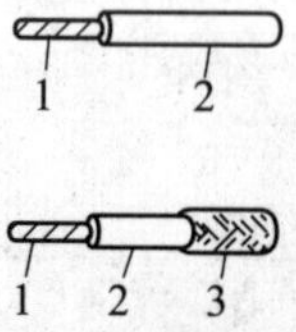 1 2	1—镀锡铜线芯； 2—聚氯乙烯绝缘层； 3—铜编织线
AVR	聚氯乙烯绝缘屏蔽安装线			
AVRP	聚氯乙烯绝缘屏蔽安装软线		1 2 3	
ASTV	纤维聚氯乙烯绝缘安装线	适用于仪器设备、仪表内部及仪表之间固定安装用线，使用温度：－40～＋60℃	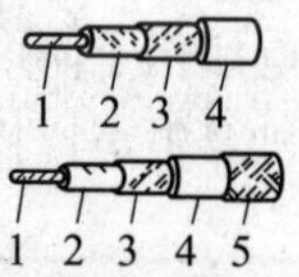 1 2 3 4	1—镀锡铜线芯； 2、3—天然丝线包； 4—聚氯乙烯绝缘层； 5—铜编织线
ASTVR	纤维聚氯乙烯绝缘安装软线			
ASTVRP	纤维聚氯乙烯绝缘屏蔽安装软线		1 2 3 4 5	
BV	聚氯乙烯绝缘电线	适用于交流额定电压500V以下的仪器、仪表设备和照明装置，BVR型软线适用于要求柔软电线的场合	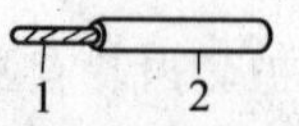 1 2	1—铜线芯； 2—聚氯乙烯绝缘层
BVR	聚氯乙烯绝缘软线			
RVB	聚氯乙烯绝缘平行连接软线	适用于交流额定电压250V以下的移动式日用电器连接	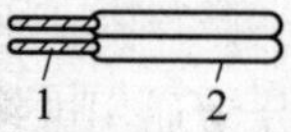 1 2	1—铜线芯； 2—聚氯乙烯绝缘层
RVS	聚氯乙烯绝缘双绞连接软线	适用于交流额定电压500V以下的移动式日用电器连接	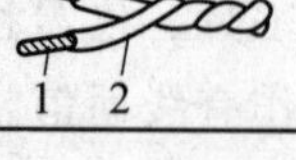 1 2	1—铜线芯或镀锡线芯； 2—聚氯乙烯绝缘层

续表

型号	名　称	主要用途	结构示意图	说明
ASER	纤维绝缘安装软线	适用于电子仪器和弱电设备的固定安装	1 2 3	1—镀锡铜线芯； 2、3—天然丝线包； 4—尼龙丝编织线
ASEBR	纤维绝缘安装软线		1 2 3 4	
FVL	聚氯乙烯绝缘低压腊克线	适用于飞机上的低压线路的安装，使用温度：－40～＋60℃	1 2 3	1—镀锡钢线芯； 2—聚氯乙烯绝缘层； 3—棉纱编织并涂蜡光 4—镀锡铜编织线
FVLP	聚氯乙烯绝缘低压带屏蔽腊克线		1 2 3 4	

例 9　绝缘材料的功用和分类

绝缘材料又称电介质，是仪器、仪表设备中用途较广、用量较大，品种较多的一种电工材料，其电阻率大于 $10^9\Omega\cdot m$。它在直流电压作用下，除有极微小的泄漏电流通过外，实际上可认为它是不导电的。

绝缘材料的主要功用是把带电体封闭起来，隔离电位不同的导体以防止导体短路和保护人身安全。在某些情况下，还能起支承固定、灭弧、防潮、防霉及保护导体等作用。

绝缘材料种类繁多，通常根据其不同特征进行分类。按材料的化学成分可分无机绝缘材料、有机绝缘材料和混合绝缘材料三种；按材料的物理状态可分气体绝缘材料、液体绝缘材料、固体绝缘材料三种。

常用绝缘材料的分类及特点如表 3-7 所示。

表 3-7　常用绝缘材料的分类及特点

序号	类别	主要品种	特点及用途
1	气体绝缘材料	空气、氮、氢、二氧化碳、六氟化硫、氟利昂	常温、常压下的干燥空气，围绕导体四周，具有良好的绝缘性和散热性。用于高压电器中的特种气体具有高的电离场强和击穿场强，击穿后能迅速恢复绝缘性能，不燃、不爆、不老化，无腐蚀性，导热性好
2	液体绝缘材料	矿物油、合成油、精制蓖麻油	电气性能好，闪点高，凝固点低，性能稳定，无腐蚀性。常用作变压器、油开关、电容器、电缆的绝缘、冷却、浸渍和填充
3	绝缘纤维制品	绝缘纸、纸板、纸管、纤维织物	经浸渍处理后，吸湿性小，耐热、耐腐蚀，柔性强，抗拉强度高。常用作电缆、电机绕组等的绝缘
4	绝缘漆、胶、熔敷粉末	绝缘漆、环氧树脂、沥青胶、熔敷粉末	以高分子聚合物为基础，能在一定条件下固化成绝缘膜或绝缘整体，起绝缘与保护作用
5	浸渍纤维制品	漆布、漆绸、漆管和绑扎带	以绝缘纤维制品为底料，浸以绝缘漆，具有较好的机械强度、良好的电气性能，耐潮性、柔软性好。主要用作电机、电器的绝缘衬垫，或线圈、导线的绝缘与固定
6	绝缘云母制品	天然云母、合成云母、粉云母	电气性能、耐热性、防潮性、耐腐蚀性良好。常用于电机、电器主绝缘和电热电器绝缘
7	绝缘薄膜、粘带	塑料薄膜、复合制品、绝缘胶带	厚度薄(0.006～0.5mm)，柔软，电气性能好，用于绕组电线绝缘和包扎固定

续表

序号	类别	主要品种	特点及用途
8	绝缘层压制品	层压板、层压管	由纸或布作底料，浸或涂以不同的胶黏剂，经热压或卷制成层状结构，电气性能良好，耐热，耐油，便于加工成特殊形状，常用作电气绝缘构件
9	电工用塑料	酚醛塑料、聚乙烯塑料	由合成树脂、填料和各种添加剂配合后，在一定温度、压力下，加工成各种形状，具有良好的电气性能和耐腐蚀性，常用作绝缘构件和电缆护层
10	电工用橡胶	天然橡胶、合成橡胶	电气绝缘性好，柔软、强度较高，主要用作电线、电缆绝缘和绝缘构件

例 10 绝缘材料的基本性能

绝缘材料的基本性能主要表现为以下几点。

① 电气性能用绝缘电阻、绝缘材料的极化与相对介电常数、绝缘材料的介质损耗和绝缘耐压强度等来表示它们的电气性能。

② 绝缘材料按材料的耐热等级可分为七个级别，如表 3-8 所示。

表 3-8 绝缘材料的耐热等级

级别	耐热等级定义	相当于该耐热等级的绝缘材料	极限工作温度/℃
Y	用经过试验证明，在 90℃极限温度下，能长期使用的绝缘材料或其组合物所组成的绝缘结构	天然纤维材料及制品，如纺织品、棉花、纸板、木材等，以醋酸纤维和聚酰胺为基础的纤维制品以及熔化点较低的塑料	90
A	用经过试验证明，在 90℃极限温度下，能长期使用的绝缘材料或其组合物所组成的绝缘结构（105℃极限温度下）	用油或树脂浸渍过的 Y 级材料，漆包线，漆布、油性漆、沥青漆、层压木板等	105
E	用经过试验证明，在 90℃极限温度下，能长期使用的绝缘材料或其组合物所组成的绝缘结构（120℃极限温度下）	玻璃布、油性树脂漆、环氧树脂、胶纸板、聚酯薄膜和 A 级材料的复合物	120
B	用经过试验证明，在 90℃极限温度下，能长期使用的绝缘材料或其组合物所组成的绝缘结构（130℃极限温度下）	聚酯薄膜、云母制品、玻璃纤维、石棉等制品，聚酯漆等	130
F	用经过试验证明，在 90℃极限温度下，能长期使用的绝缘材料或其组合物所组成的绝缘结构（155℃极限温度下）	用耐油有机树脂或漆黏合、浸渍的云母、石棉、玻璃丝制品，复合硅有机聚酯漆等	155
H	用经过试验证明，在 90℃极限温度下，能长期使用的绝缘材料或其组合物所组成的绝缘结构（180℃极限温度下）	加厚的 F 级材料，复合云母，有机硅云母制品，硅有机漆，复合薄膜等	180
C	用经过试验证明，在 90℃极限温度下，能长期使用的绝缘材料或其组合物所组成的绝缘结构（在超过 180℃的温度下）	用有机黏合剂及浸渍剂的无机物，如石英、石棉、云母、玻璃和电瓷材料等	180 以上

③ 理化性能用熔点、黏度、吸湿性、固体含量、耐油性、化学稳定性等表示。

④ 机械性能用硬度、抗拉、抗压、抗弯曲强度等表示。

⑤ 绝缘材料老化即材料在运行过程中由于各种因素的作用，而发生一系列不可恢复的物理、化学变化而导致材料电气性能与机械性能的劣化，通称为老化。主要的老化形式有环境老化、热老化与电老化三种。工程上应尽力采用一些有效的方法来防止绝缘材料的老化。

例 11 | 影响半导体导电能力的三个特性

半导体是导电能力介于导体和绝缘体之间的物质，如硅、锗、硒、砷化镓和一些氧化物、硫化物等。

常用的半导体材料是硅和锗，它们都是具有共价键结构的四价元素。因此，纯净的半导体具有晶体结构，我们把具有晶体结构的纯净半导体称作本征半导体。

环境条件的变化会影响半导体材料的导电能力，主要体现在以下几个方面。

(1) 热敏性

环境温度对半导体的导电能力影响很大，温度升高，本征激发增强，产生的电子空穴对就增多，导电能力就增强。根据半导体材料的热敏特性，可制成热敏电阻和其他温度敏感元件。

(2) 光敏性

一些半导体材料受到光照时，本征激发增强，载流子数量增加，导电能力亦随之增强。利用半导体的光敏性，可制成光敏电阻、光敏二极管、光敏三极管等光敏器件。

(3) 掺入杂质可改变半导体的导电性能

在半导体中掺入微量其他元素称作掺入杂质，简称掺杂。掺杂后的半导体导电能力有很大的提高。

例 12 | PN 结及其单向导电性

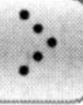

在 PN 结两端加上不同极性的电压，PN 结便会呈现不同的导电性能。PN 结上外加电压的方式称为偏置方式，所加电压称为偏置电压。

(1) PN 结外加正向电压导通

将 PN 结的 P 区接电源正极，N 区接电源负极，即 PN 结处于正向偏置时，外加电场方向和内电场方向相反，削弱了内电场的作用，从而破坏了原来的平衡，空间电荷区变窄，多数载流子的扩散运动大大超过了少数载流子的漂移运动，形成较大的扩散电流。这时 PN 结所处的状态称为正向导通，如图 3-1 所示。正向导通时，通过 PN 结的正向电流较大，即 PN 结呈现的正向电阻很小。

(2) PN 结外加反向电压截止

当 PN 结的 P 区接电源的负极，N 区接电源的正极，即 PN 结处于反向偏置时，外加电场方向与 PN 结内电场方向一致，使空间电荷区变宽，多数载流子的扩散几乎难以进行，少数载流子的漂移运动则得到加强，从而形成反向漂移电流。由于少数载流子浓度极小，故反向电流很微弱。这时 PN 结所处的状态称为反向截止，如图 3-2 所示。反向截止时，通过 PN 结的电流很小，PN 结呈现的反向电阻很大。

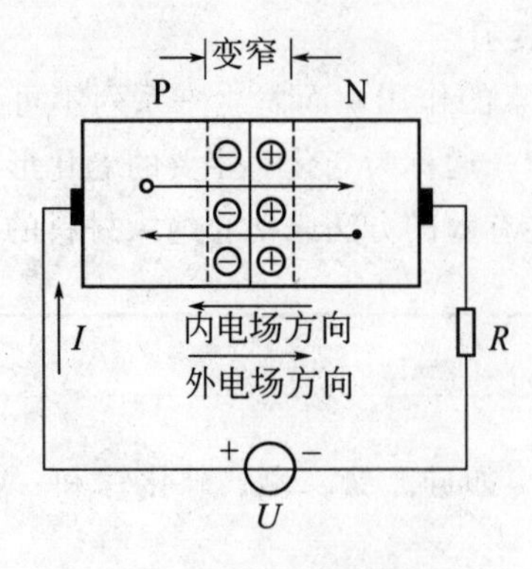

图 3-1 PN 结加正向电压

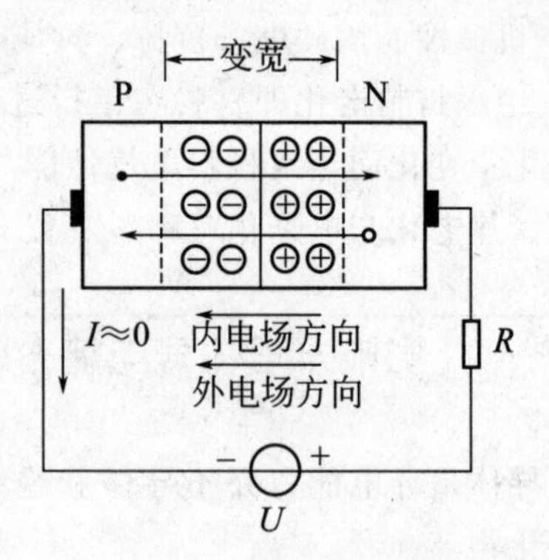

图 3-2 PN 结加反向电压

单向导电性是 PN 结的重要特性，也是晶体二极管、三极管等半导体器件导电特性的基础。

例 13 软磁材料的使用

常用的磁性材料就是指铁磁性物质。它是电工材料之一，是电器产品中的主要材料。磁性材料按其特性、结构和用途通常分为软磁性材料、永磁性材料（硬磁材料）、磁记录材料、磁记忆材料、旋磁材料和非晶态软磁性材料等。

软磁材料的磁性能的主要特点是磁导率 μ 很高，剩磁 B_r 很小、矫顽力 H_c 很小，磁滞现象不严重，因而它是一种既容易磁化也容易去磁的材料，磁滞损耗小。所以一般都是在交流磁场中使用，是应用最广泛的一种磁性材料。磁导率 μ 表示物质的导磁能力，由磁介质的性质决定其大小。一般把矫顽力 $H_c<10^3$ A/m 的磁性材料归类为软磁材料。

属于软磁性材料的品种有电工用纯铁、硅钢片、铁镍合金、铁铝合金、软磁铁氧体、铁钴合金等，主要是作为传递和转换能量的磁性零部件或器件。

(1) 电工用纯铁

电工用纯铁（牌号 DT）的主要特点是含碳量在 0.04%以下，具有较高的磁感应强度和磁导率，冷加工性好，而矫顽力较低；缺点是电阻率低，涡流损耗大，铁损高，存在磁老化现象，故不能用在交流磁场中，主要应用在直流或低频电路中。制备高纯度铁的工艺复杂，成本高，所以，工程上用电磁纯铁替代电工纯铁。电磁纯铁一般加工成厚度不超过 4mm 的板材。

(2) 硅钢片

硅钢片（牌号有 DR、DW 或 DQ）又称为电工钢片，是在铁中加入 0.8%～4.5%的硅制成的。在铁中加入硅后可以起到提高磁导率、降低矫顽力和铁损耗，但硅含量增加，硬度和脆性加大，热导率降低，不利于机械加工和散热，一般硅含量要小于 4.5%。它和电工纯铁相比，电阻率增高，铁损降低，磁时效基本消除，但热导率降低，硬度提高，脆性增大。适合在强磁场条件下使用。另外，硅钢片的厚度也影响着它的电磁性能，厚度越大，涡流损耗越高，但是，厚度减小，就会影响制造铁芯的效率，并使叠装系数下降。在电动机工业中大量使用的硅钢片厚度为 0.35mm 和 0.5mm；在电信工业中，由于频率高、涡流损耗大，硅钢片的厚度为 0.05～0.2mm。按照制造工艺的不同，硅钢片可分为热轧和冷轧两类。

① 热轧硅钢片。广泛应用于交直流电动机、电力变压器、调压器、互感器、继电器、电抗器、磁放大器及开关等产品的铁芯中。

② 取向冷轧硅钢片。它的特点是磁导率高、铁损低、磁性有方向性，主要应用于制造电力变压器和大型发电机的铁芯。

③ 无取向冷轧硅钢片。其特点是硅钢片的磁性无方向性，也就是沿各方向的磁性相同，主要应用于制造小型发电机、电动机和变压器的铁芯。

硅钢片的品种、性能和主要用途如表 3-9 所示。

表 3-9　硅钢片的品种、性能和主要用途

分类			牌号	厚度/mm	应用范围
热轧硅钢片	热轧电机钢片		DR1200-100　DR740-50 DR1100-100　DR650-50	1、0.5	中小型发电机和电动机
			DR610-50　DR530-50 DR510-50　DR490-50	0.5	要求损耗小的发电机和电动机
			DR440-50　DR400-50	0.5	中小型发电机和电动机
			DR360-50　DR315-50 DR290-50　DR265-50	0.5	控制微电机、大型汽轮发电机
	热轧变压器钢片		DR360-35　DR320-35	0.35	电焊变压器，扼流图
			DR320-35　DR280-35　DR250-35 DR360-50　DR315-50　DR290-35	0.35 0.5	电抗器和电感线图
冷轧硅钢片	无取向	电机用	DW530-50　DW470-50	0.5	大型直流电机、大中小型交流电机
			DW360-50　DW330-50	0.5	大型交流电机
		变压器用	DW530-50　DW470-50	0.5	电焊变压器、扼流器
			DW310-35　DW270-35 DW360-50　DW330-50	0.35 0.5	电力变压器、电抗器
	单取向	电机用	DQ230-35　DQ200-35　DQ170-35 DQ151-35　DQ350-50　DQ320-50 DQ290-50　DQ260-50	0.35 0.5	大型发电机
			G1、G2、G3、G4	0.05、0.2、0.08	中高频发电机、微电机
		变压器用	DQ230-35　DQ200-35 DQ170-35　DQ151-35	0.35	电力变压器、高频变压器
			DQ290-35　DQ260-35 DQ230-35　DQ200-35	0.35	电抗器、互感器
			G1、G2、G3、G4(日本牌号)	0.05、0.2、0.08	电源变压器、高频变压器、脉冲变压器、扼流器

（3）铁镍合金

铁镍合金（牌号 1J50、1J51 等）和其他软磁材料相比的优点是在低磁场下，有极高的磁导率 μ 和很低的矫顽力 H_c，但对应力比较敏感。在弱磁场下，磁滞损耗相当低，电阻率又比硅钢片高，故高频特性好。常用于频率较高的弱磁场中工作的器件，可用来制造中小功率变压器、脉冲变压器、微型电机、继电器、互感器、精密仪器仪表的动静铁芯、磁屏蔽器件、记忆器件等。

(4) 铁铝合金

铁铝合金（牌号1J12等）的电磁性能好，具有较高的磁导率和较小的矫顽力，比铁镍合金的电阻率高，在重量上比铁镍合金轻，但随着含铝量增加（超过10%），硬度和脆性增大，塑性变差。常用于弱磁场和中等磁场下工作的器件，如小功率变压器、脉冲变压器、高频变压器、微电机、继电器、互感器、磁放大器、电磁离合器、磁放大器、电感元件、磁屏蔽器件、电磁阀、磁头和分频器等。

(5) 软磁铁氧体

软磁铁氧体（牌号R100等）属非金属磁化材料，烧结体，其特点是电阻率非常高，高频时具有较高的磁导率，但饱和磁感应强度低，温度稳定性也较差，较硬脆，不耐冲击，不易加工，用于100～500kHz的高频磁场的电磁元件，可用于制造脉冲变压器、高频变压器、开关电源变压器、中长波及短波天线等。

例14 硬磁材料的使用

硬磁性材料也称为永磁性材料。它是将所加的磁化磁场去掉以后，仍能在较长时间内保持强和稳定磁性的一种磁性材料。永磁性材料主要的特点是剩磁 B_r 和矫顽力 H_c 都很大，当将磁化磁场去掉以后，不易消磁，它适合制造永久磁铁，被广泛应用于磁电式测量仪表、扬声器、永磁发电机和通信设备中。按照制造工艺和应用特点分类，永磁性材料可分为铝镍钴、稀土钴、硬磁铁氧体等。由于铝镍钴、稀土钴需要大量的贵重金属镍和钴，所以，最常用的永久磁性材料便是硬磁铁氧体了。

硬磁铁氧体在高频的工作环境中电磁性能好，所以广泛应用于电视机的部件、微波器件等中。硬磁材料的品牌和用途如表3-10所示。

表3-10 硬磁材料的品牌和用途

硬磁材料品种			用途举例
铝镍钴合金	铸造铝镍钴	铝镍钴13	转速表、绝缘电阻表、电能表、微电机、汽车发电机
		铝镍钴20 铝镍钴32	话筒、万用表、电能表、电流、电压表，记录仪，消防泵磁电机
		铝镍钴40	扬声器、记录仪、示波器
	粉末烧结铝镍钴 铝镍钴9 铝镍钴25		汽车电流表、曝光表、电器触头、受话器、直流电机、钳形表，直流继电器
铁氧体硬磁材料			仪表阻尼元件、扬声器、电话机、微电机、磁性软水处理
稀土钴硬磁材料			行波管、小型电机、副励磁机、拾音器精密仪表，医疗设备，电子手表
塑料变形硬磁材料			里程表、罗盘仪、计量仪表、微电机、继电器

例15 线管的使用

线管用于保护穿越其中的绝缘导线不易受外界的机械损伤，保障安全并有防潮防腐的作用。常用的线管有水煤气管、电线管、聚氯乙烯（PVC）管、自熄塑料线管、金属软管、瓷管等。常用线管的品种和规格如表 3-11 所示。

表 3-11 常用线管的品种和规格

水煤气管	公称口径	mm	10	15	20	25	32	40	50	70	80
		in	$\frac{3}{8}$	$\frac{1}{2}$	$\frac{3}{4}$	1	$1\frac{1}{4}$	$1\frac{1}{2}$	2	$2\frac{1}{2}$	3
电线管	公称口径	mm	13	16	20	25	32	38	50		
		in	$\frac{1}{2}$	$\frac{5}{8}$	$\frac{3}{4}$	1	$1\frac{1}{4}$	$1\frac{1}{2}$	2		
硬聚氯乙烯管（PVC）	公称直径/mm	10、15、20、25、32、40、50、65、80、100									
	外径/mm	15、20、25、32、40、50、65、76、90、114									
软聚氯乙烯管（彩色）	内径/mm	1、1.5、2、2.5、3、3.5、4、4.5、5、6、7、8、9、10、12、14、16、18、20、22、25、28、30、34、36、40									
自熄塑料线管（PAV 型）	外径/mm	16、19、25、32、40、50									
	内径/mm	12.4、15、20.6、27、34、43.5									
金属软管	内径/mm	6、8、10、12、13、15、16、19、20、22、25、32、38、51、64、75、100									

例 16 钎料、助钎剂和清洗剂的使用

焊接是固定连接导线间、导线与电气设备间常用的方法。焊接方法按过程分为三大类。

① 熔焊。如电弧焊、气焊即属于熔焊。

② 压焊。如电阻焊、摩擦焊。

③ 钎焊。如锡焊、铜焊、银焊等都属于钎焊。电气工程中以钎焊为主。常用的钎料有锡基钎料、铜基钎料和银基钎料。常用的锡铅钎料的品牌及用途如表 3-12 所示。

表 3-12 常用的锡铅钎料的品牌及用途

牌号（冶金部）（机械部）	主要成分			熔点/℃	主 要 用 途
	锡 Sn	锑 Sb	铅 Pb		
HLSnPb39（39 锡铅焊料）料 600	60%	≤0.8%	余量	185%	熔点低，能充分填充毛细间隙的地方，如无线电零件、电器开关零件、计算机零件、精密仪表中的导流丝、悬丝的钎接
HLSnPb50（50 锡铅焊料）	50%	≤0.8%	余量	210%	钎接散热器、计算机零件、一般仪表零件、铜件等
HLSnPb10（10 锡铅焊料）料 604	90%	≤0.15%	余量	220%	钎接钢，铜及合金和其他金属，如仪表的游丝，食品器皿和医疗器材的内缝
HLSnPb58-2 料 603	40%	2%	余量	235%	应用最广的钎料、无线电元器件、铜导线、镀锌铁皮等。焊点表面光洁，用于无线电电器开关等
HLSnPb68-2 料 602	30%	2%	余量	256%	应用广泛，润湿性较好，钎接用铜、钢、锌板、白铁皮等金属，用于仪表零件、无线电器械、电动机匝线，电缆套等钎接

铜基钎料熔点在800℃左右，常用于铜、铜合金、镍、钢与铸铁等材料的钎接。

银基钎料熔点在600～850℃，常用于焊铜、不锈钢、硬质合金等材料的钎接。

助钎剂其主要作用是除去被焊金属表面的氧化物、硫化物、油污等，净化金属与熔融钎料的接触面；同时具有覆盖保护作用。助钎剂有无机助钎剂即氯化锌水溶液，腐蚀作用大，锡焊性非常好。但在无线电、电子线路装置中禁用。另外，还有有机助钎剂和松香助钎剂。松香酒精助钎剂无腐蚀，常和锡铅钎料配合在仪器、电子设备生产中使用。

清洗剂是焊前除去被焊件上的油污等以利施焊或清除焊后残留物。常用的清洗剂有无水酒精、汽油和三氟三氯乙烷高档清洗剂。

例17 电工常用塑料的使用

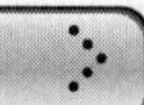

电工常用塑料的主要成分是合成树脂，按合成树脂的类型，电工用塑料分为热固性塑料和热塑性塑料。这些塑料在一定的温度、压力下可加工成不同规格、形状的绝缘零部件，还可以作为电线电缆的绝缘材料。

(1) 热固性塑料

热固性塑料在热压成型后，成为不溶解不熔化的固化物，其树脂成分结构发生变化，主要分为酚醛塑料、氨基塑料、聚酯塑料和耐高温塑料等。

① 酚醛塑料。酚醛塑料耐霉性好，适用于制作一般低压电机、仪器仪表绝缘零部件。

② 氨基塑料。氨基塑料色泽好、耐电弧性能好，适用于塑制电机、电器、电动工具绝缘结构，还可塑制电器开关灭弧部件。

③ 聚酯塑料。具有优良的电气性能和耐霉性能，成型工艺性好，适用于塑制湿热地区电机、电器、电信设备的绝缘部件。

④ 耐高温塑料。有较高的耐高温性，适用于塑制耐高温的电机、电器绝缘零部件。

(2) 热塑性塑料

热塑性塑料在热压或热挤成型后树脂的分子结构不变，其物理、化学性质不发生明显变化，仍具有可溶解和可熔化性，所以热塑性塑料可以多次反复成型。热塑性塑料主要有聚苯乙烯、苯乙烯-丁二烯-丙烯腈共聚物、聚甲基丙烯酸甲酯、聚酰胺、聚碳酸酯、聚砜、聚甲醛、聚苯醚等。

① 聚苯乙烯（PS）。是无色的透明体，有优良的电性能和透光性，但性脆、易燃，可用于制作各种仪表外壳、罩盖、绝缘垫圈、线圈骨架、绝缘套管、引线管、指示灯罩等。

② 苯乙烯-丁二烯-丙烯腈共聚物（ABS）。是象牙色不透明体，有较高的表面硬度，易于成型和机械加工，并可在表面镀金属。ABS适用于制作各种仪表外壳、支架、小型电机外壳、电动工具外壳等。

③ 聚甲基丙烯酸甲酯（PMMA）。俗称为有机玻璃，是透光性优异的无色透明体，可透过92%以上的阳光和73.5%的紫外线，电气性能优良，易于成型和机械加工。PMMA适用于制作仪表的一般结构零件，绝缘零件，读数透镜，电器外壳、罩、盖等。

④ 聚酰胺（尼龙）1010。是白色半透明体，常温下有较高的机械强度，良好的冲击韧性、耐磨性、自润滑性和良好的电气性能。尼龙1010可用于制作方轴绝缘套、小方轴、插座、线圈骨架、接线板以及机械传动件，如仪表齿轮等。

⑤ 聚碳酸酯（PC）。是无色或微黄色透明体，有突出的抗冲击强度，抗弯强度较高，耐热和耐寒性较好，电气性能优良。PC可作电器、仪表中的接线板，支架、线圈支架等。

⑥ 聚砜（PSF）。是带琥珀色的透明体，具有较高的耐热性和耐寒性，机械强度好，电气性能稳定，可用于制作手电钻外壳、高压开关座、接线板、接线柱等。

⑦ 聚甲醛（PA）。呈乳白色，耐电弧性能好，在－40～100℃很宽的温度范围内机械性能很好，用于制作绝缘垫圈、骨架、电器壳体、机械传动件等。

⑧ 聚苯醚（PPO）。呈淡黄色或白色，电气性能优良，机械强度高，使用温度范围很广，在－127～121℃的温度范围内可以长期使用，缺点是加工成型较困难，可用于制作电子装置零件、高频印制电路板、机械传动件等。

Chapter 04

第四章 低压电器及应用

低压电器的种类繁多，按照其动作的性质，可分为手动和自动两类。手动电器是通过人工操作而动作的电器，例如，刀开关、组合开关、按钮等。自动电器是按照信号或某个物理量的变化而自动动作的电器，例如，接触器、继电器、行程开关等。

按照其职能可分为控制电器和保护电器。例如，刀开关、按钮、接触器等，用来控制电动机的接通、断开或改变电动机的运行状态称之为控制电器。熔断器、热继电器则是用来防止电源短路和电动机过载而起保护作用的保护电器。还有一些电器，既能起控制作用，又能起终端保护作用，如行程开关等。

例 1 组合开关（QC）的选用与维修

（1）组合开关（转换开关）的结构

组合开关（转换开关）的种类很多，常用的有 HZ10 系列，其额定电压有直流 220V、交流 380V，额定电流有 10A、25A、60A 和 100A 等。其结构及表示符号如图 4-1 所示。它有三对静触片，每个触片的一端固定在绝缘垫板上，另一端伸出盒外连在接线柱上，以便与电源或负载相连接。三个动触片套在装有手柄的绝缘转动轴上，彼此相差一定角度。转动手柄就可以将三组触点同时接通或断开。

用组合开关可以直接接通电源电路，也可以用它来直接启动和停止小容量的电动机，还可用它接通和断开一些照明电路等。

（2）组合开关的选用

① 组合开关应根据用电设备的电压等级、容量和所需触点数进行选用。

② 用于照明或电热负载，转换开关的额定电流大于或等于被控制电路中各负载额定电流之和。

③ 用于电动机负载，组合开关的额定电流一般为电动机额定电流的 1.5～2.5 倍。

（3）组合开关的常见故障及检修方法

组合开关的常见故障及检修方法见表 4-1。

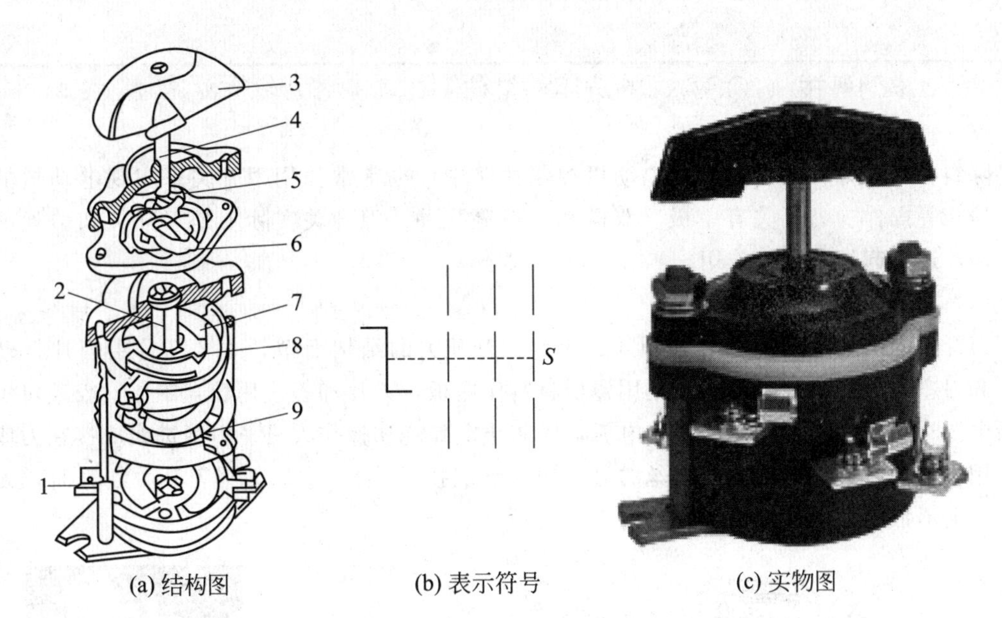

(a) 结构图　　(b) 表示符号　　(c) 实物图

图 4-1　组合开关结构及表示符号

1—接线图；2—绝缘杆；3—手柄；4—转轴；5—弹簧；6—凸轮；
7—绝缘垫片；8—动触片；9—静触片

表 4-1　组合开关的常见故障及检修方法

故障现象	故障分析	处理措施
手柄转动后，内部触片未动作	①手柄的转动连接部件磨损	①调换新的手柄
	②操作机构损坏	②打开开关，修理操作机构
	③绝缘杆变形	③更换绝缘杆
	④轴与绝缘杆装配不紧	④紧固轴与绝缘杆
手柄转动后，三副触片不能同时接通或断开	①开关型号不对	①更换符合操作要求的开关
	②修理开关时触片装配不正确	②打开开关，重新装配
	③更换触片或清除污垢	③触片失去弹性或有尘污
开关接线桩相间短路	因导电物或油污附在接线桩间形成导电，将胶木烧焦或绝缘破坏形成短路	清扫开关或调换开关

（4）安装使用中应注意事项

① HZ10 组合开关应安装在控制箱（或壳体）内，其操作手柄最好伸出在控制箱的前面或侧面，应使手柄在水平旋转位置时为断开状态。HZ10 组合开关的外壳必须可靠接地。

② 若需在箱内操作，开关最好装在箱内右上方，在它的上方最好不安装其他电器，否则，应采取隔离或绝缘措施。

③ 组合开关的通断能力较低，不能用来分断故障电流。用于控制异步电动机的正反转时，必须在电动机完全停止转动后才能反向启动，且每小时的接通次数不能超过 15 次。

④ 当操作频率过高或负载功率因数较低时，降低开关的容量使用，以延长其使用寿命。倒顺开关接线时，应将开关两侧进出线重的一相互换，并看清开关接线端标记，切忌接错，以免产生电源两相短路故障。

例2 刀开关（QS）的选用与维修

除组合开关外，在小容量的电动机控制线路中，也常常使用刀开关来实现电动机的启动、停止等操作。刀开关有单极、双极和三极等几种。刀开关实际上是刀开关和熔丝的组合，因此还可起短路保护作用。

（1）刀开关的结构

刀开关的结构及表示符号如图4-2所示。刀开关的结构简单，主要部分由刀片（动触头）和刀座（静触头）组成，它是用瓷质材料作底板，刀片和刀座用胶盖罩住，胶盖可熄灭切断电源时在刀片和刀座间产生的电弧，以防止电弧烧伤操作人员。电源进线应接在刀座一端，用电设备应接在刀片下面熔丝的另一端（下端接线柱）。这样，当刀开关断开时，刀片与熔丝上不带电，以保证更换熔丝的安全。

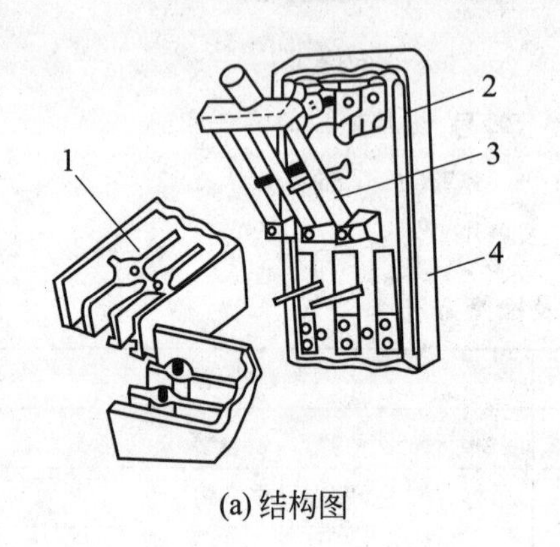

(a) 结构图

a A B C
QS QS
b U V W

(b) 表示符号

(c) 实物图

图4-2 刀开关的结构及表示符号

1—胶盖；2—刀座；3—刀片；4—瓷底

（2）刀开关的选用

刀开关选用时，一般只考虑其额定电压、额定电流2个参数，其他参数只有在特殊要求时才考虑。

① 刀开关的额定电压应不小于电路实际工作的最高电压。

② 根据刀开关的用途不同，其额定电流的选择也不尽相同，在作隔离开关或控制一般照明、电热等阻性负载时，其额定电流应等于或略高于负载的额定电流。用于直接控制时，瓷底胶盖刀开关只能控制容量小于5.5kW的电动机，其额定电流应大于电动机的额定电流；铁壳开关的额定电流应不小于电动机额定电路的2倍；组合开关的额定电流应不小于电动机额定电流的2～3倍。

（3）刀开关的常见故障及处理方法

刀开关的常见故障及处理方法如表4-2所示。

（4）安装使用中应注意事项

① 封闭式负荷开关必须垂直安装，安装高度一般离地不低于1.3m，并以操作方便和安全为原则。

② 开关外壳的接地螺钉必须可靠接地。

表 4-2　刀开关常见故障及处理方法

种类	故障现象	故障分析	处理措施
开启式负荷开关	合闸后，开关一相或两相开路	静触头弹性消失，开口过大，造成动、静触头接触不良	整理或更换静触头
		熔丝熔断或虚连	更换熔丝或紧固
		动、静触头氧化或有尘污	清洗触头
		开关进线或出线线头接触不良	重新连接
	合闸后，熔丝熔断	外接负载短路	排除负载短路故障
		熔体规格偏小	按要求更换熔体
	触头烧坏	开关容量太小	更换开关
		拉、合闸动作过慢，造成电弧过大，烧毁触头	修整或更换触头，并改善操作方法
封闭式负荷开关	操作手柄带电	外壳未接地或接地线松脱	检查后，加固接地导线
		电源进出线绝缘损坏碰壳	更换导线或恢复绝缘
	夹座（静触头）过热或烧坏	夹座表面烧毛	用细锉修整夹座
		闸刀与夹座压力不足	调整夹座压力
		负载过大	减轻负载或更换大容量开关

③ 接线时，应将电源进线接在静夹座一边的接线端子上，负载引线接在熔断器一边的接线端子上，且进出线必须穿过开关的进出线孔。

④ 分合闸操作时，要站在开关的手柄侧，不准面对开关，以免因意外故障电流使开关爆炸，铁壳飞出伤人。

⑤ 一般不用额定电流 100A 及以上的封闭式负荷开关控制较大容量的电动机，以免发生飞弧灼伤手事故。

例 3　按钮（SB）的选用与维修

按钮也是一种简单的手动开关，它与交流接触器的吸引线圈相配合，即可实现接通、断开电动机或其他电器设备的操作。

（1）按钮的结构

按钮开关的结构剖面图及表示符号如图 4-3所示。按钮开关内有两对静触头和一对动触头，动触头和按钮帽通过连杆固定在一起，静触头则固定在胶木外壳上，引出接线端。其中一对静触头在常态时（指按钮未受外力作用或电器未通电时触头所处的状态）处于闭合状态，叫常闭触头；另一对在常态时是断开的，叫常开触头。

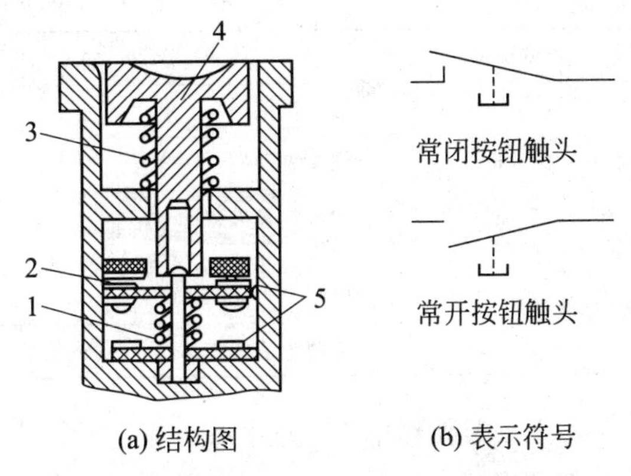

图 4-3　按钮开关的结构剖面图及表示符号

1、3—复位弹簧；2—动触头；4—按钮帽；5—静触头

在电动机的控制线路中，常用按钮的常

开触头来启动电动机，这种按钮称为“启动按钮”；也常用按钮的常闭触头将电动机停止，这种按钮称为“停止按钮”。

在图 4-3 中，当按下按钮帽时，动触头先断开常闭触头，后接通常开触头；而手指放开后，触头自动复位的先后次序相反，即常开触头先断开，常闭触头后闭合，这种按钮称为“联动按钮”。它的两对触头不能同时作为“启动按钮”和“停止按钮”使用。

如果将两个按钮装在一起，就组成了一种常见的“双联按钮”，如图 4-4 所示。图中一个按钮用于电动机的启动，另一个用于电动机的停止。也可把三个按钮装在一起，组成控制电动机的“正转”、“反转”和“停止”的三联按钮。

还有一种按钮，在按钮帽中装有信号灯，按钮帽兼作信号灯的灯罩，这种按钮称为信号灯按钮。如图 4-5 所示。

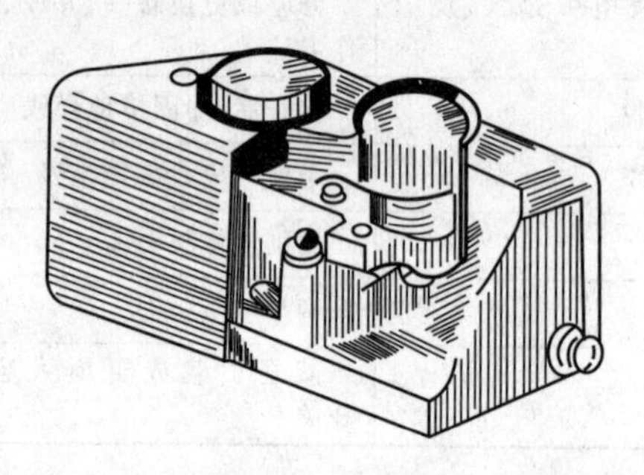

图 4-4　双联按钮

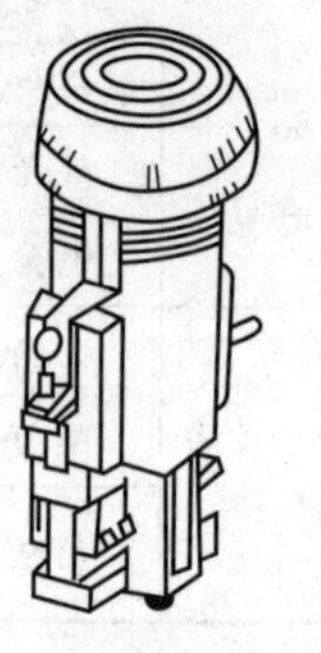

图 4-5　信号灯按钮

（2）按钮的选用

选用按钮时，主要考虑以下几点。

① 根据使用场合选择控制按钮的种类。

② 根据用途选择合适的形式。

③ 根据控制回路的需要确定按钮数。

④ 按工作状态指示和工作情况要求选择按钮和指示灯的颜色。

（3）按钮的常见故障及处理方法

按钮的常见故障及处理方法如表 4-3 所示。

表 4-3　按钮的常见故障及处理方法

故障现象	故障分析	处理措施
触头接触不良	触头烧损	修正触头或更换产品
	触头表面有尘垢	清洁触头表面
	触头弹簧失效	重绕弹簧或更换产品
触头间短路	塑料受热变形，导线接线螺钉相碰短路	更换产品，并查明发热原因，如灯泡发热所致，可降低电压
	杂物和油污在触头间形成通路	清洁按钮内部

（4）安装使用中应注意事项

按钮安装在面板上时，应布置整齐，排列合理，如根据电动机启动的先后顺序，从上到下或从左到右排列。

同一机床运动部件有几种不同的工作状态时（如上、下、前、后，松、紧等），应使每一对相反状态的按钮安装在一组。

按钮的安装应牢固，安装按钮的金属板或金属按钮盒必须可靠接地。

由于按钮的触点间距较小，如有油污等极易发生短路故障，因此，应注意保持触点间的清洁。

例 4　熔断器（FU）的选用与维修

熔断器是一种短路保护电器，它串联在被保护的电路中，当电路发生短路故障时，便有很大的短路电流通过熔断器，熔断器中的熔体发热后自动熔断，从而达到保护线路及电器设备的作用。

（1）熔断器的结构

熔断器的结构形式很多，常用的有插入式、螺旋式和管式三种。其结构和表示符号如图 4-6所示。

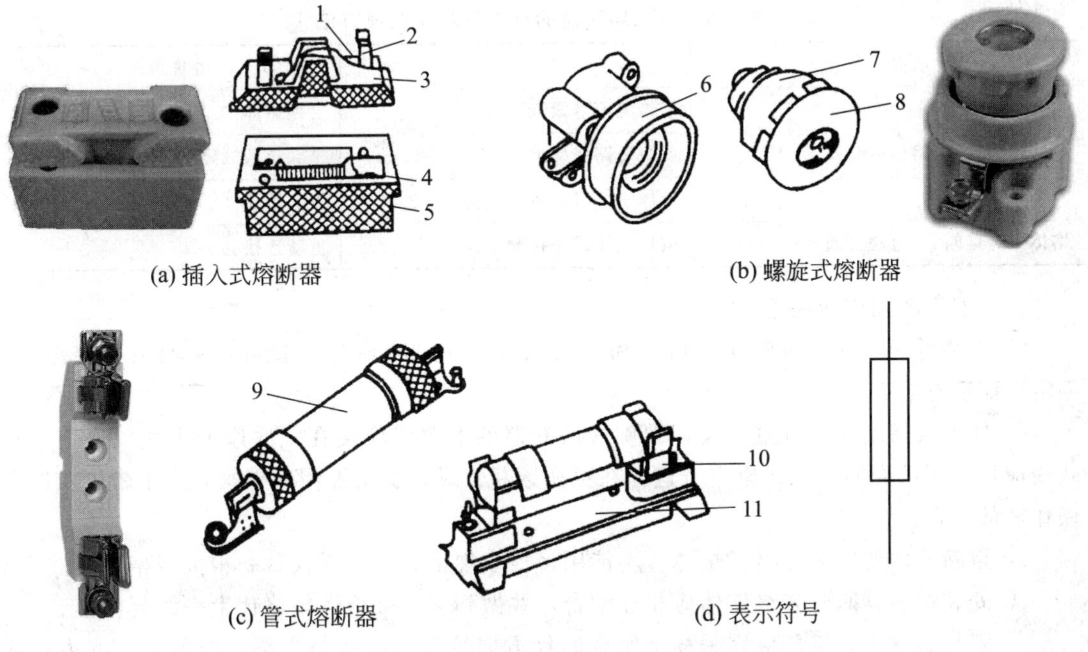

图 4-6　熔断器的结构和表示符号

1—熔体；2—动触头；3—瓷插件；4——静触头；5—瓷底座；

6、11—底座；7、9—熔断管；8—瓷帽；10—夹座

熔断器的主要部分是熔体，一般用电阻率较高的易熔合金制成，例如铅锡合金等。负载正常运行时熔断器不应熔断，而当电路发生短路和负载严重过载时，熔体立即熔断。

（2）熔断器的选用

选择熔断器时，主要是确定熔体的额定电流。

选择熔体的方法如下。

① 对于照明线路等没有冲击电流的负载，熔体的额定电流≥实际等效负载最大工作

电流。

② 一台电动机的熔体。异步电动机的启动电流为其额定电流的5～7倍，通常启动时间为1～10s，为保证电动机在正常运行和启动时熔体都不会熔断，熔体不能按电动机的额定电流来选择，应按下述的经验公式计算。

$$\text{熔体额定电流} \geqslant \frac{\text{电动机的启动电流}}{2.5} \tag{4-1}$$

如果电动机启动频繁，或启动时间较长，则式(4-1)可改为

$$\text{熔体额定电流} \geqslant \frac{\text{电动机的启动电流}}{1.6 \sim 2} \tag{4-2}$$

③ 几台电动机合用的总熔体可粗略地按式(4-3)计算。

$$\text{熔体额定电流} = (1.5 \sim 2.5) \times \text{容量最大的电动机的额定电流} + \text{其余电动机的额定电流之和} \tag{4-3}$$

(3) 熔断器的常见故障及处理方法

对低压熔断器检修主要是使用万用表电阻挡检测熔体的电阻值是否为零来判别熔体是否熔断，若不为零则需要更换熔体；低压熔断器的常见故障及处理方法如表4-4所示。

表4-4 低压熔断器的常见故障及处理方法

故障现象	故障分析	处理措施
电路接通瞬间，熔体熔断	熔体电流等级选择过小	更换熔体
	负载短路或接地	排除负载故障
	熔体安装时受机械损伤	更换熔体
熔体未见熔断，但电路不通	熔体或接线座接触不良	重新连接

(4) 安装使用中应注意事项

① 安装低压熔断器时应保证熔体和夹头以及夹头和夹座接触良好，并具有额定电压、额定电流值标志。

② 插入式熔断器应垂直安装，螺旋式熔断器的电源线应接在瓷底座的下接线座上，负载线应接在螺纹壳的上接线座上。这样在更换熔断管时，旋出螺帽后螺纹壳上不带电，保证操作者的安全。

③ 熔断器内要安装合格的熔体，不能用多根小规格熔体并联代替一根大规格熔体。

④ 安装熔断器时，各级熔体应相互配合，并做到下一级熔体规格比上一级规格小。

⑤ 安装熔丝时，熔丝应在螺栓上沿顺时针方向缠绕，压在垫圈下，拧紧螺钉的力应适当，以保证接触良好，同时注意不能损伤熔丝，以免减小熔体的截面积，因局部发热而产生误动作。

⑥ 更换熔体或熔管时，必须切断电源，尤其不允许带负荷操作；以免发生电弧灼伤。

⑦ 熔断器兼作隔离器件使用时应安装在控制开关的电源进线端；若仅作短路保护用，应装在控制开关的出线端。

例5 交流接触器(KM)的选用与维修

闸刀之类的手动操作电器虽然比较简单经济，但当电动机的功率过大，启动频繁以及要

求远距离操作和自动控制时，就需要用自动开关来代替手动开关。交流接触器就是一种自动开关，它是利用电磁吸力来工作的，常用于直接控制异步电动机主电路的接通或断开，是继电接触器控制系统中的主要器件之一。

（1）交流接触器的结构

如图 4-7 所示为交流接触器的结构及表示符号。交流接触器主要有电磁铁和触头两部分组成。电磁铁的铁芯由硅钢片叠成，分上铁芯和下铁芯两部分，下铁芯为固定不动的静铁芯，上铁芯为上下可移动的动铁芯。触头包括静触头和动触头两部分，动触头固定在动铁芯上，静触头则固定在壳体上。电磁铁的吸引线圈套在静铁芯上。交流接触器常态时互相分开的触头称为常开触头（又称为动合触头）；而互相闭合的触头称为常闭触头（又称为动断触头）。交流接触器一般有三对常开的主触头和两对常开、常闭的辅助触头。主触头的额定电流较大，用来接通和断开较大电流的主电路。辅助触头的额定电流较小，用来接通和断开小电流的控制线路。

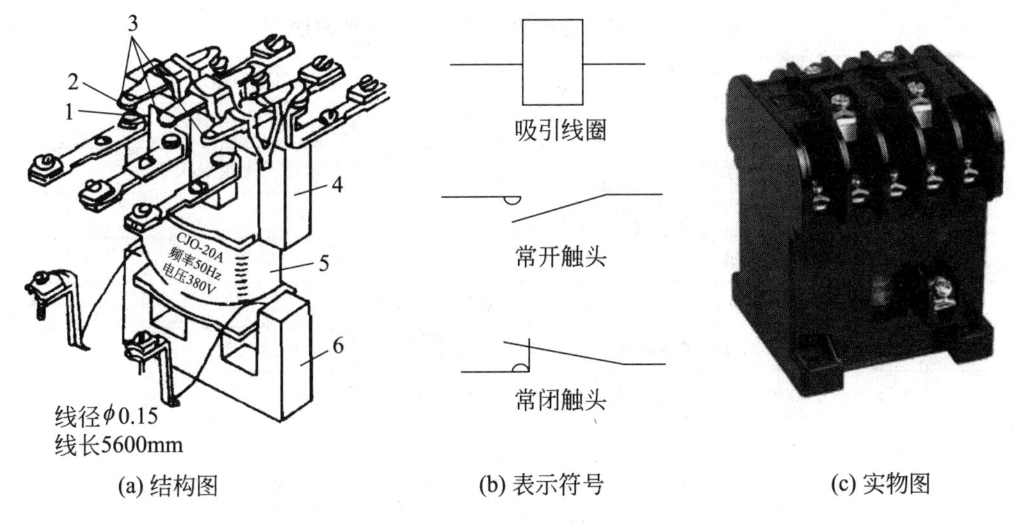

(a) 结构图　　(b) 表示符号　　(c) 实物图

图 4-7　交流接触器的结构及表示符号

1—静触头；2—动触头；3—主触头；4—上铁芯；5—吸引线圈；6—下铁芯

当电磁铁的吸引线圈通电后，产生磁场，上下铁芯间产生电磁吸力，上铁芯（动铁芯）与下铁芯（静铁芯）吸合，使各对常开触头都闭合，常闭触头都断开。当吸引线圈断电后，电磁吸力消失，动铁芯在恢复弹簧的作用下，回到原来位置，所有的触头也都恢复到原来的状态。

当动触头与静触头断开时，会在两触头间产生电弧，容易烧坏触头，并使断开时间增长。为了保障电路负载能可靠地断开和保护主触头不被烧坏，接触器必须采用灭弧装置（通常 10A 以上的接触器上都装有灭弧罩），使三对主触头被耐火材料互相隔开，以免当触头断开时产生的电弧相互连接造成电源短路故障。

为了消除铁芯的颤动和噪声，在铁芯端面的一部分套有短路环。

（2）交流接触器的选用

接触器选用时，一般需考虑接触器主触头的额定电压、接触器主触头的额定电流、接触器吸引线圈的电压 3 个参数。各参数选择时主要考虑以下几个因素。

① 根据所控制的电动机或负载电流类型来选择接触器类型，交流负载选用交流接触器，直流负载选用直流接触器。

② 接触器主触点的额定电压应不小于负载电路的工作电压，主触点的额定电流应不小于负载电路的额定电流，主触头额定电流有5A、10A、20A、40A、75A、120A等数种。

③ 选用交流接触器时，应注意选择主触头的额定电流，吸引线圈的额定电压和所需触头的数量。常见国产交流接触器吸引线圈的额定电压有36V、110V、127V、220V和380V等。直流线圈电压有24V、48V、110V、220V、440V等。从人身和安全的角度考虑，线圈电压可选择低一些，但当控制线路简单，线圈功率较小时，为了节省变压器，可选220V或380V。

④ 接触器的触点数量应满足控制支路数的要求，触点类型应满足控制线路的功能要求。

(3) 交流接触器的常见故障及处理

交流接触器的常见故障及处理方法，如表4-5所示。

表4-5　交流接触器的常见故障及处理方法

故障现象	故障分析	处理措施
触头过热	通过动、静触头间的电流过大	重新选择大容量触头
	动、静触头间接触电阻过大	用刮刀或细锉刀修整或更换触头
触头磨损	触头间电弧或电火花造成电磨损	更换触头
	触头闭合撞击造成机械磨损	更换触头
触头熔焊	触头压力弹簧损坏使触头压力过小	更换弹簧和触头
	线路过载使触头通过的电流过大	选用较大容量的接触器
铁芯噪声大	衔铁与铁芯的接触面接触不良或衔铁歪斜	拆下清洗、修整端面
	短路环损坏	焊接短路环或更换
	触头压力过大或活动部分受到卡阻	调整弹簧、消除卡阻因素
衔铁吸不上	线圈引出线的连接处脱落，线圈断线或烧毁	检查线路及时更换线圈
	电源电压过低或活动部分卡阻	检查电源、消除卡阻因素
衔铁不释放	触头熔焊	更换触头
	机械部分卡阻	消除卡阻因素
	反作用弹簧损坏	更换弹簧

(4) 安装使用中应注意事项

① 安装前检查接触器铭牌与线圈的技术参数（额定电压、电流、操作频率等）是否符合实际使用要求；检查接触器外观，应无机械损伤；用手推动接触器可动部分时，接触器应动作灵活，灭弧罩应完整无损，固定牢固；测量接触器的线圈电阻和绝缘电阻正常。

② 接触器一般应安装在垂直面上，倾斜度不得超过5°；安装和接线时，注意不要将零件失落或掉入接触器内部，安装孔的螺钉应装有弹簧垫圈和平垫圈，并拧紧螺钉以防振动松脱；安装完毕，检查接线正确无误后，在主触点不带电的情况下操作几次，然后测量产品的动作值和释放值，所测得数值应符合产品的规定要求。

③ 使用时应对接触器作定期检查，观察螺钉应无松动，可动部分应灵活等；接触器的

触点应定期清扫，保持清洁，但不允许涂油，当触点表面因电灼作用形成金属小颗粒时，应及时清除。拆装时注意不要损坏灭弧罩，带灭弧罩的交流接触器绝不允许不带灭弧罩或带破损的灭弧罩运行。

例6 中间继电器（KA）的选用与维修

中间继电器与交流接触器没有本质上的差别，只是用途有所不同。中间继电器的电磁系统和触头所允许通过的电流都比较小，触头的数量比较多。中间继电器的实物图如图4-8所示。

图4-8 中间继电器的实物图

中间继电器常用来传递信号和同时控制多个电路。例如，当控制电流较小而不能使容量较大的交流接触器动作时，则可先把电流传给中间继电器，进而控制接触器。又如，有时要用一个物理量去同时控制多个电器，此时可使用中间继电器来完成。

在选用中间继电器时，主要是考虑电压等级和触头的数量。

例7 热继电器（FR）的选用与维修

热继电器是一种过载保护电器，它是利用电流的热效应而动作的，以免电动机因过载而损坏。

（1）热继电器的结构

图4-9是热继电器的结构原理图及表示符号。图中1是热元件，它是一段电阻丝，接在电动机的主电路中。2是双金属片，系由两种具有不同线膨胀系数的金属辗压而成。下层金属的膨胀系数大，上层的小。当主电路中电流超过容许值而使双金属片受热时，它便向上弯曲，因而脱扣，扣板3在弹簧4的拉力下将常闭触头5断开。触头5是接在电动机控制线路

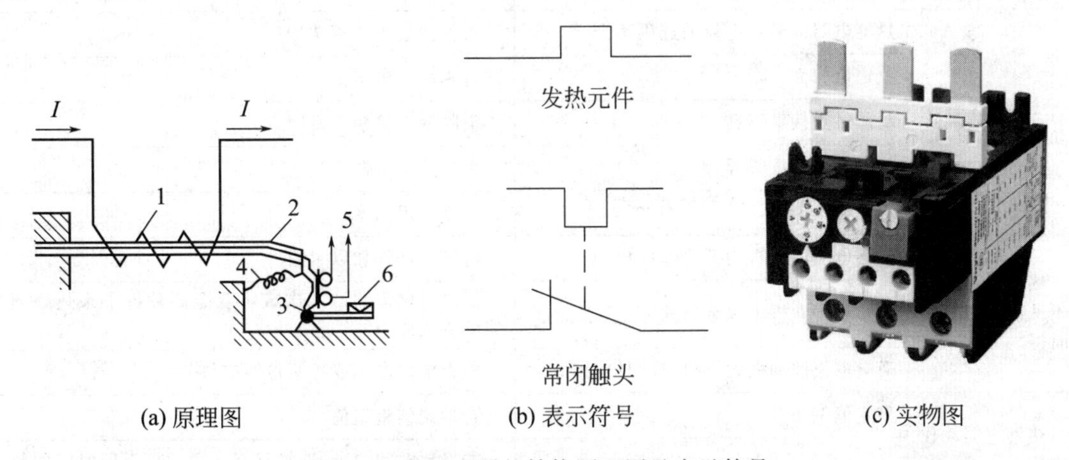

图4-9 热继电器的结构原理图及表示符号

1—热元件；2—双金属片；3—扣板；4—弹簧；5—常闭触头；6—复位按钮

中的。控制线路断开而使接触器的线圈断电，从而断开电动机的主电路。

当发生短路故障时，由于热惯性，热继电器不能作短路保护。这个热惯性也是合乎要求的，在电动机启动或短时过载时，热继电器不会动作，这可避免电动机不必要的停车。如果要热继电器复位，则按下复位按钮6即可。

热继电器的主要技术数据是整定电流。所谓整定电流就是热元件中通过的电流超过此值的20%时，热继电器应当在20min内动作。调节“过载电流调节螺钉”即可改变整定电流值。

（2）热继电器的选用

热继电器的技术参数主要有额定电压、额定电流、整定电流和热元件规格，选用时，主要考虑其额定电流和整定电流2个参数。

① 额定电压是指热继电器触点长期正常工作所能承受的最大电压。

② 额定电流是指热继电器允许装入热元件的最大额定电流。根据电动机的额定电流选择热继电器的规格，一般应使用热继电器的额定电流略大于电动机的额定电流。

③ 常用的热继电器有JR0、JR10和JR16等系列，要根据整定电流选用热继电器。整定电流是指长期通过热元件而热继电器不动作的最大电流。一般情况下，热元件的整定电流为电动机额定电流的0.95～1.05倍；若电动机拖动的是冲击性负载或启动时间较长及拖动设备不允许停电的场合，热继电器的整定电流值可取电动机额定电流的1.1～1.5倍；若电动机的过载能力较差，热继电器的整定电流可取电动机额定电流的0.6～0.8倍。

④ 当热继电器所保护的电动机绕组是Y形接法时，可选用两相结构或三相结构的热继电器；当电动机绕组是△形接法时，必须采用三相结构带端相保护的热继电器。

（3）热继电器的常见故障及处理

热继电器的常见故障及处理方法如表4-6所示。

表4-6 热继电器的常见故障及处理方法

故障现象	故障分析	处理措施
热元件烧断	负载侧短路，电流过大	排除故障、更换热继电器
	操作频率过高	更换上合适参数的热继电器
热继电器不动作	热继电器的额定电流值选用不合适	按保护容量合理选用
	整定值偏大	合理调整整定值
	动作触点接触不良	消除触点接触不良因素
	热元件烧断或脱焊	更换热继电器
	动作机构卡阻	消除卡阻因素
热继电器动作不稳定，时快时慢	热继电器内部机构某些部件松动	将这些部件加以紧固
	在检查中弯折了双金属片	用两倍电流预试几次或将双金属片拆下来热处理以除去内应力
	通电电流波动太大，或接线螺钉松动	检查电源电压或拧紧接线螺钉
热继电器动作太快	整定值偏小	合理调整整定值
	电动机启动时间过长	按启动时间要求，选择具有合适的可返回时间的热继电器

续表

故障现象	故障分析	处理措施
热继电器动作太快	连接导线太细	选用标准导线
	操作频率过高	更换合适的型号
	使用场合有强烈冲击和振动	采取防振动措施
	可逆转频繁	改用其他保护方式
	安装热继电器与电动机环境温差太大	按两低温差情况配置适当的热继电器
主电路不通	热元件烧断	更换热元件或热继电器
	接线螺钉松动或脱落	紧固接线螺钉
控制电路不通	触点烧坏或动触点片弹性消失	更换触点或弹簧
	可调整式旋钮在不合适的位置	调整旋钮或螺钉
	热继电器动作后未复位	按动复位按钮

（4）安装使用中应注意事项

① 必须按照产品说明书中规定的方式安装，安装处的环境温度应与所处环境温度基本相同。当与其他电器安装在一起，应注意各热继电器安装在其他电器的下方，以免其动作特性受到其他电器发热的影响。

② 热继电器安装时，应清除触点表面尘污，以免因接触电阻过大或电路不通而影响热继电器的动作性能。

③ 热继电器出线端的连接导线应按照标准。导线过细，轴向导热性差，热继电器可能提前动作；反之，导线过粗，轴向导热快，继电器可能滞后动作。

④ 使用中的热继电器应定期通电校验。

⑤ 热继电器在使用中应定期用布擦净尘埃和污垢，若发现双金属片上有锈斑，应用清洁棉布蘸汽油轻轻擦除，切忌用砂纸打磨。

⑥ 热继电器在出厂时均调整为手动复位方式，如果需要自动复位，只要将复位螺钉顺时针方向旋转 3～4 圈，并稍微拧紧即可。

例 8 自动空气断路器（QF）的选用与维修

自动空气断路器又称自动开关，是常用的一种低压保护电器，具有短路、过载和失压保护的功能。

（1）自动空气断路器的结构

图 4-10 为自动空气断路器的结构原理示意图及表示符号（图中只画出一相）。

当开关合上，主触头 2 闭合时，脱扣机构的连杆 3 被锁钩 4 锁住，触头保持在接通状态。电磁铁 5 是过流脱扣器，正常情况下衔铁是释放的，当电路发生短路或过载时（开关内还装有双金属片热脱扣器，图中未画出），电磁铁 5 的铁芯把衔铁吸下，顶开脱扣机构，在弹簧 1 拉力作用下使触头迅速分开，切断电路。

电磁铁 6 是欠压脱扣器，在电压正常时，吸住衔铁，使电磁铁上的顶头与连接锁钩 4 的连杆 3 脱离。锁钩 4 与连杆 3 钩住，触头闭合，当电压严重下降或断电时，衔铁释放，电磁铁上的顶头上移，将与锁钩 4 连接的连杆向上顶，使锁钩 4 与连杆 3 脱离，在弹簧 1 的作用下触头断开。当电源电压恢复正常时，必须重新合上开关后才能工作，实现了失压的保护。

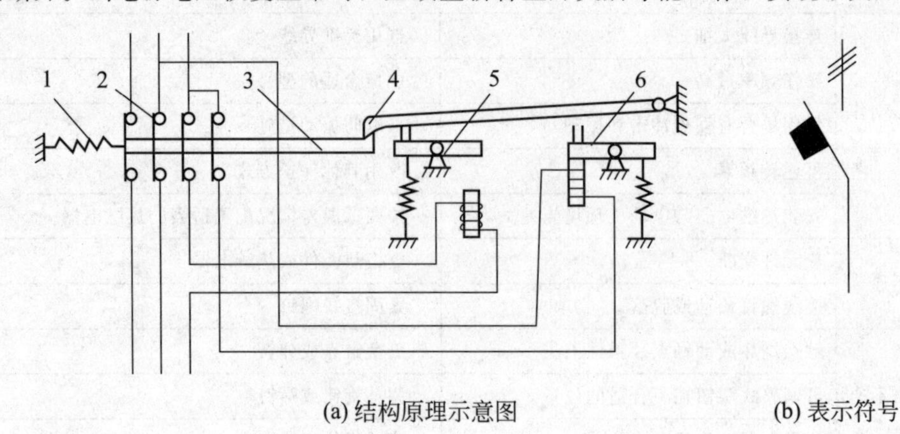

(a) 结构原理示意图　　(b) 表示符号

图 4-10　自动空气断路器的结构原理示意图及表示符号

1—弹簧；2—主触头；3—连杆；4—锁钩；5、6—电磁铁

常用的自动空气断路器有 DZ、DW 等系列。

(2) 自动空气断路器的选用

自动空气断路器选用时，通常主要依据额定电压、额定电流和壳架等级额定电流 3 个参数，其他参数只有在特殊要求时才考虑。

① 自动空气断路器的额定电压应不小于被保护电路的额定电压，即自动空气断路器欠电压脱扣器额定电压等于被保护电路的额定电压，自动空气断路器分励脱扣额定电压等于控制电源的额定电压。

② 自动空气断路器的壳架等级额定电流应不小于被保护电路的计算负载电流。

③ 自动空气断路器的额定电流应不小于被保护电路的计算负载电流，即用于保护电动机时，自动空气断路器的长延时电流整定值等于电动机额定电流；用于保护三相笼型异步电动机时，其瞬时整定电流等于电动机额定电流的 8～15 倍，倍数与电动机的型号、容量和启动方法有关；用于保护三相绕线式异步电动机时，其瞬间整定电流等于电动机额定电流的3～6 倍。

④ 用于保护和控制不频繁启动电动机时，还应考虑断路器的操作条件和使用寿命。

(3) 自动空气断路器的常见故障及处理

自动空气断路器的常见故障及处理方法，如表 4-7 所示。

表 4-7　自动空气断路器的常见故障及处理方法

故障现象	故障分析	处理措施
不能合闸	欠压脱扣器无电压和线圈损坏	检查施加电压和更换线圈
	储能弹簧变形	更换储能弹簧
	反作用弹簧力过大	重新调整
	机构不能复位再扣	调整再扣接触面至规定值
电流达到整定值，断路器不动作	热脱扣器双金属片损坏	更换双金属片
	电磁脱扣器的衔铁与铁芯距离太大或电磁线圈损坏	调整衔铁与铁芯的距离或更换断路器
	主触头熔焊	检查原因并更换主触头

续表

故障现象	故障分析	处理措施
启动电动机时断路器立即分断	电磁脱扣器瞬动整定值过小	调高整定值至规定值
	电磁脱扣器某些零件损坏	更换脱扣器
断路器闭合后经一定时间自行分断	热脱扣器整定值过小	调高整定值至规定值
断路器温升过高	触头压力过小	调整触头压力或更换弹簧
	触头表面过分磨损或接触不良	更换触头或整修接触面
	两个导电零件连接螺钉松动	重新拧紧

（4）安装使用中应注意事项

① 自动空气断路器应垂直于配电板安装，电源引线应接到上端，负载引线接到下端。

② 自动空气断路器用作电源总开关或电动机的控制开关时，在电源进线侧必须加装刀开关或熔断器等，以形成明显的断开点。

③ 自动空气断路器在使用前应将脱扣器工作面的防锈油脂擦干净；各脱扣器动作值一经调整好，不允许随意变动，以免影响其动作值。

④ 使用过程中若遇分断短路电流，应及时检查触点系统，若发现电灼烧痕，应及时修理或更换。

⑤ 断路器上的积尘应定期清除；并定期检查各脱扣器动作值，给操作机构添加润滑剂。

例 9　行程开关（SQ）的选用与维修

行程开关是根据生产机械的行程信号进行动作的一种自动开关。

行程开关的种类很多，如图 4-11 所示为 LX19 系列行程开关的外形图。单滚轮为自动复位式，双滚轮不能自动复位。

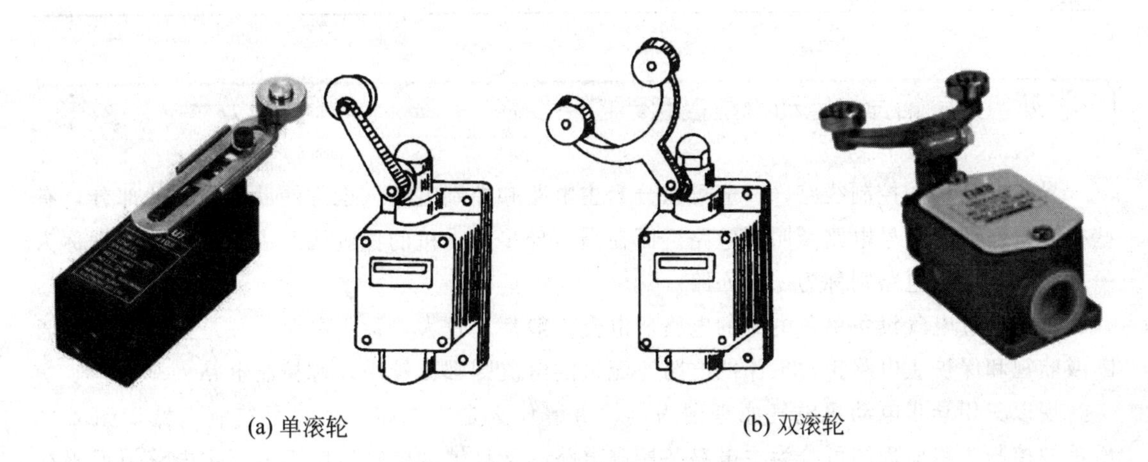

(a) 单滚轮　　(b) 双滚轮

图 4-11　LX19 系列行程开关外形图

（1）行程开关的结构

如图 4-12 所示为行程开关的结构示意图及表示符号。行程开关有一对常开触头和一对

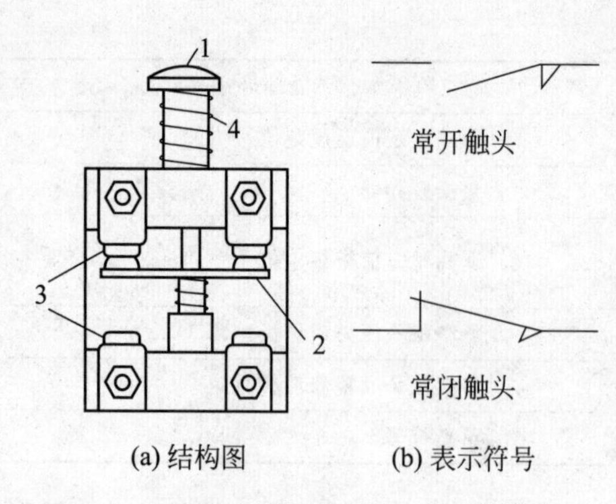

(a) 结构图 (b) 表示符号

图 4-12 行程开关的结构示意图及表示符号

1—推杆；2—动触头；3—静触头；4—弹簧

常闭触头。静触头 3 安装在绝缘的基座上，动触头 2 与推杆 1 相连接，当推杆 1 受运动部件上的撞块挤压时，推杆向下移动，弹簧 4 被压缩，此时触头切换，常开触头闭合，常闭触头断开。当运动部件上的撞块脱离推杆 1 时，在恢复弹簧 4 的作用下，开关恢复原状。

（2）行程开关的选用

行程开关选用时，主要考虑动作要求、安装位置及触头数量，具体如下。

① 根据使用场合及控制对象选择种类。

② 根据安装环境选择防护形式。

③ 根据控制回路的额定电压和额定电流选择系列。

④ 根据行程开关的传力与位移关系选择合理的操作头形式。

（3）行程开关的常见故障及处理

行程开关的常见故障及处理方法如表 4-8 所示。

表 4-8 行程开关的常见故障及处理方法

故障现象	故障分析	处理措施
挡铁碰撞位置开关后，触头不动作	安装位置不准确	调整安装位置
	触头接触不良或线松脱	清刷触头或紧固接线
	触头弹簧失效	更换弹簧
杠杆已经偏转，或无外界机械力作用，但触头不复位	复位弹簧失效	更换弹簧
	内部撞块卡阻	清扫内部杂物
	调节螺钉太长，顶住开关按钮	检查调节螺钉

例 10 三相异步电动机直接启动控制线路

异步电动机的控制线路，一般可以分为主电路和控制电路（也称辅助电路）两部分，有些控制电路还有信号电路及照明电路。而在高压异步电动机的控制线路中，主电路通常称为一次回路，控制电路则称为二次回路。

凡是流过电气设备负荷电流的电路，电流一般都比较大，称主电路；凡是控制主电路通断或监视和保护主电路正常工作的电路，流过的电流则都比较小，称控制电路。

现以三相异步电动机电气原理图为例，讲解什么是主电路，什么是控制电路。图 4-13 所示的控制线路原理图可分为主电路和控制电路（又称辅助电路）两部分。主电路习惯画在图纸的左边或上部。图 4-14 是图 4-13 小容量笼式三相异步电动机的直接启动控制线路连线图，图中使用的器件有刀开关 QS、交流接触器 KM、按钮 SB、热继电器 FR 及熔断器 FU 等。

(1) 控制线路的主电路

主电路的电压等级，通常都采用380V、220V，高压异步电动机的主电路则常采用6kV、3kV等电压。

主电路一般由负荷开关、空气自动开关、刀开关、熔断器、磁力启动器或接触器的主触点、自耦变压启动器、减压启动电阻、电抗器、电流互感器一次侧、热继电器发热部件、电流表、频敏变阻器、电磁铁、电动机等电气元件、设备和连接它们的导线组成。主电路是受控制电路控制的电路。主电路又称为主回路。

无论是在主电路和控制电路中，人们往往将那些联合完成某单项工作任务的若干电气元件，称为一个环节，有时也称为回路。

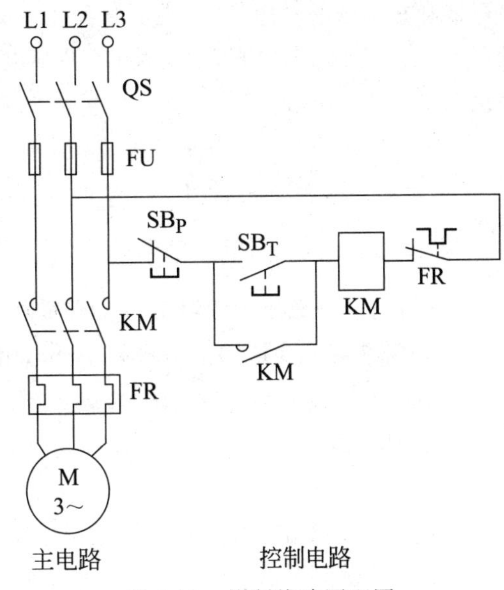

图 4-13　控制线路原理图

画控制线路原理图时，原则如下：其一，同一电器的各部件（如热继电器的热元件和常闭触头）分散画时，且标注同一文字符号；其二，所有电器的触头所处状态均按未受外力作用或未通电情况下的状态画出；其三，为便于阅读电路图，主电路画在图的左侧或上方，控制电路画在图的右侧或下方。对于交流接触器来说，触头是处在动铁芯未被吸合时的状态；对于按钮来说，是在未按下时的状态等。

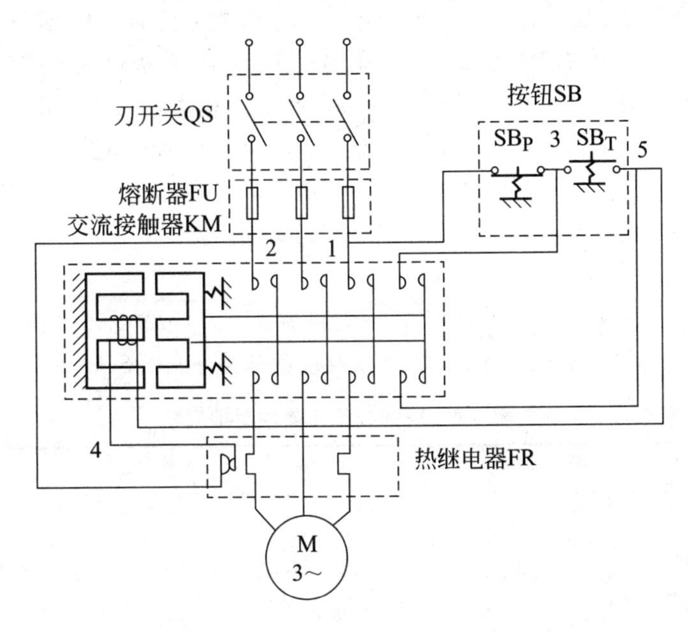

图 4-14　笼式三相异步电动机的直接启动控制线路

主电路控制过程是主电路电流是从三相交流电源开始依次经过三相电源开关QS→三相熔断器FU→接触器KM的主触点→热继电器FR的热元件，最后到达电动机M绕组。

(2) 控制线路的控制电路

控制电路是控制主电路动作的电路，也可以说是给主电路发出指令信号的电路。控制电路习惯画在图纸的右边。图4-13中右边的电路就是控制电路。图中右侧是控制电路，由接触器KM的线圈、KM的辅助触点、热继电器FR的常闭触点以及按钮SB_T、SB_P组成，电源接在L2、L3两相上。

控制电路工作过程如下：

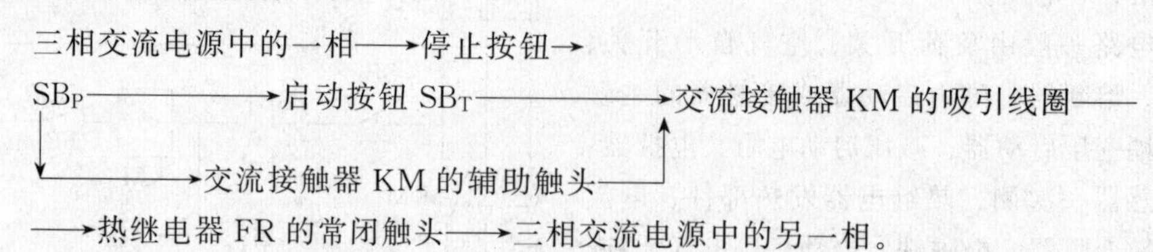

如果将图4-13中的自锁触头KM去掉，就可实现对电动机的点动控制。按下启动按钮SB_T，电动机就转动，松开按钮电动机就停止。这在生产中也是常用的。货场中经常使用的电动葫芦就是一例。

控制电路一般由转换开关、熔断器、按钮、磁力启动器或接触器线圈及其辅助触点、各种继电器线圈及其触点、信号灯、电铃、电笛、电流互感器二次侧线圈以及串联在电流互感器二次侧线圈电路中的热继电器发热部件、电流表等电气元件和导线组成。如果控制电路的电压等级除了采用上述所说的380V、220V以外，也有采用127V、110V、100V、48V、36V、24V、12V、6.3V等电压等级的，在采用这些电压等级的时候，必须设置单独的降压变压器。控制电路的电源通常选用主电路引来的交流电源，但是也有选用直流电源的，直流电源往往通过硅整流或晶闸管整流来获得。

在实际电气原理图中主电路一般比较简单，用电器数量较少；而控制电路比主电路要复杂，控制元件也较多，有的控制电路是很复杂的；例如，用单板机或者以计算机为控制核心的控制电路就是很复杂的。如用单板机组成的控制电路是由输入信号电路、信号处理中心(单板机)、输出信号电路、信号放大电路、驱动电路等多个单元电路组成的。在每个单元电路中又有若干小的回路，每个小的回路中有一个或几个控制元件。这样复杂的控制电路分析起来是比较困难的，要求有坚实理论基础和丰富的实践经验。

（3）元器件作用

从元器件明细表（表4-9）可以看出，该电路主要由刀开关QS、熔断器FU、交流接触器KM、热继电器FR、三相异步电动机M以及按钮开关SB_T、SB_P等组成。

表4-9 控制线路元器件明细表

代号	元器件名称	型号	规 格	件数	用 途
M	三相异步电动机	J_{52-4}	7kW,1440r/min	1	驱动生产机械
KM	交流接触器	CJO-20	380V,20A	1	控制电动机
FR	热继电器	JR_{16}-20/3	热元件电流:14.5A	1	电动机过载保护
SB_T	按钮开关	LA_4-22K	5A	1	电动机启动按钮
SB_P	按钮开关	LA_4-22K	5A	1	电动机停止按钮
QS	刀开关	HZ_{10}-25/3	500V,25A	1	电源总开关
FU	熔断器	RL_1-15	500V配4A熔芯	3	主电路保险

接下来要搞清各元器件间的作用和关联。

① 三相异步电动机 M 要得电启动，需要刀开关 QS 和接触器 KM 闭合，而接触器 KM 的启动又受常开按钮开关 SB_T 控制，所以启动时应按下 SB_T。

② 由于接触器 KM 吸合后，其辅助触点已闭合，所以松开 SB_T 后，接触器 KM 的线圈通过其辅助触点（自锁触点）保持吸合。

③ 按下常闭按钮 SB_P，接触器 KM 的控制回路被切断，接触器释放，其触点恢复初始状态，电动机停机。

④ 热继电器 FR 在电路中起过载保护的作用，电动机长时间过载时，热继电器动作，其常闭触点断开，电动机保护停机。

⑤ 熔断器 FU 是主电路的短路保护元件，可以防止主电路的连接导线、元器件和电动机因短路而烧坏。

例 11　三相异步电动机控制线路中的保护

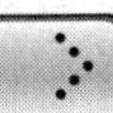

三相异步电动机控制线路中最常用的保护环节有短路保护和过载保护环节。有的电路除具有以上两种保护环节外，还有缺相保护、欠压保护、过流保护等环节。

（1）短路保护

短路保护是指电路发生短路故障时能使故障电路与电源电压断开的保护环节。短路保护常用熔断器实现。在图 4-13 中，FU 熔断器是短路保护环节。在实际电路中有的熔断器与刀开关合为一体，在画电路图时将熔断器画在刀开关上。带熔断器的刀开关电气图形符号如图 4-15所示。

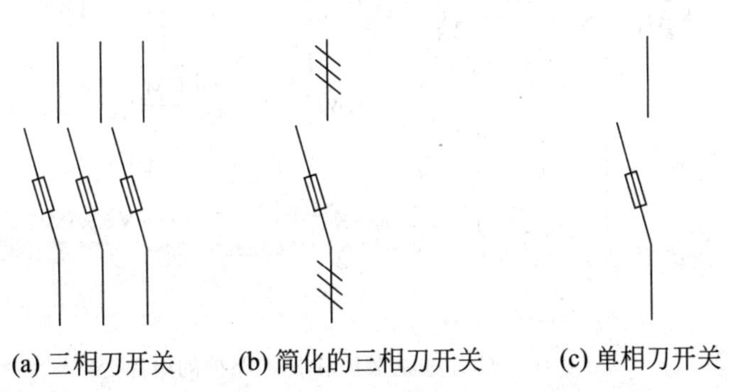

(a) 三相刀开关　(b) 简化的三相刀开关　(c) 单相刀开关

图 4-15　带熔断器的刀开关电气图形符号

短路保护熔断器都设置在靠近电源部位，也就是被保护电路的电源引入位置。

（2）过载保护

过载保护环节是电力拖动电路中重要的保护环节。过载保护是指对电动机过载时，能使电动机自动断电的保护。过载保护常用热继电器实现。

如在图 4-13 中当闭合刀开关 QS 后→按下启动按钮开关 SB_T→交流接触器 KM 线圈得电动作→KM 主触点闭合→电动机 M 启动运行。若电动机运行中过载，导致电动机定子绕组电流过大，通过热继电器 FR 的热元件电流过大，从而使热继电器动作，将热继电器的常闭触点断开，使控制电路中交流接触器 KM 线圈断电，KM 的主触点断开，使电动机断电，从而保护电动机。

(3) 电路的过流保护和欠压保护

电路过流保护用电流继电器；电路欠压保护用电压继电器。这两种继电器可以实现对电路的过电流和欠电压保护作用。

电流继电器线圈通过电流等于或超过整定电流时，它才能动作，其线圈通过电流小于整定电流时，它不动作。

电压继电器只有其线圈所加电压为整定值时，它才能动作，一旦线圈电压值低于整定电压值一定量值后，则电压继电器会立即返回原始状态（使常开触点断开、常闭触点闭合）。

用电流继电器和电压继电器作为电路过流和欠压保护的电路，如图 4-16 所示。由图 4-16可见，图中有两个电压继电器 KV1 和 KV2，三个电流继电器 KA1～KA3；这五个继电器都在主电路中。

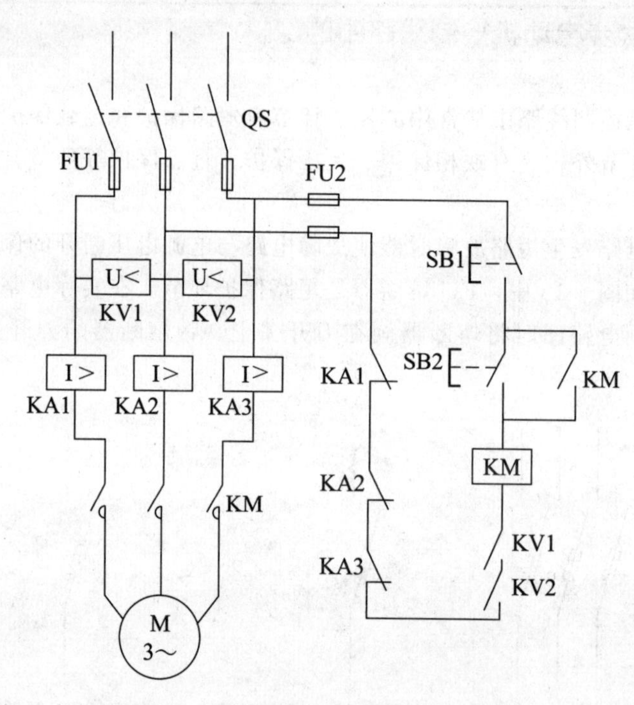

图 4-16　具有过流保护和欠压保护的电路

电压继电器 KV1 和 KV2 跨接于主电路的三根相线上；当刀开关 QS 闭合时，两个电压继电器所承受的是线电压，若电源电压正常，则 KV1 和 KV2 都会动作，使其常开触点（控制电路中的 KV1 和 KV2）闭合；为交流接触器 KM 线圈得电提供通路。当电源电压低于规定范围值时（欠压），KV1 或 KV2 会因线路欠压而复归原始状态，使控制电路中的 KV1、KV2 触点至少有一个断开，致使交流接触器 KM 线圈断电，使得主电路的用电器（电动机 M）断电停止工作。

电流继电器 KA1～KA3 都是串接于主电路的三根相线中。当电动机 M 通电工作时，三个电流继电器线圈都有电流通过，因为三个电流继电器的整定电流是电动机额定电流的 1.5～2 倍，三个电流继电器通过的电流都没有达到电流继电器动作电流值，所以三个电流继电器都不动作，它们的常闭触点（控制电路中的 KA1～KA3）都处于闭合状态，接触器

KM得电正常工作。

电动机M在运行过程中，如果电流突然很大（电动机过载严重），通过KA1～KA3线圈的电流达到动作电流值时，则三个电流继电器会立即动作，使其常闭触点断开，则控制电路交流接触器KM线圈通电回路断开，KM失电，则其常开动合触点都会断开，从而使电动机M断电，停转。

在图4-16所示的电路中电压继电器KV1和KV2还能起到缺相保护的作用。当闭合刀开关后，若电源缺相（有一根相线对地无电压或两根相线对地无电压），则两个电压继电器KV1和KV2至少有一个继电器不动作，所以交流接触器KM线圈回路是断开状态。如果电路处于正常通电工作状态时，突然电源缺相，则KV1或KV2至少会有一个断电立即返回原始状态，导致控制电路断电，接触器KM失电，常开触点断开，使主电路用电器（电动机M）断电。由此可见，图4-16电路中的KV1和KV2两个电压继电器不但能起到欠压保护作用，还能起到缺相保护作用。

例12 三相异步电动机控制线路中的自锁和连锁环节

（1）电路中的自锁

自锁环节是指继电器得电动作后能通过自身的常开触点闭合，能够给其线圈供电的环节。在图4-16所示电路图中就有自锁环节。在图4-16的控制电路中并联于启动按钮开关SB2旁边的KM常开触点就是自锁环节（此触点称为自锁触点）。

其自锁过程为当QS闭合后，按动SB2开关，则使KM线圈立即通电动作，SB2开关旁边并联的常开触点立即闭合，此闭合触点能给其线圈供电（与SB2开关状态无关），即SB2开关断开后，接触器KM靠自身触点继续供电。

（2）电路中的连锁与控制方式

电路中的连锁环节（又称互锁环节）实质是控制电路中控制元件之间的相互制约环节。实现电路连锁有两种基本方法：一种方法是机械连锁，另一种方法是电气连锁。具有机械连锁和电气连锁的电路图，如图4-17所示。

在图4-17中两个按钮开关SB1和SB2之间是机械连锁环，而接触器KM1与KM2之间是电气连锁。按钮开关SB1和SB2之间的机械连锁由图4-17(b）中可看出，当先按SB1时，SB1的常闭触点断开，而使得SB2按钮常开触点不可能接通电源；而当按动SB2按钮时，其常闭触点断开，因而使SB1的常开触点不可能接通电源。当将两个按钮同时按下时，则两个开关的常闭触点都断开，两个开关的常开触点都无法与电源接通，当然控制电路中的KM1和KM2都不会得电动作。这说明在同一时刻只能按动一个按钮开关，电路中的KM1或KM2只能有一个得电动作，不存在两个接触器同时得电动作的可能性。这就是连锁环节所起的作用，也就是设置连锁环节的目的。

电路图4-17中的电气连锁环节是通过KM1线圈下面串的KM2常闭触点与KM2线圈下面串的KM1常闭触点实现的。当KM1得电动作时，则KM1的常闭触点断开，使KM2不能得电；同理KM2得电动作时，则KM2的常闭触点断开，也使KM1不能得电，也就是说，两个接触器不可能同时得电动作。这就是电气连锁的作用，也是设置电气连锁的目的。

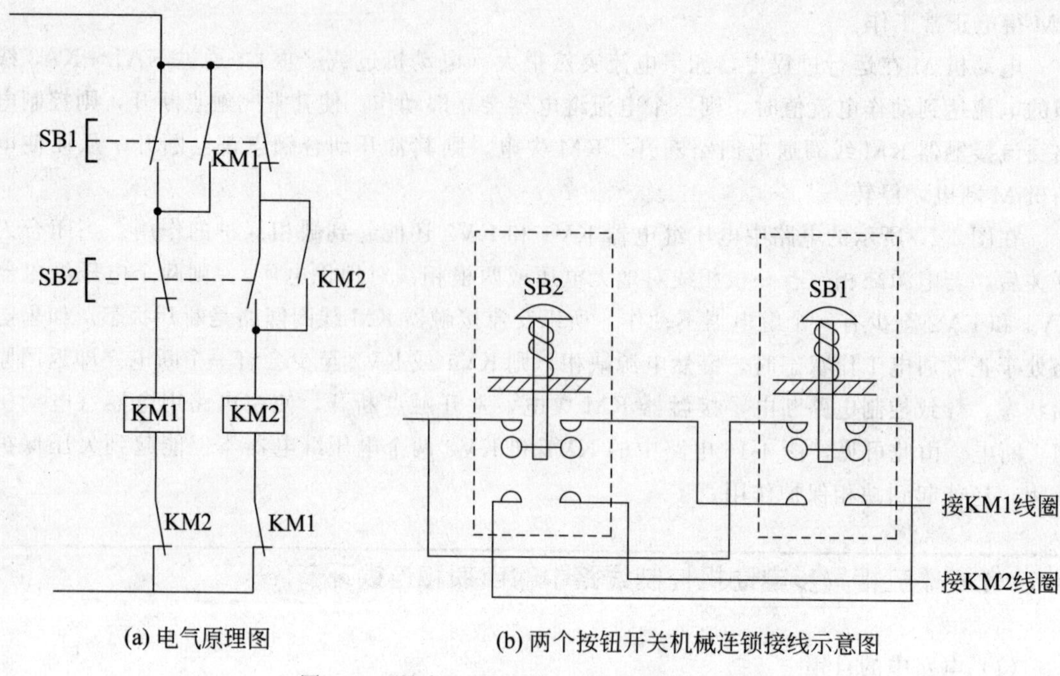

(a) 电气原理图 (b) 两个按钮开关机械连锁接线示意图

图 4-17 具有机械连锁和电气连锁的电路图

例 13 三相异步电动机的正反转控制线路

在生产中常常需要生产机械向正反两个方向运动，如机床工作台的前进与后退，主轴的正转与反转，货物的升降等。这就要求带动生产机械运动的电动机能够正反两个方向转动。

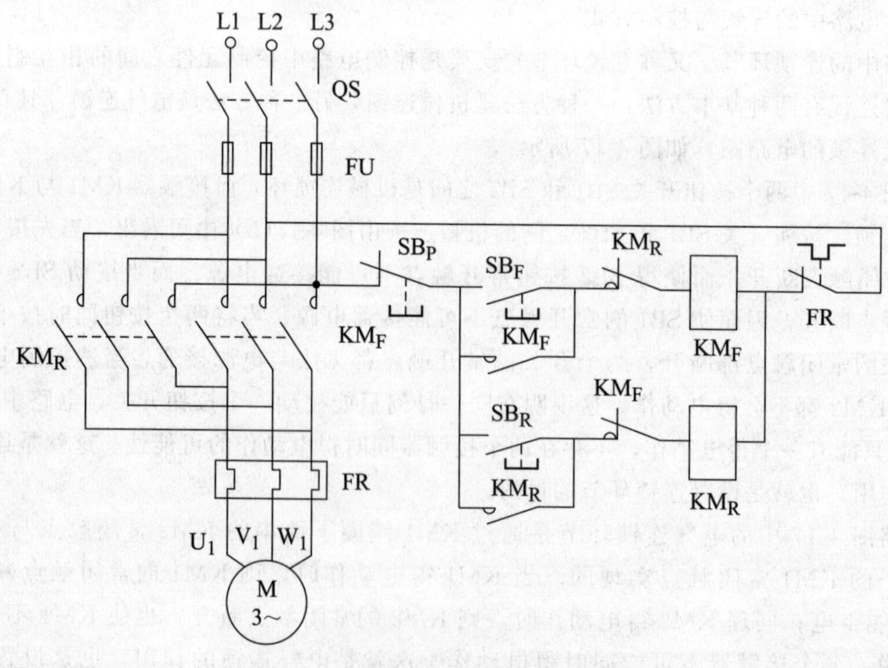

图 4-18 三相异步电动机正反转控制线路

如图 4-18 所示为电动机的正反转控制线路，它和直接启动控制线路相比较，多使用了一个交流接触器和一个启动按钮。

为了实现正反转，在学习三相异步电动机的工作原理时已经知道，只要接到电源的任意两根连线对调一头即可。因此，在主电路中两个交流接触器的主触头与电动机的连接是不同的。由主电路中可看出，正反转交流接触器 KM_F、KM_R 的主触头不能同时闭合。若同时闭合，必将电源短路。这就要求控制电路的连接必须保证两个接触器不能同时工作。这种两个交流接触器不能同时工作的控制作用称为互锁保护或连锁保护。

闭合开关 QS，按下正转的启动按钮 SB_F 时，由于反转交流接触器 KM_R 的常闭辅助触头闭合，正转交流接触器 KM_F 的吸引线圈通电，其主触头接通，电动机正转。同时，与反转交流接触器 KM_R 的吸引线圈相串联的正转交流接触器 KM_F 的常闭辅助触头断开，这就保证了正转交流接触器 KM_F 工作时，反转交流接触器 KM_R 不工作。同理，当反转交流接触器 KM_R 的吸引线圈通电工作时，与正转交流接触器 KM_F 的吸引线圈相串联的反转交流接触器 KM_R 的常闭辅助触头断开。正转交流接触器 KM_F 不能工作，这就达到了互锁保护的目的。两交流接触器 KM_F、KM_R 的常闭辅助触头称为连锁触头。

例 14 三相异步电动机双重互锁的控制线路

如图 4-18 所示为电动机的正反转控制线路有个缺点，即当电动机在正转过程中要求反转，必须先按停止按钮 SB_P，让连锁触头 KM_F 闭合后，才能按反转按钮 SB_R 使电动机反转。为了实现电动机正转与反转的直接转换，电动机的正反转控制线路除了利用交流接触器 KM_F、KM_R 的常闭辅助触头互锁外，生产上常采用联动按钮进行互锁，这就组成了如图 4-19所示的双重互锁的控制线路（图中只画出了控制电路部分）。

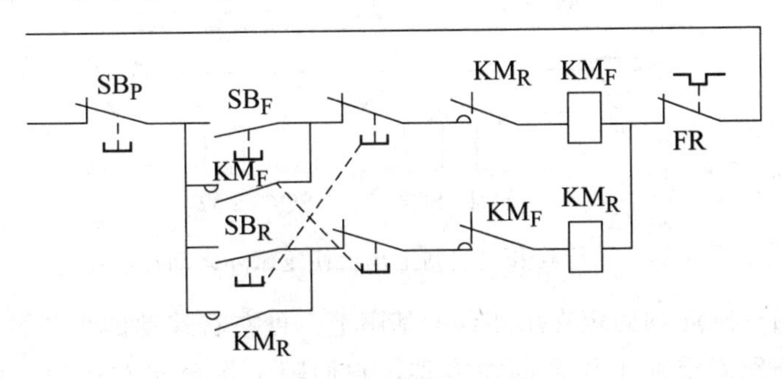

图 4-19 双重互锁的控制线路

每一联动按钮 SB_F、SB_R 都有一对常开触头和一对常闭触头，这两对触头分别交错串联在正反转交流接触器 KM_F、KM_R 的吸引线圈中，如图 4-19 所示。当按下正转启动按钮 SB_F 时，只有正转交流接触器 KM_F 的吸引线圈通电，而按下反转启动按钮 SB_R 时，只有反转交流接触器 KM_R 的吸引线圈通电。如果同时按下正反转启动按钮 SB_F 和 SB_R，则两交流接触器 KM_F、KM_R 的吸引线圈均不通电，从而防止了电源被短路。

由于采用了联动按钮，电动机在由正转向反转转换时，就不必先按停止按钮 SB_P，只要直接按下反转按钮 SB_R 即可。因为反转按钮 SB_R 按下时，其常闭触头先断开，使 KM_F 的吸引线圈断电，然后 SB_R 的常开触头闭合，使反转交流接触器 KM_R 的吸引线圈通电，电动机反转启动，反之亦然。

例15 用行程开关控制工作台自动往复循环运动的线路

行程控制，就是当运动部件到达一定行程位置时采用行程开关来进行控制。在自动控制电路中，为了工艺和安全的需要，经常采用行程控制。图4-20就是用行程开关控制工作台自动往复循环运动的线路图。

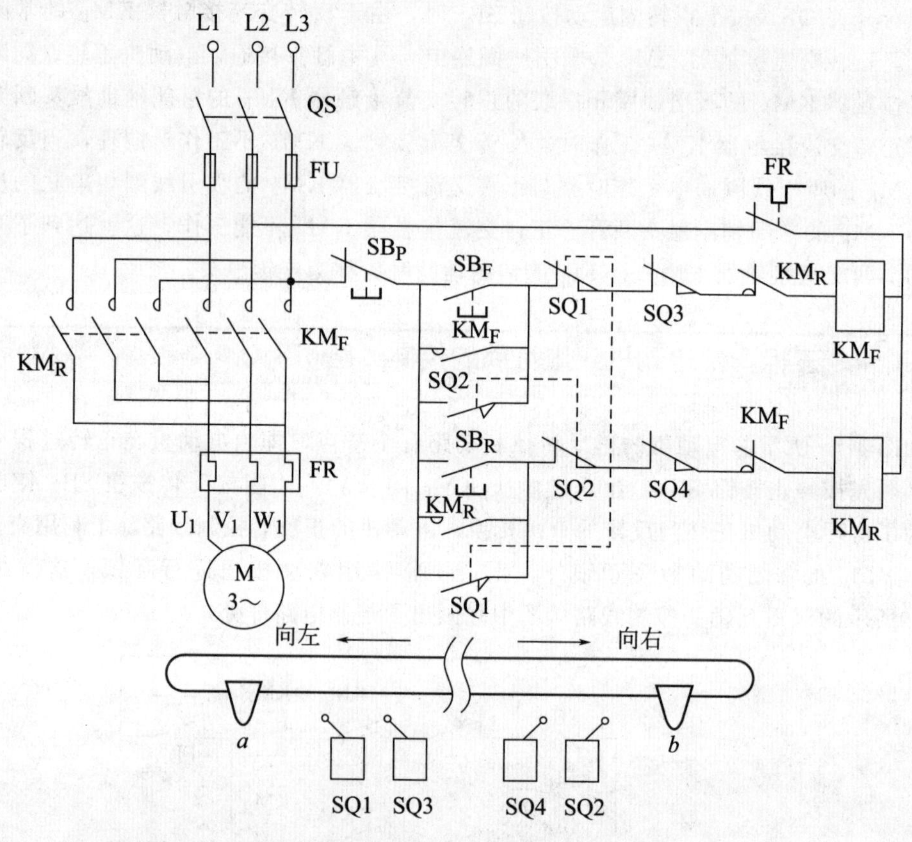

图4-20 用行程开关控制工作台往复循环运动控制线路

行程开关SQ1～SQ4均固定在工作台的基座上，可左右移动的工作台由电动机M来带动。挡块a和b分别固定在工作台的左右端，它们随工作台左右移动。挡块a只和SQ1、SQ3碰撞，而挡块b只和SQ2、SQ4碰撞。

当按下正转启动按钮SB_F时，电动机正转，使工作台向右移动。当工作台移动到预定位置时，挡块a压下行程开关SQ1，使SQ1的常闭触头断开，正转交流接触器KM_F的吸引线圈断电，常开触头断开，常闭触头接通，电动机M先停转。同时SQ1的常开触头闭合，使反转交流接触器KM_R的吸引线圈通电，电动机M便反转，使工作台向左移动，挡块a离开行程开关SQ1，开关SQ1复位，为下次电动机正转做好准备。

当工作台向左移动到另一预定位置时，挡块b压下行程开关SQ2，使SQ2的常闭触头断开。于是反转交流接触器KM_R的吸引线圈断电，常开触头断开，常闭触头接通，电动机M停转。同时行程开关SQ2的常开触头闭合，使正转交流接触器KM_F的吸引线圈通电，电动机 M 又开始正转，使工作台向右移动。当挡块 b 离开行程开关 SQ2 时，开关 SQ2 复位，为下次电动机的反转做好准备。如此周期性地自动进行变换，直到按下停止按钮 SB_P 为止。

这种控制线路，只要按下正转（或反转）按钮，电动机就能带动工作台周期性地左右循环移动。在图 4-20 的控制线路中，除利用交流接触器 KM_F、KM_R 的常闭触头实现互锁保护外，还利用行程开关 SQ1、SQ2 来实现互锁保护，类似于联动按钮的作用。

图 4-20 中，行程开关 SQ3 和 SQ4 是起极限位置保护的。它们安装在基座上对应于工作台左右移动的极限位置上。电动机 M 正转，使工作台右移，当由于某种原因，使得行程开关 SQ1 没有动作时，则工作台继续右移，这时行程开关 SQ3 将起作用，挡块 a 碰上它时，将电动机 M 正转电路切断，电动机停转，避免了工作台越出极限位置造成事故。行程开关 SQ4 的作用与 SQ3 相同。所以行程开关 SQ3 和 SQ4 起到了极限位置的保护作用。

例 16　两台电动机先后启动同时运转的混合控制线路

（1）电路结构

如图 4-21 所示是一例使两台电动机先后启动，然后同时运转的手动、自动混合控制线路。

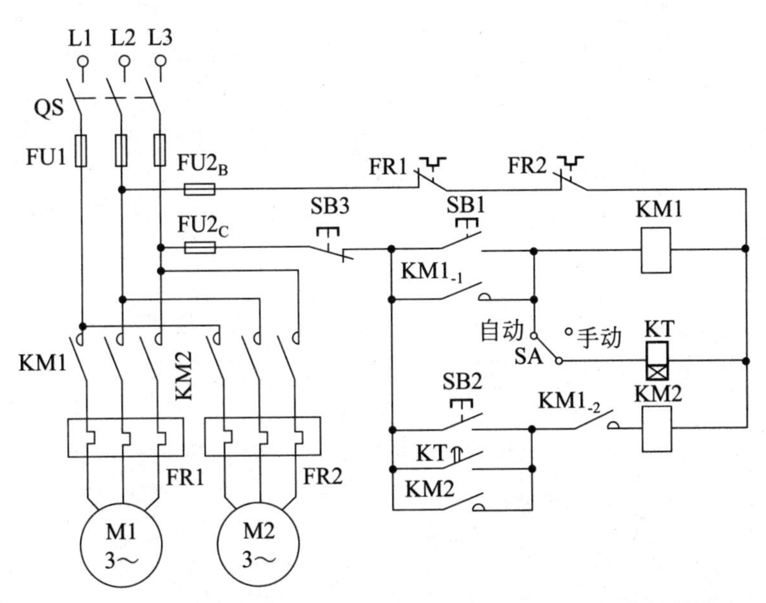

图 4-21　两台电动机先后启动同时运转的手动、自动混合控制线路

控制线路的保护元件由熔断器 FU1 与熔断器 FU2 组成，分别做主电路和控制电路的短路保护，热继电器 FR 为电动机的过载保护。

主电路由开关 QS、熔断器 FU1、接触器 KM1 与 KM2 主触点、热继电器 FR1、FR2 热敏元件和电动机 M1、M2 组成。

控制电路由熔断器 FU2、启动按钮 SB1、SB2、停止按钮 SB3；交流接触器 KM1、KM2；时间继电器 KT、选择开关 SA 和热继电器 FR1、FR2 常闭触头组成。

（2）工作范围

本线路的工作原理与两台电动机先后启动同时运转的控制线路相同，只是增加了自动控制部分。自动控制时，将选择开关 SA 扳至自动位置，然后按下启动按钮 SB1。此时，时间继电器 KT 得电，接触器 KM1 吸合，电动机 M1 先启动运转。延长一定时间后，时间继电器常开触头 KT 闭合，接触器 KM2 吸合，辅助触头 KM2 闭合自锁，电动机 M2 启动运转。

该线路适用于两台电动机需先后启动同时运行，既可手动，又可自动控制的生产机械。

Chapter 05

第五章 高压配电

电厂发出的电能经过升压向远方输送之后，从 110kV 开始，直至 10kV（含 6kV、3kV），通过枢纽变电所、区域变电所、地方变电所等，把电能逐级降压、逐级分配的过程称为高压配电。

例 1 高压电器的分类

高压配电设备是指额定电压为 3kV 及其以上的各种电器，在电力系统中起着通断、控制、调节、量测等作用。按其功能不同分类如表 5-1 所示。

表 5-1 高压电器按其功能不同分类

类别	名　称	功　　能
开关电器	高压断路器	通、断电力系统正常运行和故障情况下的各种电流
	高压熔断器	自动开断超载及短路电流
	高压隔离开关	隔离电路、建立可靠的绝缘间隙
	高压负荷开关	在额定电流和一定的超载电流工作情况下通、断电流
	高压接地开关	在检修高压、超高压线路时，为确保人身安全而进行接地用
量测电器	电流互感器	测量高压线路中的电流，供计量和继电保护用
	电压互感器	测量高压线路中的电压，供计量和继电保护用
限流、限压电器	电抗器	限制故障时的短路电流变化，减轻开关电器工作负担
	避雷器	限制过电压，保护线路和设备的绝缘
	成套电器和组合电器	成套电器用于配电系统（35kV 以下），组合电器用于输电系统（35～220kV）

例 2 高压断路器

高压断路器是高压配电网的关键组件。其断流容量可达几百至几千兆伏安，分断能力可达几千安。

（1）高压断路器型号命名法

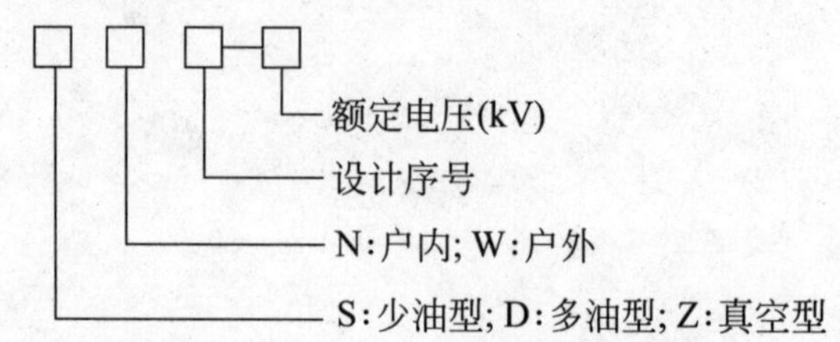

（2）高压断路器的基本参数

① 额定电压。断路器正常工作时的线电压（kV）。

② 额定电流。断路器在闭合状态下导电系统能长期通过的电流（A）。

③ 额定短路开断电流。额定电压条件下，断路器能正常开断的最大短路电流（kA）。

④ 热稳定电流。断路器在闭合位置时能承受规定时间 t 内的短路电流热作用的周期分量数值。我国规定 t 为2s。

⑤ 动稳定电流。断路器在闭合位置时能承受0.1s短路电流电动力作用的峰值电流数值。

⑥ 额定短路关合电流。断路器在短路故障状态下不致发生触头熔焊或其他损伤的闭合短路电流峰值。数值上与动稳定电流相应。

⑦ 动作时间。包括开断时间和闭合时间。从断路器分闸线圈开始通电到三相电弧完全熄灭为止的时间间隔称为开断时间。从合闸线圈通电到各相触头都接触为止的时间间隔称为闭合时间。

（3）对高压断路器的要求

① 额定负载下能长期可靠运行，温升不超过规定值，具有足够的电寿命和机械寿命。

② 能承受额定电压、最大工作电压、内过电压和外过电压等作用。

③ 有足够的动、热稳定性。

④ 具有足够的断流能力，能迅速可靠地切断规定的短路电流。

⑤ 具有足够的切断短路电流的能力。

⑥ 具有足够的重合闸能力。

（4）高压断路器的灭弧原理

高压断路器能胜任分断高压电路的关键是它的灭弧性能。高压开关设备在开断高压交流电路时会产生电弧，如不采取灭弧措施，可能烧毁电器设备。

在触头开断瞬间，触头间距离很小，电场强度很高，绝缘介质被游离，即介质被分解为自由电子和正离子，形成导电通道，所以电弧导电属于游离导电。因此，维持电弧导电有两个必要条件：一是游离速度大于去游离速度；二是有足够高的电源电压。相反，熄灭电弧也要有两个必要条件：一是去游离速度大于游离速度；二是切断电源电压。

交流电在交变过程中“过零”瞬间，是高压开关灭弧的有利时机。当电流过零点时，输入弧柱的瞬时功率等于零，弧柱温度迅速下降，去游离作用大大增强，电弧最容易熄灭。利用“过零”这个有利时机，在触头打开的同时，用外能或电弧的能量分解电弧周围的灭弧介质，产生具有较高压力的气流，强烈地冷却电弧，交流电弧在电流过零瞬间便自行熄灭。

例3 几种高压断路器

(1) SF6(六氟化硫)断路器

SF6断路器是适用于各种电压等级的开关电器，其结构示意图如图5-1所示。

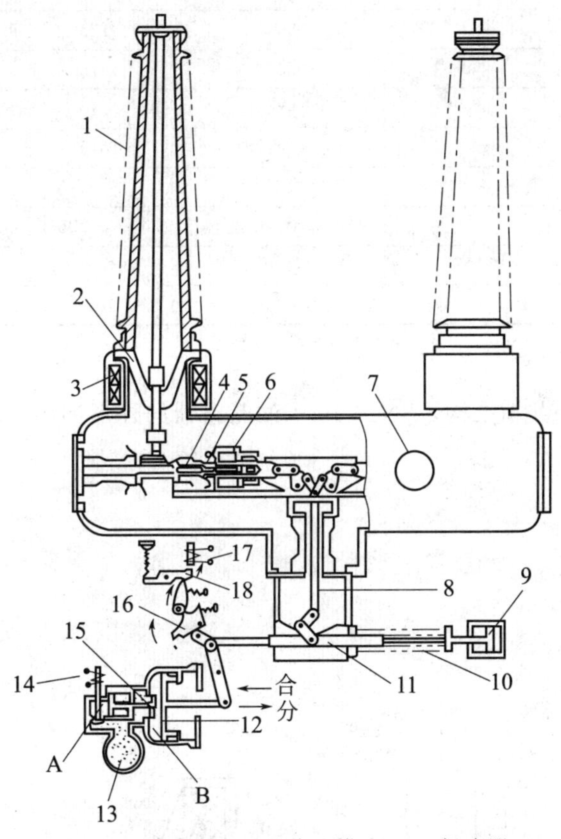

图5-1 单压式灭弧室落地罐式SF6断路器

1—套管；2—支持绝缘子；3—电流互感器；4—静触头；5—动触头；6—喷口工作缸；7—检修窗；8—绝缘操作杆；9—油缓冲器；10—合闸弹簧；11—操作杆；12—操作活塞；13—储气筒；14—分闸线圈；15—主阀；16—挂钩；17—合闸线圈；18—衔铁

① 灭弧原理。SF6断路器采用惰性气体SF6做绝缘灭弧介质。SF6是一种负电性很强的气体，它具有吸收自由电子而成为负离子的特性。当SF6气体分子捕捉自由电子形成负离子后，立即与介质中的正离子结合成离子团，使介质空间的带电离子迅速减少，介质绝缘恢复强度迅速上升。SF6气体在一定压力下比热容比较高，其对流散热能力强，易于灭弧。因此，SF6气体具有良好的绝缘性和灭弧性。

② 性能特点。SF6断路器开关能力强，断口电压可做得较高；允许连续开断，适于频繁操作，且噪声小，无火灾危险。其高压带电部位均被密封，运行中无触电危险，且抗干扰能力强。

SF6断路器需保持一定的气体压力才能正常工作，因此，要求SF6断路器必须密封良好，尤其在安装、检修后，运行前以及在一定的运行周期中，要测定其漏气量。

③ 部分SF6断路器的技术数据。部分SF6断路器的技术数据见表5-2。

表 5-2　SF6 断路器的技术数据

技术参数 \ 型号	LN2-10	LN2-35	LW7-35
SF6 气体压力(20℃)/MPa	0.55	0.65	0.45
额定电压/kV	10	35	35
最高工作电压/kV	11.5	40.5	40.5
额定电流/kA	1250	1250	1600
额定开断电流/kA	25	16	25
额定动稳定电流/kA	63	40	63
额定热稳定电流/kA	25(4s)	16(4s)	25(4s)
合闸时间/s	≤0.15	≤0.15	≤0.1
分闸时间/s	≤0.06	≤0.06	≤0.06
年漏气率	≤2%	≤2%	≤1%
机械寿命次数	10000	10000	3000

（2）少油断路器

少油断路器为三相共箱结构，SN10-10 少油断路器的外形如图 5-2 所示，图 5-3 为该断路器内部结构图。

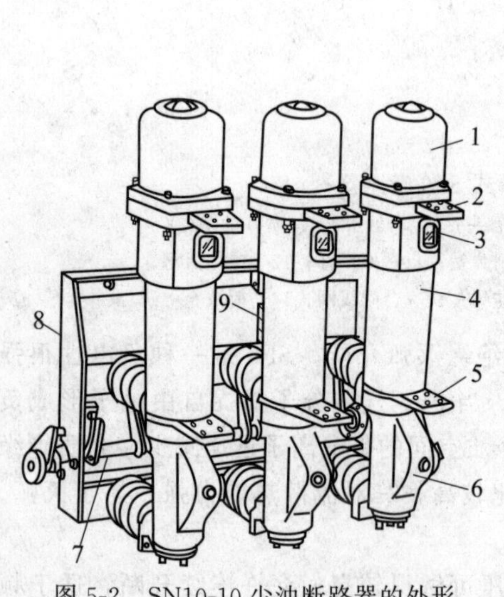

图 5-2　SN10-10 少油断路器的外形

1—上帽；2—上出线座；3—油标；
4—绝缘筒；5—下出线座；6—基座；
7—主轴；8—框架；9—断路弹簧

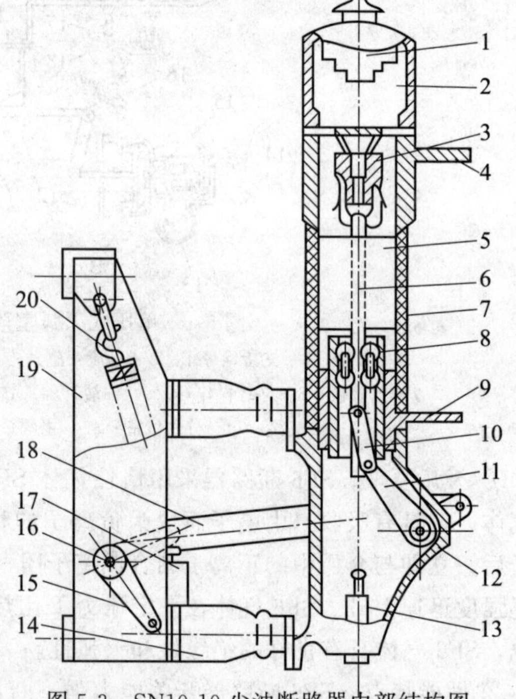

图 5-3　SN10-10 少油断路器内部结构图

1—油气分离器；2—空气室；3—静触头；4—上接线板；
5—灭弧室；6—导电杆；7—玻璃钢套管；8—中间触头；
9—下接线板；10—拉杆；11、15—拐臂；12—转轴；
13—油缓冲器；14—支持绝缘子；16—主轴；
17—合闸缓冲器；18—连杆；19—底架；20—分闸弹簧

① 灭弧原理。少油断路器三相电源之间装配相互隔离的、完全浸没在绝缘油中的灭弧腔，绝缘油既是其绝缘介质，又是其灭弧介质。在分断负荷电流或故障电流时，由于电弧的热作用使绝缘油膨胀汽化产生对流，分断熄灭电弧。

② 性能特点。少油断路器用油量少，油箱结构坚固，安装简便，使用安全。内部装有失压和过流复式脱扣装置，可实现失压和过电流保护及自动分断。其缺点是不适宜用于频繁操作的工作条件和严寒地区。

使用少油断路器时应注意：断路器要传动灵活，不允许有卡阻现象，分、合指示位置正确；不允许有渗漏油、缺油现象，油色、油位正常。

③ 少油断路器的技术数据。部分少油断路器的技术数据见表 5-3。

表 5-3　少油断路器的技术数据

型号	额定电压/kV	额定电流/A	油重/kg	总重量/kg
SN10-10	10	630～3000	6～13	100～190
SN10-35	35	1250	15	620
SW1-35	35	1000～2000	100	900
SW2-110	110	1200～1600	450	2800
SW2-220	220	1600、2000	1200	6600
SW4-110	110	1600、2000	450	3360
		1000、1230	450	7830
SW4-220	220	1000、123	930	7830
		1200～1600	800	5600
SW7-110	110	1600	400	2450
SW7-220	220	1600	800	2000

除少油断路器外，还有多油断路器，部分多油断路器的技术数据见表 5-4。

表 5-4　多油断路器的技术数据

型号	额定电压/kV	额定电流/A	油重/kg	总重量/kg
DN1-10	10	600	50	115
DW1-35	35	600	275	1300
DW2-35	35	600、1000	800	2600
DW4-10	10	40～400	45	140
DW5-35	35	100	360	1685
	35	600～1000	380～560	1470～1920
DW7-10	10	30～400	50	435
DW10-10	10	50～400	35	125

（3）真空断路器

真空断路器指的是触头在真空中断开电路的断路器，其结构示意图如图 5-4 所示。

① 灭弧原理。真空断路器灭弧室是一个真空度保持在 1.33×10^{-2}～1.33×10^{-6}Pa 严

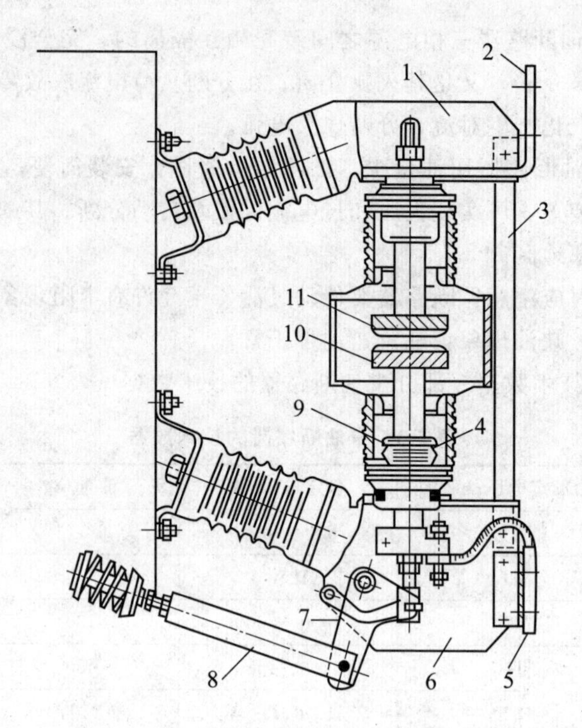

图 5-4　真空断路器结构示意图

1—上支架；2—上帽子；3—绝缘柱；4—波纹管；5—下端子；6—下支架；7—拐臂；8—绝缘杆；9—灭弧室；10—动触头；11—静触头

格密封的部件。分断电路的瞬间，由于灭弧室内动、静两触头间电容的存在，使触头间绝缘击穿，产生真空电弧。由于触头形状和结构的原因，使真空电弧柱迅速向弧柱体外的真空区域扩散。当被分断的电流过零点时，触头间电弧的温度和压力急剧下降，使电弧不能维持而熄灭。电弧熄灭后的几微秒内，两触头间的真空间隙耐压水平迅速恢复，同时触头间也达到了一定的距离，能承受很高的恢复电压。所以，电流过零以后，不会发生电弧重燃而被分断。

② 性能特点。真空断路器的优点是熄弧能力强，燃弧时间短，全分断时间短；适合于频繁操作和快速切断，特别适合切断容性负载电路；触头开距小，机械寿命长；体积小、重量轻，维护工作量小，真空灭弧室和触头不需要维护；没有易燃、易爆介质，无爆炸和火灾危险。

真空断路器的缺点是易产生操作过电压，需配有专用的 R-C 吸收器或金属氧化物避雷器；灭弧室的真空度在运行中不能随时检查，需装设专用仪器监视灭弧室的真空度。

③ 真空断路器的技术数据　部分真空断路器的技术数据见表 5-5。

表 5-5　真空断路器的技术数据

技术参数 \ 型号	ZN5-10/630-20	ZN12-10/1600-40	ZN12-10/2000-50	ZN28-10/630-20	ZN28-10/1000-25	ZN28-10/3150-40
额定电压/kV	10	10	10	10	10	10
额定电流/A	630	1600	2000	630	1000	3150
额定开断电流/kA	20	40	50	20	25	40
额定关合电流/kA	50	100	125	50	63	100

续表

型号 技术参数	ZN5-10/630-20	ZN12-10/1600-40	ZN12-10/2000-50	ZN28-10/630-20	ZN28-10/1000-25	ZN28-10/3150-40
额定动稳定电流(峰值)/kA	50	100	125	50	63	100
额定热稳定电流(峰值)/kA	20(4s)	40(4s)	50(4s)	20(4s)	25(4s)	40(4s)
合闸时间/s	≤0.1	≤0.2	≤0.2	≤0.2	≤0.2	≤0.2
固有分闸时间/s	≤0.05	≤0.06	≤0.06	≤0.05	≤0.05	≤0.06
机械寿命次数	10000	10000	10000	10000	10000	10000

④ 新型真空断路器。ZWG-12 和 ZW-10 系列真空断路器的共同特点是真空灭弧室均采用陶瓷灭弧室，稳定性强。采用了交流 220V 弹簧储能机构，具有电动关合、电动开断、手动电动储能、手动关合、手动开断和过电流自动开断等多种功能。主要用于 10kV 配电网或变电所作为分、合负荷电流、过载电流及短路电流用，也适用于操作频繁的场合。技术数据见表 5-6。

表 5-6 新型真空断路器技术数据

型号 技术参数	ZWG-12	ZW-10
额定电压/kV	12	10
额定电流/A	1250	630
额定短路开断电流/kA	20	12.5
额定短路关合电流/kA	50	31.5
额定峰值耐受电流/kA	50	31.5
4s 短时耐受电流/kA	20	12.5
1min 工频耐压/kV	42	42
额定短路开断次数/次	30	30
额定操作电压/V	AC220	AC220
机械寿命/次	10000	10000
质量/kg	130	130

例 4 高压熔断器

高压熔断器一般用于电压低于 35kV 小容量电网中，当系统内出现过载或短路时，熔体因过热而熔断，从而切断线路，达到保护电网和电器设备的目的。

(1) 高压熔断器型号命名法

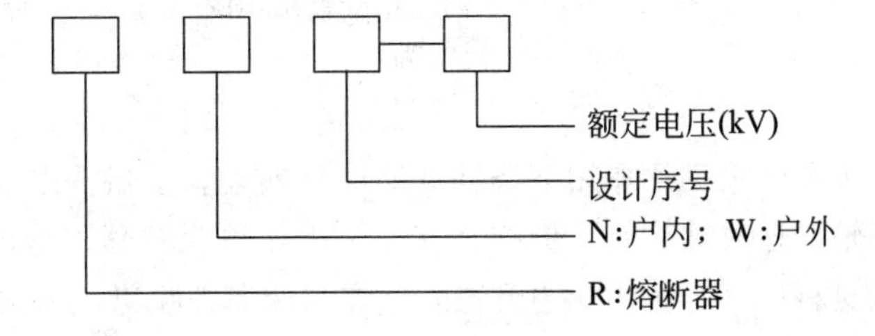

(2) 熔断器的熔体

熔断器熔体材料一般由铜（熔点为1080℃）、银（960℃）、锌（420）、铅（327℃）、铅锡合金（200℃）混合组成。对熔体的要求是熔点低，导电性好，不易氧化，易于加工。在高电压大电流电路中熔断器要有较大分断电流的能力；有较好的合金效应和良好的熔化稳定性。

(3) 高压熔断器的选用

① 满足额定电压、额定电流的参数要求。

② 熔体的熔断特性要与上、下级熔体的熔断特性及继电器保护的动作时间相配合。

③ 熔断时间的配合，多遵循保护熔断器的最大开断时间，应不超过后备熔断器最小熔断时间的75%，保证保护熔断器在任何情况下都能先于后备熔断器切除故障。

④ 熔断器的断流容量必须大于安装处的短路功率，其分断能力应与安装点最大短路电流相匹配。

例5 几种高压熔断器

(1) 跌落式高压熔断器

跌落式高压熔断器的结构如图5-5所示。它主要由熔管、触头、支座等部分组成。熔管5起绝缘、灭弧作用，熔管的两端是上、下触头。熔体穿过熔管，一端固定在下触头4上，另一端拉紧在可以绕轴6转动的压板7上，压板7压在弹簧钢片8上，形成上触头。安装时，熔管与铅垂线成30°夹角。

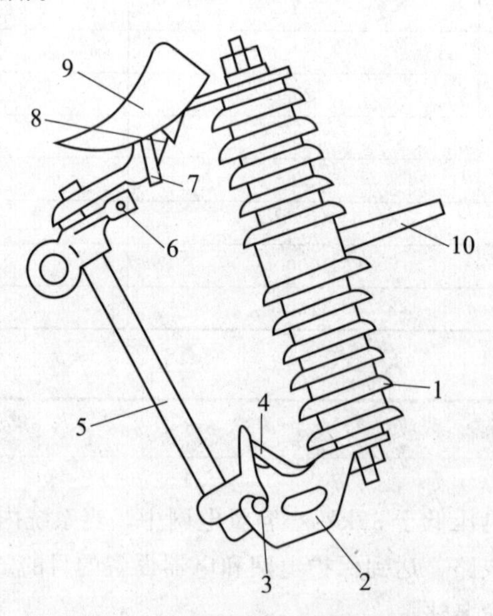

图5-5 跌落式高压熔断器结构图

1—绝缘支柱；2—金属支座；3、6—轴；4—下触头；5—熔管部件；
7—压板；8—弹簧钢片；9—鸭咀罩；10—安装板

熔体熔断后，压板在弹簧钢片作用下绕轴6顺时针转动，上触头从鸭咀罩抵舌上滑脱，熔管靠自身的重力绕轴3逆时针旋转，倒挂在支架2上，称为跌落。熔体熔断产生电弧后，电弧热量使熔管内壁材料产气，管内压力升高，气体高速向外喷出，纵向吹弧，电流过零点时将电弧熄灭。

跌落式熔断器结构简单，价格便宜。其缺点是开断电流小；熔体熔断时，火焰及金属残渣从熔断管向两端喷出。

10kV 及以下常用的跌落式高压熔断器的主要技术数据见表 5-7。

表 5-7 10kV 及以下常用的跌落式高压熔断器的主要技术数据

型号	额定电压/kV	额定电流/A	断流容量(三相)/MV·A		熔丝额定电流范围/A
			上限	下限	
RW3-10G/100	6～10	100	100		1、2、3、5、7.5、10、15、20、25、30、40、50、60、75、100、150、175、200
RW3-10G/200		200	200		
RW3-10T/50		50	75		
RW3-10T/100		100	100		
RW3-10/60	6～10	60	75		3、5、7.5、10、15、20、25、30、40、50、60、75、100、150、175、200
RW3-10/100		100			
RW3-10/150		150			
RW3-10/200		200			
RW3-10/60	6～10	60	200	20	3、5、7.5、10、15、20、25、30、40、50、60、75、100、150、175、200 2、3、5、7.5、10、15、20、30、40、50、60、75、100、150、200
RW3-10/100		100			
RW3-10/200		200			
RW4-10/50	6～10	60	75		
RW4-10/100		100			
RW4-10/200		200			
RW4-10/100	6～10	100	200	10	
RW4-10/50		50	100		

(2) 高压限流型熔断器

高压限流型熔断器的结构如图 5-6 所示。镀银的铜丝作为熔丝并连绕在瓷芯上形成整个熔体。熔管为陶瓷材料制成，内充石英砂作填料。熔管两端的铜帽作为触头。当熔体在故障电流作用下，某处首先断开时，小间隙被击穿产生电弧，之后是间隙的逐渐扩大、击穿过程，直到恢复电压不再使间隙击穿，线路切断。由于石英砂有强烈的消游离作用，使短路电流未达到峰值即被截断或限制，故称限流式熔断器。该熔断器广泛用于户内配电装置中。

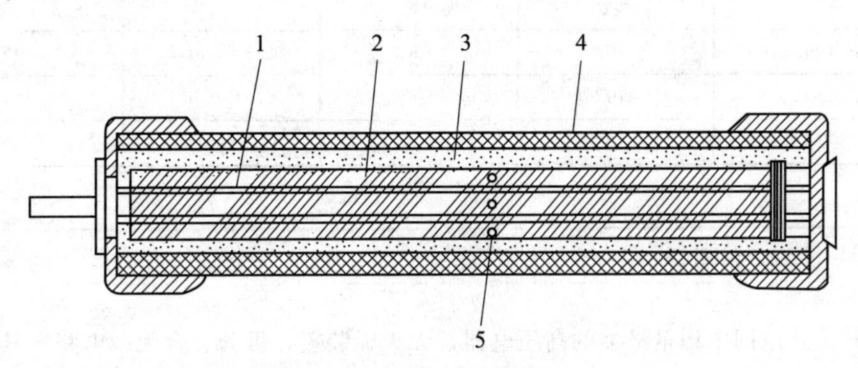

图 5-6 高压限流型熔断器的结构

1—瓷芯；2—熔丝；3—石英砂；4—瓷管；5—锡球

10kV及以下常用的高压限流型熔断器的主要技术数据见表5-8。

表5-8 10kV及以下常用的高压限流型熔断器的主要技术数据

型号	额定电压/kV	额定电流/A	最大切断电流有效值/kA	最小切断电流（额定电流倍数）	最大切断容量(三相不小于)/MV·A	切断极限短路电流的最大峰值/kA
RN1-3	3	20	40	不规定	200	6.5
		100		1.3		24.5
		200				35
RN1-6	6	20	20	不规定	200	5.2
		75		1.3		14
		100				19
		200				25
RN1-10	10	20	12	不规定	200	4.5
		50		1.3		8.6
		100				15.5
		150				
		200				
RN2-10	3	0.5	100	一分钟内的熔断电流为0.6～1.8	500	160
	6		85		1000	300
	10		50		1000	1000

（3）新型高压熔断器

PRWG2-10系列是一种新型户外高压跌落式熔断器，适用于户外交流10kV、50H_Z的配电线路中，变压器的过载、短路保护以及隔离电源用。

PRWG2-10型高压熔断器技术数据见表5-9。

表5-9 PRWG2-10型高压熔断器技术数据

型　号	额定电压/kV	额定电流/A	开断电流/A	合、分负荷电流/A
PRWG2-10F/100-6.3	10	100	6.3～0.017	130
PRWG2-10/100-6.3	10	100	6.3～0.017	
PRWG2-10/200-12.5	10	200	12.5～0.045	

例6 高压隔离开关

隔离开关是电网中用量最多的高压电器，无灭弧装置，可分、合无载电路。其主要功能是分闸后，建立可靠的绝缘间隙；双母线电路中，根据运行需要倒换母线；分、合小电流。户内式隔离开关的结构如图5-7所示，户外式隔离开关的结构如图5-8所示。

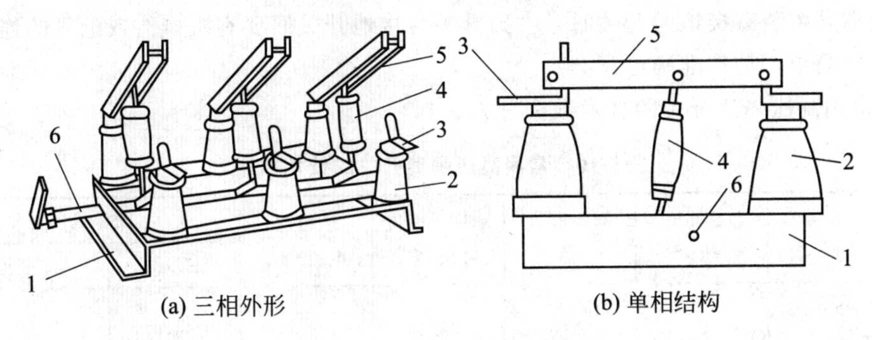

图 5-7 户内式隔离开关的结构

1—底座；2—支持绝缘子；3—静触头；4—转动瓷瓶；5—闸刀；6—转轴

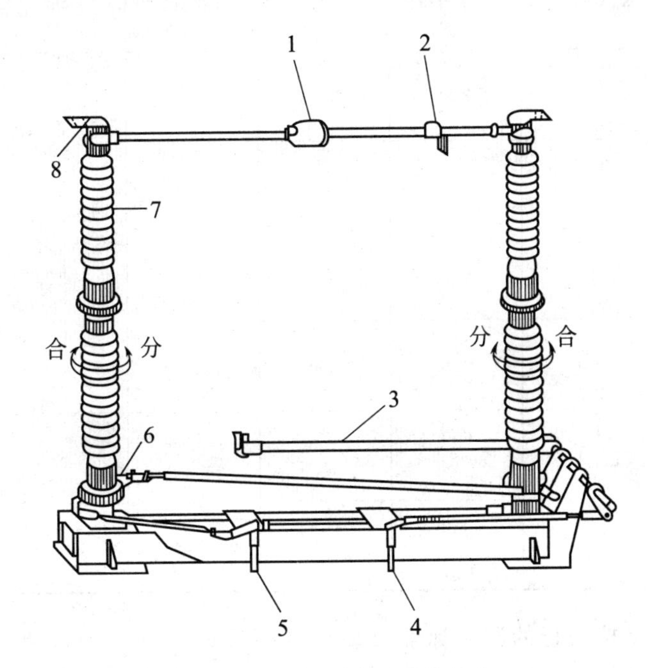

图 5-8 户外式隔离开关的结构

1—主闸刀；2、3—接地闸刀；4～6—传动机构；7—绝缘子；8—端子

(1) 高压隔离开关型号命名法

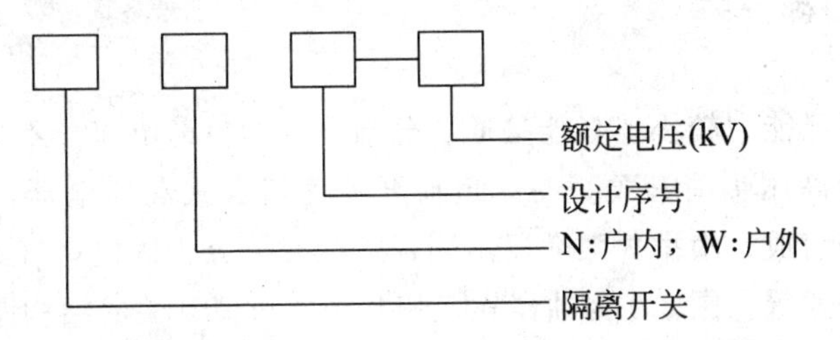

(2) 对高压隔离开关的要求

① 具有明显可见的断口，运行人员能清楚看出隔离开关的分、合状态。

② 断口间绝缘安全可靠。

③ 隔离开关与断路器配合使用时，要有机械的或电气的连锁，保证断路器分闸后隔离开关才能分闸，隔离开关合闸后断路器才能合闸。

④ 隔离开关装有接地刀开关时，主刀开关与接地开关间要有机械的或电气的连锁。

⑤ 结构简单，动作准确可靠。

（3）常用高压隔离开关的技术数据见表 5-10。

表 5-10 常用高压隔离开关的技术数据

型号	额定电压/kV	额定电流/A	动稳定电流峰值/kA	热稳定电流/kA	动作机构型号	
					主刀闸	接地刀
GN6-6T/200 GN8-6T/200	6	200	25.5	10(5s)	CS6-1T	
GN6-6T/400 GN8-6T/400	6	400	40	14(5s)	CS6-1	
GN6-10T/200 GN8-10T/200	10	200	25.5	10(5s)	CS6-1T CS6-1	
GN6-10T/400 GN8-10T/400	10	400	40	14(5s)		
GN6-10T/600 GN8-10T/600	10	600	52	20(5s)		
GN6-10T/1000 GN8-10T/1000	10	1000	75	30(5s)		
GW5-35G-35GD	35	600 1000	72 83	16(4s) 25(4s)	CS17	CS17
GW5-35GW-35GDW	35	1600 2000	100 100	31.5(4s)	CS17	CS8-5

表中 GW 系列是按现行的国家标准改型设计而成的一种新型隔离开关，电气、力学性能优良，已全面满足国家标准 GB 1985—1989 及国际电工标准 IEC129、IEC694 的要求。

例 7 高压负荷开关

高压负荷开关灭弧能力较小，只能接通、分断正常的负荷电流，不能用来接通、分断短路故障电流，故称为高压负荷开关。高压负荷开关为组合式高压电器，由隔离开关、熔断器、热脱扣器等部分组成。根据灭弧介质不同，负荷开关分为固定产气式、压气式、压缩空气式、真空式和油浸式等。图 5-9 为油浸式三相共箱式负荷开关的结构图。

由图可知，合闸时，操动机构带动主轴转动，通过传动系统，提升杆带动动触头向上运动，直到与静触头闭合。分闸时，操动机构脱钩，在分闸弹簧、触头弹簧及运动部件本身重力的共同作用下，动触头快速向下运动，动、静触头间产生的电弧在油中冷却并熄灭。

（1）高压负荷开关型号命名法

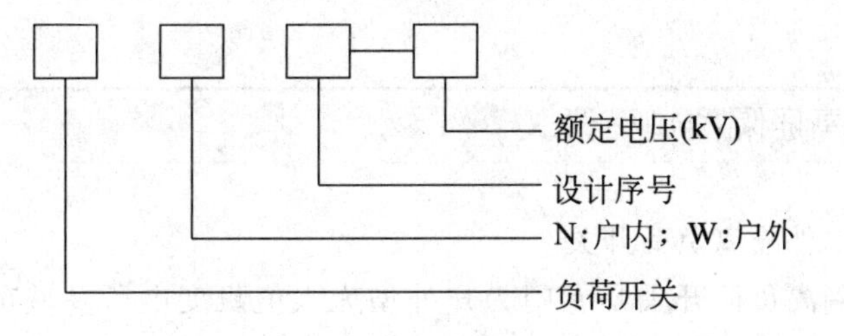

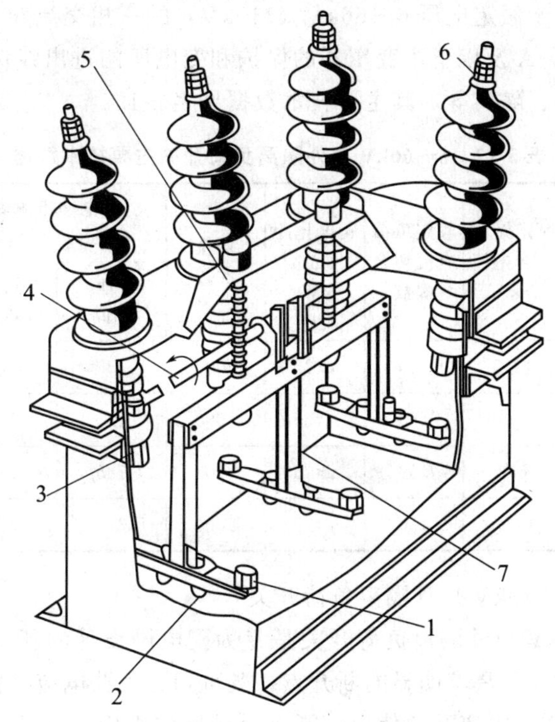

图 5-9 油浸式三相共箱式负荷开关的结构

1—动触头；2—触头弹簧；3—静触头；4—主轴；5—分闸弹簧；6—接线端子；7—提升杆

(2) 对高压负荷开关要求

① 合闸状态时，应满足安装处热稳定性能的要求。

② 分断电路时，应能分断其负荷电流。

(3) 常用负荷开关的技术数据

常用负荷开关的技术数据见表 5-11。

表 5-11 常用负荷开关的技术数据

型号	额定电压/kV	额定电流/A	总重量/kg	型号	额定电压/kV	额定电流/A	总重量/kg
FN1-10	10	200	50	FW2-10	10	20	70
FN2-10	10	100	35	FW4-10	10	200、600	95
FN3-10	10	400	50	FW5-10	10	200、400	75
FN4-10	10	600	75	FW6-10	10	200、400	80
FW1-10	10	400	66～80	FW10-10	10	31.5	48
FW1-10	10	200、400	124				

例8 新型高压隔离负荷开关

(1) 6～66kV户外隔离负荷开关

6～66kV户外隔离负荷开关是专门为户外型无人值班变电所及城市、农村配电网而设计的新一代产品。适用于额定电压6～66kV（110kV）的三相交流50Hz电力系统，用于对变电所容量在6300kV·A及以下主变压器的保护和变电所的进出线保护，也可用于配电线路的分段、并联、旁路、隔离等。其主要技术数据见表5-12。

表5-12 6～66kV户外隔离负荷开关主要技术数据

额定电压/kV	最高电压/kV	额定电流/kA	额定短路关合电流/kA	额定负荷电流切合次数	爬电比距/(mm/kV)	操作次数	雷电冲击耐受电压/kV(峰值)		1min工频耐受电压/kV	
							对地、相间	隔离断口	对地、相间	隔离断口
10	11.5	630	12.5	150	≥25	5000	75	85	30	34
20	23	400	8	150	≥25	5000	125	145	50	60
35	40.5	200	6.3	150	≥25	2000	185	215	80	90
66	72.5	100		150	≥25	2000	325	375	140	160

(2) GFW1-10系列10kV户外隔离负荷开关

GFW1-10系列10kV户外隔离负荷开关是专为配电网设计的新型产品，它采用单断口旋转结构，动作灵活可靠；具有明显的断开点，既可切合负荷电流（能开断、关合600A以下的负荷电流），又能作为隔离开关使用；既有手动操作机构，也可采用电动操动机构；既可就地操作，也能实现远方控制。其主要技术数据见表5-13。

表5-13 GFW1-10系列10kV户外隔离负荷开关主要技术数据

项目	单位	数量	项目		单位	数量
额定电压	kV	10	热稳定持续时间		s	4
最高工作电压	kV	11.5	主回路电阻		μΩ	<600
额定电流	A	630	相间中心距		mm	≥720
动稳定电流峰值	kA	8	机械寿命		次	3000
额定关合短路电流	kA	8	绝缘水平	1min工作耐压	kV	34
热稳定电流	kA	3.15		全波冲击电压	kV	85

其他高压配电设备在有关章节已作介绍，这里不再重述。

例9 高压成套配电屏（柜）

成套配电装置从电力系统实际出发，并考虑了性能参数的合理配合及电器元件的合理布

置，所以，具有占地面积小、安装使用方便、运行安全可靠、适用于工厂大批量生产等优点。一些高压配电设备还具备“五防”功能，即防止带负荷分、合隔离开关；防止误入带电间隔；防止误分、合主开关（断路器）；防止带电挂接地线；防止带接地线合隔离开关。

（1）高压成套配电屏型号命名法

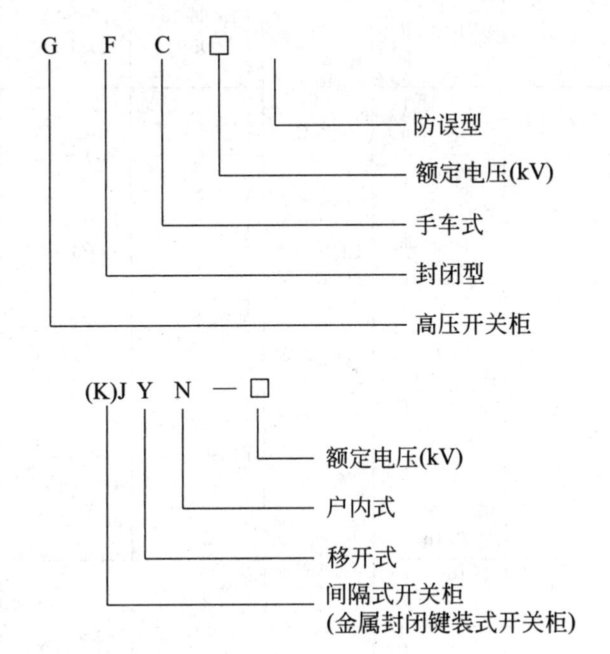

（2）高压成套配电屏技术数据

部分高压成套配电屏的技术数据见表5-14。

表5-14　部分高压成套配电屏的技术数据

型　号	额定电压/kV	额定电流/A	总重量/kg
GBC-35	35	1000	
JYN-10	3～10	630～2500	750～1200
KYN-10	3～10	630～3000	
GG-2(F)	3～10	630～3000	
GFC-15(F)	3～10	1000～3000	
GFC-10A	3～10	900	
GFC-3A	3～10	900	
GG-1A	3～10	2000～3000	740～1400
GSG-1A	3～10	2000～3000	1240

（3）高压开关柜的技术数据

部分高压开关柜的技术数据见表5-15。

表 5-15　部分高压开关柜的技术数据

型号	电压等级/kV	额定电流/A	主开关型号	操动机构型号	电流互感器型号	电压互感器型号	高压熔断器型号	避雷器型号
JYN1-35	35	1000	SN10-35	CD10 CT8	LCZ-35	JDJ2-35 LDZJJ2-35	RN2-35 RW10-35	FZ-35 FYZ1-35
JYN2-10	10	630～2500	SN10-10 Ⅰ Ⅱ Ⅲ		LZZB6-10 LZZQB6- 10	JDZ6-10 LDZJ6-10	RM2-10	FCD3
KYN-10		630、1000	SN10-10 Ⅰ Ⅱ		LDJ-10	LDZ-10 LDZJ-10	RN2-10	
KGN-10		630、1500	SN10-10 Ⅰ Ⅱ Ⅲ		LA-10 LAJ-10			
GFC-15(F)		630、1000	SN10-10 Ⅰ Ⅱ ZN3-10		LZXZ-10 LMZD-10			
GFC-7B(F)			SN10-10 Ⅰ Ⅱ Ⅲ ZN3-10 ZN5-10		LZJC-10 LJ1-10	JDE-10 JDEJ-10	RN1-10 RN2-10	FS FZ FCD3
GFC-10A		1000	SN10-10 Ⅰ Ⅱ		LCJ-10			
GFC-10B		630～2500	SN10-10 Ⅰ Ⅱ Ⅲ	CD10	LZX-10 LQZQ-10	JDZ-10 JDZJ-10	RN2-10 RN3-10	
GFC-18G			SN10-10 ⅠC ⅡC ⅢC	CD10 CT8	LZB6-10 LZX-10			
GC2-10(F)			SN10-10 Ⅰ Ⅱ Ⅲ ZN1,2-10 ZN1-10	CD10 CT8-1	LFX-10 LMZ-10			
GG1A-10 (F)		600～3000	SN10-10 FN3-10	CD10 CT8 CS3 CS7	LMC-10 LDZ-10 LQ-10 LA-10			

例 10　新型成套组合电器

（1）XGN-10 系列箱式金属封闭真空固定开关柜

XGN-10 系列箱式金属封闭真空固定开关柜适用于 10kV 三相交流单母线带旁路系统中接受和分配电能，其保护采用国内先进的单元式微机保护装置。箱型积木式结构，金属全封闭。内用金属隔板分成断路器室、母线室、电缆室和仪器仪表室。配有强制性“五防”装置和压力释放通道，安全可靠，操作方便。

(2) 箱式变压器 SB□-M 系列

SB□-M 系列箱式变压器将变压器、高压负荷开关、熔断器等保护元件都浸在绝缘液体内，如采用高燃点绝缘液的箱式变压器，则可安装在防火、防爆要求很高的场合。同时也能满足用户电能计量、无功补偿、低压分路等各种配置要求。

该产品体积小、重量轻、噪声低、损耗小、可靠性高，非常适用于环网中，以及人口密集的环境作配电用。其技术数据见表 5-16 和表 5-17。

表 5-16 箱式变压器技术数据

型号	容量/kV·A	电压组合			连接组标号	损耗/kW		短路阻抗	空载电流	总重量/kg	外形尺寸（长×宽×高）/mm×mm×mm
		高压/kV	分接范围	低压/kV		空载	负载				
SB10-M-100/10	100	6 6.3 10 10.5 11	±2×2.5%	0.4	Yyn0 Dyn11	0.20	2.00	4%	1.0%	1640	1710×1420×1640
SB10-M-125/10	125					0.24	2.45		0.9%	1725	1730×1430×1660
SB10-M-160/10	160					0.30	2.85		0.8%	1885	1760×1440×1690
SB10-M-200/10	200					0.35	3.50		0.7%	2105	1790×1450×1710
SB10-M-250/10	250					0.41	4.00		0.6%	2325	1820×1470×1725
SB10-M-315/10	315					0.50	4.85		0.6%	2565	1865×1480×1735
SB10-M-400/10	400					0.60	5.80		0.5%	2770	1890×1490×1770
SB10-M-500/10	500					0.70	6.90		0.5%	2920	1920×1500×1805
SB10-M-630/10	630					0.85	8.10	4.5%	0.5%	3420	2010×1560×1845
SB10-M-800/10	800					1.00	9.90		0.4%	3785	2030×1580×1865
SB10-M-1000/10	1000					1.20	11.60		0.4%	3920	2060×1600×1895
SB10-M-1250/10	1250					1.45	13.80		0.4%	4360	2080×1625×1950
SB10-M-1600/10	1600					1.75	16.50		0.4%	4670	2140×1645×1960

表 5-17 箱式变压器技术数据（非晶合金铁芯）

型号	容量/kV·A	电压组合			连接组标号	损耗/kW		短路阻抗	空载电流	总重量/kg	外形尺寸（长×宽×高）/mm×mm×mm
		高压/kV	分接范围	低压/kV		空载	负载				
SB12-M-100/10	100	6, 6.3, 10, 10.5, 11	±2×2.5%	0.4	Yyn0 Dyn11	0.08	1.50	4%	0.9%	1650	1750×1240×1650
SB12-M-125/10	125					0.09	1.80		0.8%	1740	1780×1280×1670
SB12-M-160/10	160					0.13	2.20		0.7%	1900	1825×1310×1695
SB12-M-200/10	200					0.14	2.60		0.6%	2200	1845×1330×1710
SB12-M-250/10	250					0.16	3.05		0.6%	2420	1870×1370×1715
SB12-M-315/10	315					0.19	3.65		0.5%	2670	1895×1410×1725
SB12-M-400/10	400					0.23	4.30		0.5%	2940	1905×1430×1765
SB12-M-500/10	500					0.27	5.10		0.4%	3040	1925×1440×1815
SB12-M-630/10	630					0.32	6.20	4.5%	0.4%	3510	1955×1480×1835
SB12-M-800/10	800					0.39	7.50		0.4%	3870	2015×1540×1875
SB12-M-1000/10	1000					0.45	10.30		0.3%	4190	2065×1590×1890
SB12-M-1250/10	1250					0.55	12.80		0.3%	4560	2090×1620×1940
SB12-M-1600/10	1600					0.66	14.50		0.3%	4830	2150×1650×1970

（3）环网开关柜

环网开关柜由两个电缆进出线间隔和变压器回路间隔组成。与箱式变压器组合使用，可有效地隔离环网的故障，有利于配电自动化和小型化，使用安全可靠。

例11 10kV线路上电气设备的安装

线路上电气设备的安装见表5-18。

表5-18 线路上电气设备的安装

类别	安装要求
电杆上电气设备的安装	电气连接应接触紧密，不同金属连接应有过渡措施；电气设备的安装位置应保证过引线、引下线、跳线间及其对杆、架构的安全距离；设备各类"标志"齐全、明显，安装应便于巡视检查；分、合的动、静触头接触紧密，合闸深度应符合要求，三相一致；瓷件表面光洁无裂缝、破损等现象；设备整体外观完好，表面洁净，安装牢固
断路器和负荷开关的安装	水平倾斜不大于托架长度的1/100；引线连接紧固，采用帮扎连接时，搭接长度不小于150mm；油开关外壳干净，无渗漏油现象；真空开关真空度应符合要求，SF6气体断路器的气压应不小于规定值；操作灵活，分、合位置指示正确可靠；瓷件光洁，无损坏，无油污；外壳接地可靠；整体外观完好
跌落式熔断器的安装	零部件完整，转轴光滑灵活，铸件不应有裂纹、锈蚀；安装牢固，排列整齐，上、下引线压接紧固，与线路导线的连接可靠；熔丝管不应有吸潮膨胀或弯曲现象，其轴线与地面的垂线夹角为15°～30°；熔断器相间水平距离不小于500mm；操作灵活，合熔丝管时，上触头应有一定的压缩行程；熔断管跌落自如，不允许将其绑死，失去跌落功能；所选熔件的额定电流不允许大于熔断器的额定电流
隔离开关的安装	瓷件良好，操作机构动作灵活；刀刃合闸时接触紧密，分闸后，空气间隙不小于200mm；上、下引线与静触头及线路导线连接紧固可靠；水平安装的隔离开关，分闸时宜使静触头带电；带有接地刀闸的隔离开关，应附有闭锁装置
避雷器的安装	避雷器瓷套与定位抱箍之间应加装垫层；相间距离，10kV不小于350mm，1kV及以下不小于150mm；引线短直，宜采用绝缘线，导线截面积：引上线，铜线不小于16mm²，铝线不小于25mm²；引下线，铜线不小于25mm²，铝线不小于35mm²；接地引下线宜采用扁钢或钢绞线，应平直引下，在距地面1.0m左右处预留试验接地电阻的断接点，用螺栓连接紧密，与接地装置连接良好
配电自动化开关的安装	自动重合器、自动分段器、配电自动开关等应按照厂家说明书安装。安装后，应便于调整试验、巡视检查、整齐美观、稳固牢靠

例12 高压成套配电装置的安装

（1）一般规定

① 高压成套配电设备主要指各种类型的配电盘、配电屏（柜）和三箱设备。其安装应遵照国标《电器装置安装工程盘、柜及二次回路线施工及验收规定》（GB 50171—2012）。

② 成套配电盘、柜（屏）和箱的安装工程应按批准的设计进行施工，在搬运和安装时，应采取防震、防潮、防止框架变形和表面受损等安全措施；如有特殊要求时，应符合产品技术文件的规定。

③ 设备和器材运达现场应存放在室内或能避风、沙、雨、雪的干燥场所。应在规定期限内做验收检查。

(2) 盘、柜的安装

盘、柜的安装要求见表5-19。

表 5-19　配电盘、柜的安装

类　别	安装要求
整体基础的安装	成套设备安装应设整体基础型钢，允许偏差应符合规程规定，其顶部应高出地面10mm且有明显的可靠接地；安装在震动场所的盘、柜应采取防震措施；盘、柜之间及盘、柜内设备与各构件间连接牢固，基础型钢不宜焊死。盘、柜单独或成列安装时，其垂直度、水平偏差以及盘、柜面偏差和盘、柜间接缝的允许偏差应符合规程规定。端子箱安装应牢固，封闭良好，便于检查。盘、柜、台、箱的接地良好，装有电器的可开启门，应以裸铜软线与接地的金属构架可靠连接。成套柜应装有供检修用的接地装置
成套柜的安装	机械闭锁、电气闭锁应动作准确、可靠。动触头与静触头的中心线应一致，触头接触紧密。二次回路辅助开关的切换接点应动作准确，接触良好。柜内照明齐全
抽屉式配电柜的安装	抽屉的机械连锁或电气连锁动作正确可靠，抽屉与柜体间的二次回路连接插件应接触良好。抽屉与柜体间的接触及柜体、框架的接地良好。抽屉推拉灵活方便且能互换
手车式柜的安装	检查防止电气误操作的"五防"装置是否齐全，并动作灵活。手车推拉灵活方便，推入工作位置后，动触头顶部与静触头底部的间隙应符合产品要求。安全隔离板应开启灵活，随手车的进出而相应动作。手车与柜体间的二次回路连接插件接触良好，柜内控制电缆的位置应不妨碍手车的进出。手车与柜体间的接地触头应接触紧密，当手车推入柜内时，其接地触头应比主触头先接触，拉出时接地触头比主触头后断开。手车式配电柜一般为插接式连接，防止因紧固度不够而造成运行中的过热，以防事故的发生

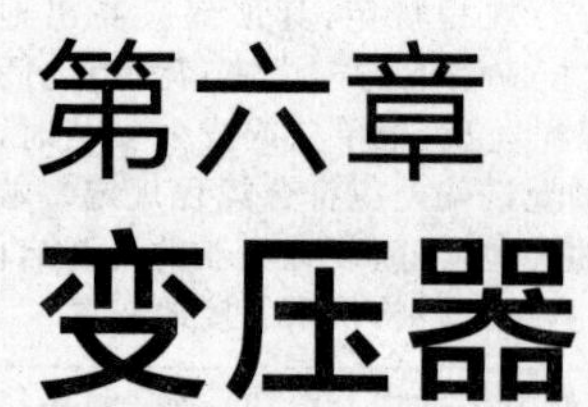

Chapter 06

第六章 变压器

例 1 变压器的分类

变压器是利用电磁感应作用传递交流电能和信号的。它是由一个铁芯和绕在铁芯上的两个或多个匝数不等的线圈（绕组）组成，变压器具有变换电压、电流和阻抗的功能。

为适应不同的使用目的和工作条件，变压器的分类方式有很多，可按用途、结构、相数和冷却方式等进行分类。变压器常用的分类方法见表 6-1。

表 6-1 变压器常见的分类方法

分类	名称	主要特点	应用范围
按用途分	电力变压器	可分为升、降压及配电变压器等	输配电系统中的变换电压、传输电能
	特种变压器	电炉变压器、整流变压器等	所规定的特殊场合适用
	仪用互感器	分电压互感器和电流互感器，分别用于改变电压和改变电流	电工测量和自动保护装置
	调压器	单绕组变压器，可以调节电压	试验、工业上用作调节电压用
按绕组数目分	单绕组变压器	高、低压共用一个绕组，自耦变压器	主要用在实验室中作为调压用
	双绕组变压器	每相两个绕组，其中一为原边绕组，另一为副边绕组，原副边没有电联系，只有磁联系	广泛用于变换一个电压的场合
	三绕组变压器	每相有高、中、低三个绕组，可将原边电压变换为两个不同的副边电压	用于变换两个电压的场合
	多绕组变压器	每相有多个绕组	整流用六相变压器
按铁芯结构分类	壳式铁芯	铁芯的铁轭靠着线圈的顶面和底面，还包围线圈的侧面	小型变压器
	心式铁芯	铁芯的铁轭靠着线圈的顶面和底面，不包围线圈的侧面	中大型变压器
	渐开线式铁芯	铁芯柱是一种规格的渐开线形状的硅钢片插装成一个圆柱形的铁芯柱	常见国外进口变压器
	C 形铁芯	铁芯形状如 C 形	电子技术中的变压器

续表

分类	名称	主要特点	应用范围
按冷却方式分类	油浸式变压器	绕组和铁芯浸于绝缘油中。绝缘油除具有绝缘功能外，还有冷却散热和灭弧功能	广泛用电压较高、容量较大的电力变压器
	干式变压器	有开启式、封闭式、浇注式 开启式：其绕组和铁芯直接置于大气中 封闭式：绕组和铁芯封闭于金属外壳内 浇注式：绕组采用浇注的环氧树脂作为绝缘材料和散热介质	多用在低电压、小容量或用在防火防爆要求较高的场合
	风冷式变压器	利用通风机来加强变压器的散热冷却	用于大型变压器及散热条件差的场合
	自冷式变压器	利用绕组和铁芯周围的介质来自然地散热冷却，因此最为经济简单	一般用于中小型变压器
按相数分类	单相变压器	只有一个闭合铁芯，三台可连接成为三相变压器	供小型变压器用
	三相变压器	双绕组的三相变压器与同容量的由三台单相变压器组成的三相变压器相比，具有造价低、占地面积小等优点	供大、中型变压器用

例 2 变压器的空载运行和电压变换

变压器的工作原理基于法拉第电磁感应定律。

如图 6-1 所示为变压器空载运行的原理图。它由闭合铁芯和绕在铁芯上的两个匝数不同的线圈耦合而成。与电源连接的线圈称为原绕组（或原边，或一次侧绕组）；与负载连接的线圈称为副绕组（副边，或二次侧绕组）。原边承受的电能，经过磁场耦合传送给副边，给负载提供电能。原、副边绕组的匝数分别为 N_1、N_2。

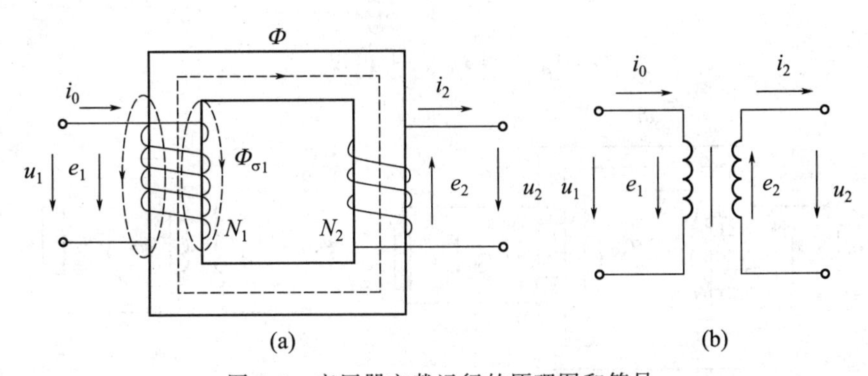

图 6-1 变压器空载运行的原理图和符号

变压器原绕组接额定电压，副绕组不接负载（即开路），称为变压器空载运行，如图 6-1所示。在外加正弦电压 u_1 作用下，原绕组中便有交流电流 i_0 通过，称为空载电流，变压器的空载电流一般很小，约为额定电流的 3%～8%。电流 i_0 通过匝数 N_1 的原绕组，在铁芯中产生交变磁通。主磁通 Φ 与原、副绕组同时交链，还有很少一部分磁通穿过原绕组后沿周围空气而闭合，即漏磁通 $\Phi_{\sigma 1}$。

主磁通在原绕组中所产生的感应电动势为

$$e_1=-N_1\frac{\mathrm{d}\Phi}{\mathrm{d}t} \tag{6-1}$$

原绕组的漏磁通感应的电动势为

$$e_{\sigma 1}=-N_1\frac{\mathrm{d}\Phi_{\sigma 1}}{\mathrm{d}t} \tag{6-2}$$

主磁通在副绕组中产生的感应电动势

$$e_2=-N_2\frac{\mathrm{d}\Phi}{\mathrm{d}t} \tag{6-3}$$

根据 KVL 可得原边电路方程为　$u_1+e_1=u_R+u_L$

忽略原绕组压降 u_R 和漏感抗压降 u_L，则得 $u_1+e_1\approx 0$，即 $u_1\approx -e_1$

用相量表示，则　$\dot{U}_1\approx -\dot{E}_1=j4.44fN_1\dot{\Phi}_m$

空载时变压器的副边绕组是开路的，它的端电压与感应电动势相平衡，根据 KVL，

$$\dot{U}_2\approx\dot{E}_2=-j4.44fN_2\dot{\Phi}_m$$

所以原边电压 U_1 与副边电压 U_2 的关系为

$$\frac{U_1}{U_2}\approx\frac{N_1}{N_2}=K_u \tag{6-4}$$

其中 K_u 称为变压器的变压比。

例 3　变压器的负载运行和电流变换

变压器的副边接负载后，如图 6-2 所示。在副边就有电流 i_2，产生磁通，铁芯中的主磁通 Φ 将试图改变，原边电流将由 i_0 增加到 i_1 补偿副边电流 i_2 的励磁作用。由安培环路定律可知，负载时的磁通 Φ 是由 i_1 和 i_2 共同产生的。为保证负载前后磁路中的磁通基本不变，故

$$\dot{I}_0N_1=\dot{I}_1N_1+\dot{I}_2N_2 \tag{6-5}$$

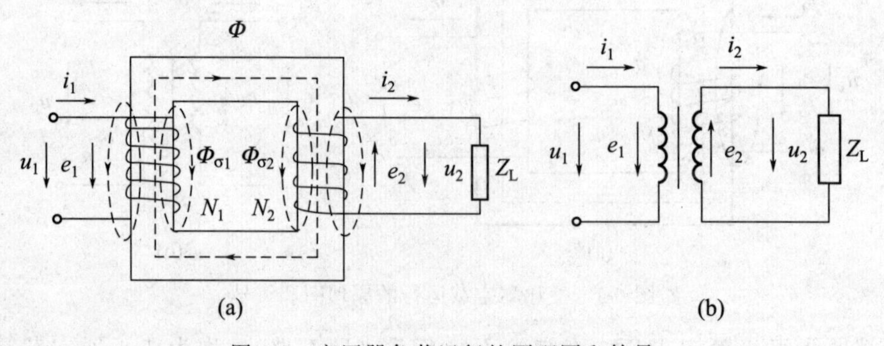

图 6-2　变压器负载运行的原理图和符号

变压器在满载时 I_0 与 I_1 相比可忽略，则可得

$$\frac{I_1}{I_2}\approx\frac{N_2}{N_1}=\frac{1}{K_u}=K_i \tag{6-6}$$

式中 K_i 称为电流比。

变压器带负载运行时副绕组电压的平衡方程用相量表示为

$$\dot{U}_2=\dot{E}_2+\dot{E}_{\sigma 2}-R_2\dot{I}_2=\dot{E}_2-(R_2+j\omega L_{\sigma 2})\dot{I}_2 \tag{6-7}$$

原边的电压平衡方程的相量表示为

$$\dot{U}_1=(R_1+j\omega L_{\sigma 1})\dot{I}_1-\dot{E}_1 \tag{6-8}$$

由于实际运行中，原、副边绕组的内阻和漏磁感抗均很小，故 $\dot{U}_1\approx-\dot{E}_1$，$\dot{U}_2\approx\dot{E}_2$。

即

$$\frac{U_1}{U_2}\approx\frac{E_1}{E_2}=\frac{N_1}{N_2}=K_u \tag{6-9}$$

例 4　变压器的阻抗变换

对电源来说，变压器连同其负载 Z 可等效为一个复数阻抗。如图 6-3 所示。从变压器的原边得

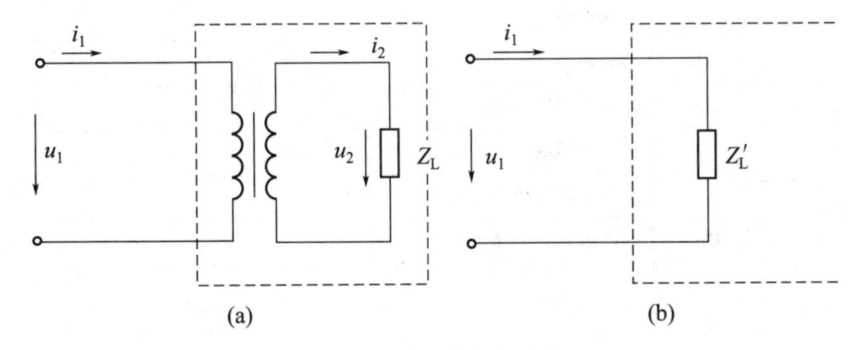

图 6-3　变压器阻抗变换

$$\frac{\dot{U}_1}{\dot{I}_1}=Z' \tag{6-10}$$

用变压器副边电压、电流表示原边电压、电流，则

$$Z'=\frac{\dot{U}_1}{\dot{I}_1}\approx\frac{-K_u\dot{U}_2}{-\dot{I}_2/K_u}=K_u^2\frac{\dot{U}_2}{\dot{I}_2}=K_u^2 Z \tag{6-11}$$

由此，副边阻抗换算到原边的等效阻抗等于副边阻抗乘以变压比的平方。

例 5　变压器的型号和符号含义

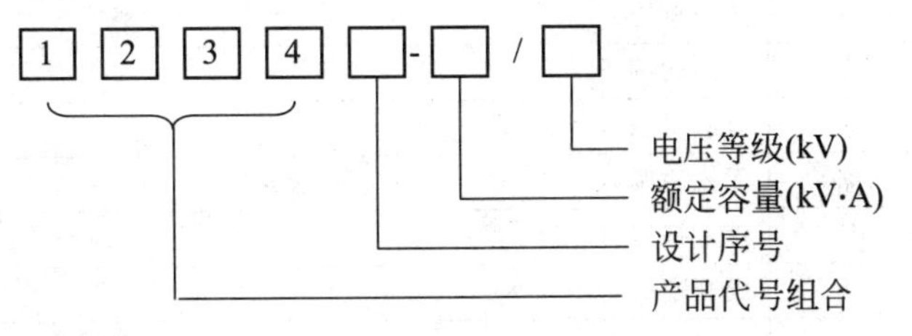

1、2、3、4 为产品代号组合，其含义见表 6-2。

表 6-2　变压器产品代号含义

位次	代表的内容	代号	含　义
第一位	产品类别	(　)	自耦变压器(　)在前为降压(　)在后为升压
		(略)	电力变压器
		H	电弧炉变压器
		ZU	电阻炉变压器
		R	加热炉变压器
		Z	整流变压器
		K	矿用变压器
		D	低压大电流用变压器
		J	电机车用变压器(机床用、局部照明用)
		Y	试验用变压器
		T	调压器
		TN	电压调整器
		TX	移相器
		BX	焊接变压器
		HU	盐浴变压器
		G	感应电炉变压器
		BH	封闭电弧炉变压器
第二位	相数	D	单相
		S	三相
第三位	冷却方式	G	干式
		(略)	油浸自冷
		F	油浸风冷
		S	水冷
		FP	强迫油循环风冷
		SP	强迫油循环水冷
		P	强迫油循环
第四位和第五位	结构特征	(略)	双线圈
		S	三线圈
		(略)	铜线
		L	铝线
		C	接触调压
		A	感应调压
		Y	移圈式调压
		Z	有载调压
		(略)	无激磁调压
		K	带电抗器
		T	成套变电站用
		Q	加强型

例 6 变压器的性能（额定值）

变压器的外壳上都附有铭牌，列出一系列的额定值，它是厂家设计制造变压器和指导用户安全合理使用变压器的依据。

（1）额定电压 U_{1N}/U_{2N}

它指变压器长时间运行时所能承受的工作电压。U_{1N} 指变压器额定运行时，原边所加的电压，U_{2N} 指原边加上额定电压后，副边空载时的电压值。在三相变压器中，额定电压指的是相应连接法的线电压。单位 V 或 kV。

（2）额定电流 I_{1N}/I_{2N}

它指变压器原边接额定电压时原、副边允许长期连续通过的工作电流。三相变压器的额定电流是相应连接法线电流。单位 A。

（3）额定容量 S_N

单相变压器的额定容量为额定电压和额定电流的乘积。用视在功率表示，单位 VA 或 kV·A。即 $S_N = U_N I_N$

三相变压器的额定容量为 $S_N = \sqrt{3} U_N I_N$

（4）额定频率 f_N

我国规定额定频率为 50Hz，有些国家规定频率为 60Hz。

（5）温升

指变压器在额定运行状态下，指定部位允许超出标准环境温度之值。

例 7 三相变压器的结构

目前各国电力系统均采用三相制，所以三相变压器使用广泛。三相变压器可用三个单相变压器组成，称为三相变压器组；还有由铁轭把三个铁芯柱连在一起的三相变压器，称为三相芯式变压器。图 6-4 是油浸式三相电力变压器的外形结构，其各个主要部件的结构说明如下。

（1）铁芯

铁芯是变压器的磁路，由垂直部分的铁芯柱和水平部分的铁轭组成。为减少磁滞和涡流损失，铁芯采用 0.35～0.5mm 厚、表面涂绝缘漆的硅钢片制成。铁芯柱上套线圈，铁轭将铁芯柱连接起来，使之形成闭合磁路。

根据结构形式和工艺特点，变压器铁芯可分为迭片式和渐开线式两种，图 6-5 三相迭片式铁芯的迭装次序。迭片式铁芯又分成芯式和壳式两种。图 6-6 是三相芯式变压器的铁芯。图 6-7 是壳式变压器铁芯。

（2）线圈

线圈是变压器的电路部分，一般用绝缘纸包的铝线和铜线绕成。我国变压器绕组大部分采用铝线。

变压器中，接到高压电网的线圈称为高压线圈，接到低压电网的线圈称为低压线圈。高

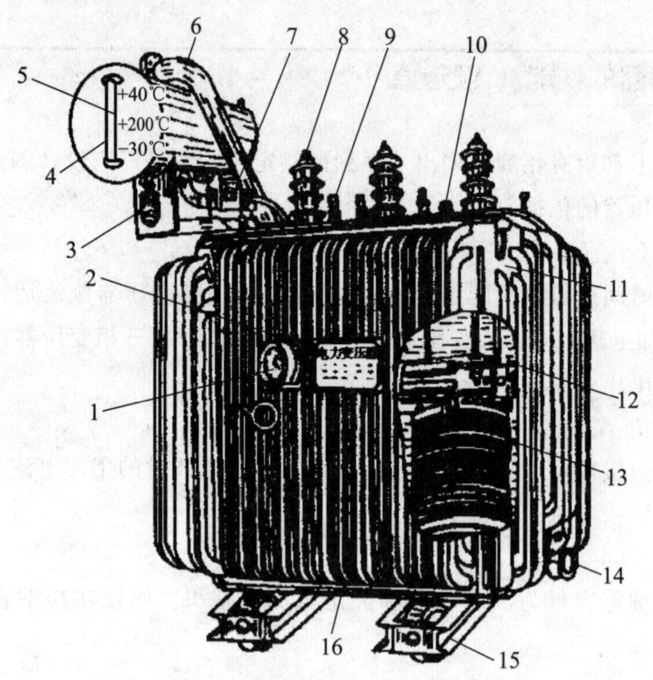

图 6-4 油浸式三相电力变压器

1—信号温度计；2—铭牌；3—吸湿器；4—油枕（储油柜）；5—油标；6—防爆管；7—瓦斯继电器；8—高压套管；9—低压套管；10—分接开关；11—油箱；12—铁芯；13—绕组及绝缘；14—放油阀；15—小车；16—接地端

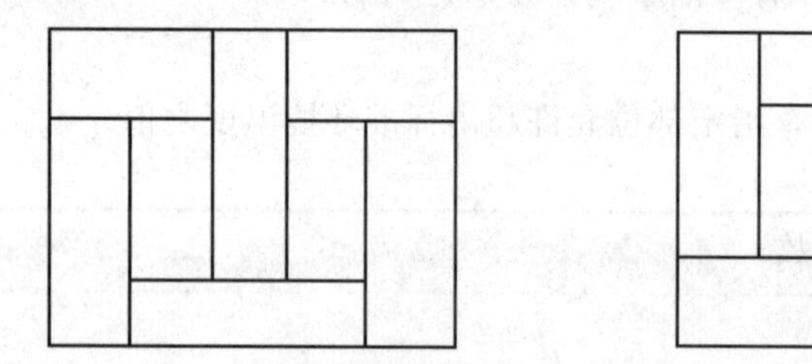

图 6-5 三相迭片式铁芯的迭装次序

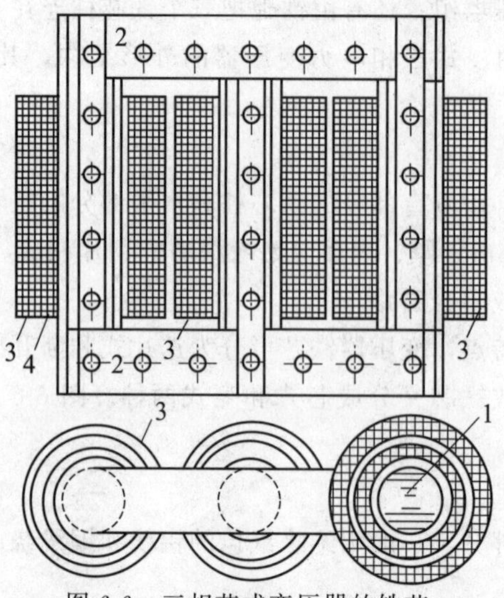

图 6-6 三相芯式变压器的铁芯

1—铁芯柱；2—铁轭；3—高压线圈；4—低压线圈

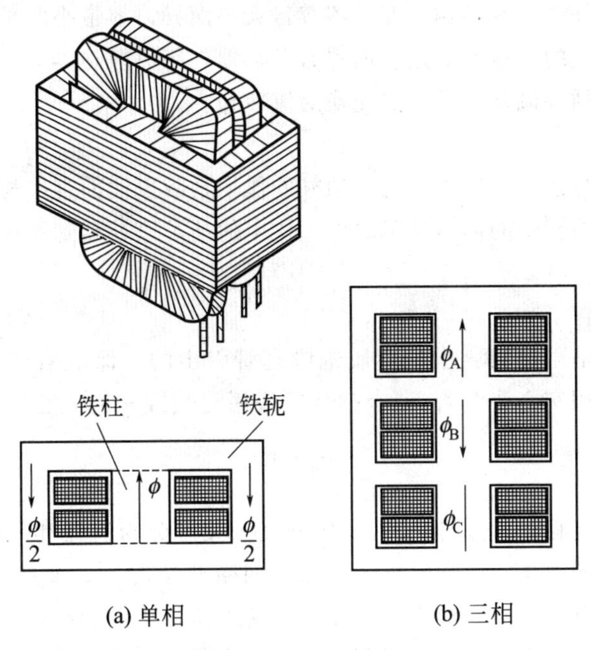

(a) 单相　　(b) 三相

图 6-7　壳式变压器铁芯

低压线圈之间的相对位置有同芯式和交叠式两种不同的排列方式。同芯式如图 6-6 所示。高、低压线圈同芯的套在铁芯柱上。为了绝缘方便，通常低压线圈靠近铁芯。交迭式线圈的排列方式见图 6-8，高低压线圈沿铁芯柱高度方向交迭排列，主要用在壳式变压器中。根据线圈绕制的特点，线圈可分为圆筒式、饼式、连续式、纠结式和螺旋式等几种主要形式。

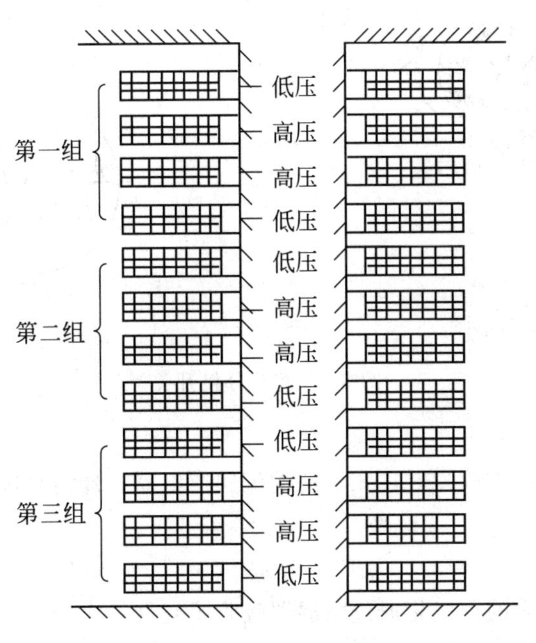

图 6-8　交迭饼式线圈

（3）油箱

油箱是变压器的外壳，其结构因变压器容量大小而异，容量小的采用平板式，中容量的采用排管式，容量较大的变压器油箱表面焊有散热器，每只散热器有许多根管子组成，便于油经过油箱和散热器循环流动，进行热交换对流冷却。

（4）油枕

又称储油器，它与油箱有管子连通，油枕的作用是减少油面直接与空气接触，从而减少油的氧化和受潮；当油箱中的油面下降时，油枕中的油可以补充到箱体中去，不使线圈露出油面。

（5）高、低压套管

变压器的引出线是通过箱盖上的瓷质绝缘套管引出的，保证引线与接地的箱体可靠绝缘。1kV以下电压采用实心瓷套管，10～35kV采用充气或充油式套管，110kV以上采用电容式套管。

（6）分接开关

变压器的高压绕组有±5％的抽头，调压分接开关可分为有载和无载两种。一般常用的是无载调压开关，见图6-9，它是在变压器和电网断开情况下，变换变压器高压线圈分接头，改变匝数，来分级调压的。对于三个分接头变压器，中间分接头“2”是额定电压的位置。有载调压分接开关是变压器负载运行中，进行分接调压的，图6-10为双电阻式有载分接开关。

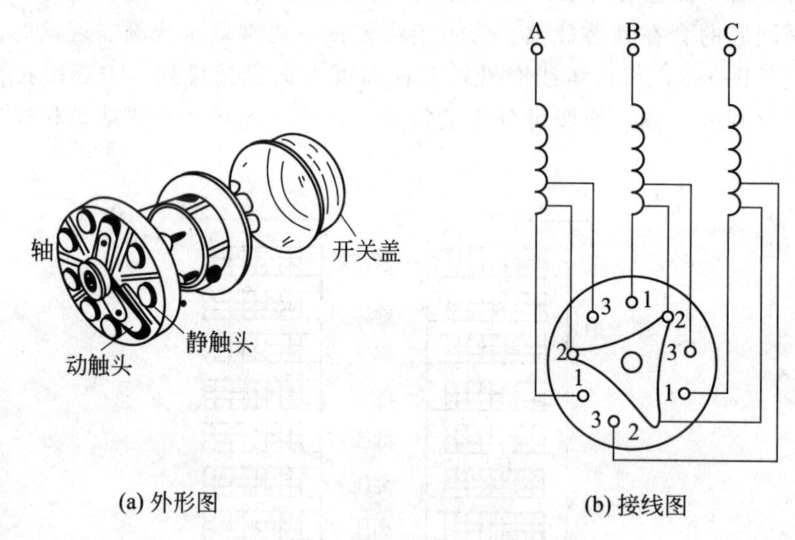

(a) 外形图　　(b) 接线图

图6-9　有载分接开关

（7）瓦斯继电器

当变压器内部发生严重故障时，大量的油流向继电器，冲击继电器挡板，接通了跳闸触头，切断变压器的电源。

（8）吸湿器

内装干燥剂，油枕内的空气是通过吸湿器吸收了空气的水分才进入到油枕的。

（9）防爆管

管口用玻璃或酚醛板膜片封住，当变压器内部发生故障，油箱压力突然增大，防爆管的膜片首先被冲破，气体和油喷出，使油箱内压力减小，从而避免发生油箱爆炸事故。

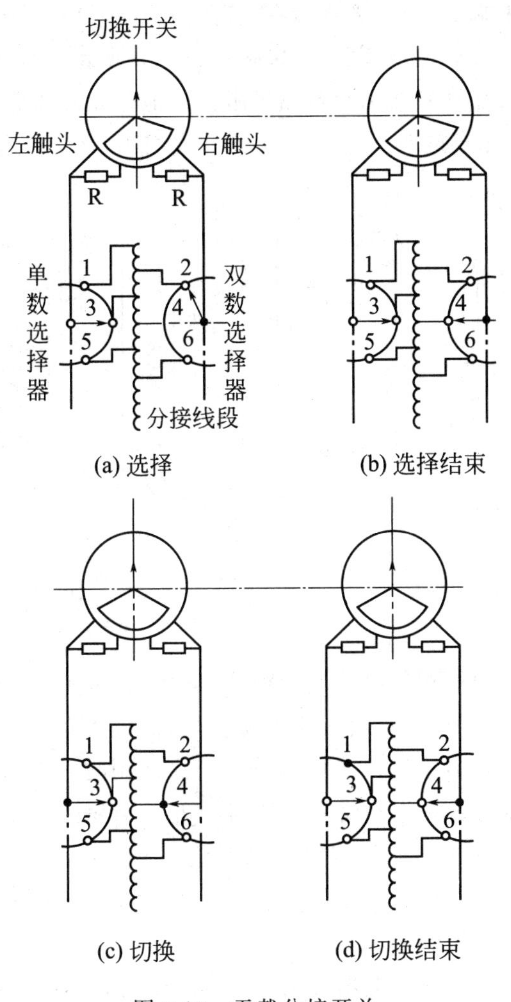

(a) 选择 (b) 选择结束

(c) 切换 (d) 切换结束

图 6-10 无载分接开关

例 8 三相变压器的连接

三相变压器，就一相而言，其工作情况和单相变压器完全相同。在绕组的连接中，绕组的首端和末端的标志如表 6-3 所示。

表 6-3 变压器的出线标志

线圈名称	单相变压器		三相变压器		中点
	首端	末端	首端	末端	
一次绕组（高压线圈）	A	X(N)	A、B、C	X、Y、Z	O
二次绕组（低压线圈）	a	x(n)	a、b、c	x、y、z	o

在三相变压器中，不论是原边绕组还是副边绕组，我国主要采用三角形和星形两种连接方法。

把三相绕组的三个末端X、Y、Z连接在一起，构成中性点；而把它们的首端A、B、C引出接电源，便是星形连接，用Y表示，如图6-11(a) 所示。优点：对高压绕组而言最经济，可有中点可以利用；允许直接接地或通过阻抗接地；允许降低中点的绝缘水平（即分级绝缘）；可在每相中点处设分接头，分接开关也可位于中点处；允许接单相负载，中点可载流。

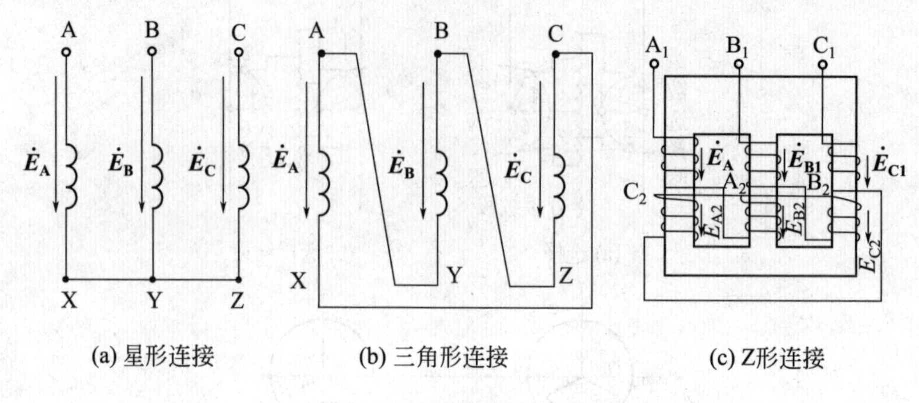

(a) 星形连接　(b) 三角形连接　(c) Z形连接

图6-11　三相绕组的连接法

采用三角形连接时，把一相绕组的末端和另一相绕组的首端连接在一起，顺次连成一闭合回路，再从三个连接点引出端线接三相电源。用Δ（D）表示，如图6-11(b) 所示。优点：对大电流低压绕组而言最经济；与Y接绕组配合使用时可以降低零序阻抗值。

如果把每一相绕组都分成两半，将一相绕组的上一半和另一相绕组的下一半反接串联，组成新的一相，称为Z形连接或曲折连接。此连接法变压器广泛用作低压为三相四线制的防雷配电变压器。优点：允许中点载流的负载且有较低的零序阻抗；可用作接地变压器的接法形成人工中点；可降低系统中电压不平衡。

以上是单一接法的优点，一般变压器至少有两个绕组，因此变压器有几种接法的组合。

我国生产的变压器常用 Y/Y_0、Y/Δ、Y_0/Δ 等连接；其中斜线上面的字母表示原边绕组的连接法，下面的字母表示副边绕组的连接法；Y_0 表示有中线引出的星形接法。

在对称的三相系统中，当绕组为三角形连接时，线电压等于相电压，而线电流为相电流的$\sqrt{3}$倍。当线圈为星形连接时，线电流等于相电流，而线电压为相电压的$\sqrt{3}$倍。

例9　三相变压器的连接组别

两台和多台变压器并联运行时，除了要知道原、副绕组的连接方法外，还需知道原、副绕组对应线电势之间的相位关系，它不仅与绕组的绕法和首、末端的标法有关，还与三相线圈的接法有关，变压器的连接组别就是用来表征上述相位差的一种标志。

首先讨论单相变压器的连接组，因为它是研究三相变压器的基础。单相变压器的连接组是用副边电势和原边电势之间的相位差标志。变压器铁芯中主磁通随时间变化时，其原、副边绕组中的感应电势有一定的极性关系，即任一瞬间，原边绕组的某一端点的电位为正时，副边绕组必有一个端点的电位也是正的，这两个对应的同极性的端点称为同极性端，用在对应的二端点旁边加一黑点“·”来表示；反之，则称之为异名端。同名端有可能在绕组的相同端（都是首端），如图 6-12(a) 所示；也有可能在绕组的不同端，如图 6-12(b) 所示，取决于绕组的绕向和对绕组始末端的规定。

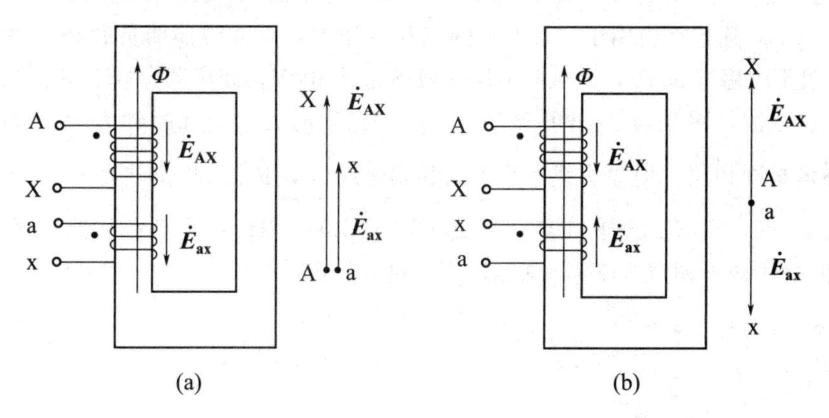

图 6-12　单相变压器的同极性端及连接组

为了形象地表示原、副绕组的相位关系，采用“时钟表示法”。就是把高压绕组的电势矢量看成时钟的长针，低压绕组看成短针，把长针指到 12 点，看短针指在哪一个数字上，就把这个数字作为连接组的组号。如图 6-12(a) 所示，当 $\dot{E}_{AX}$与 $\dot{E}_{ax}$同相时，把 $\dot{E}_{AX}$作为长针，指向 12 点，则 $\dot{E}_{ax}$作为短针也指向 12 点，则用 I/I-12 表示，其中 I/I 表示原副边都是单向绕组，12 表示连接组号。

三相变压器连接顺序和连接方式，可有 12 种连接组别，各种连接组别的原边电压矢量与相应的副边电压矢量的相位差为 30°的整数倍，于是会出现不同标号的连接组。其中常用的是现行国家标准所规定的 Y/Y0-12(y，yn0)，Y/Δ-11(y，d11)，Y0/Δ-11(yn，d11) 等。现以 Y/Y0-12(y，yn0) 为例说明其矢量图和时钟表示图作图法。

参见图 6-13，由接线图 6-13(a) 可以看出，原、副绕组的首端为同名端，所以原、副绕组对应的各相的相电势同相位，同时原绕组线电势 $\dot{E}_{AB}$、副绕组线电势 $\dot{E}_{ab}$也同相位，如

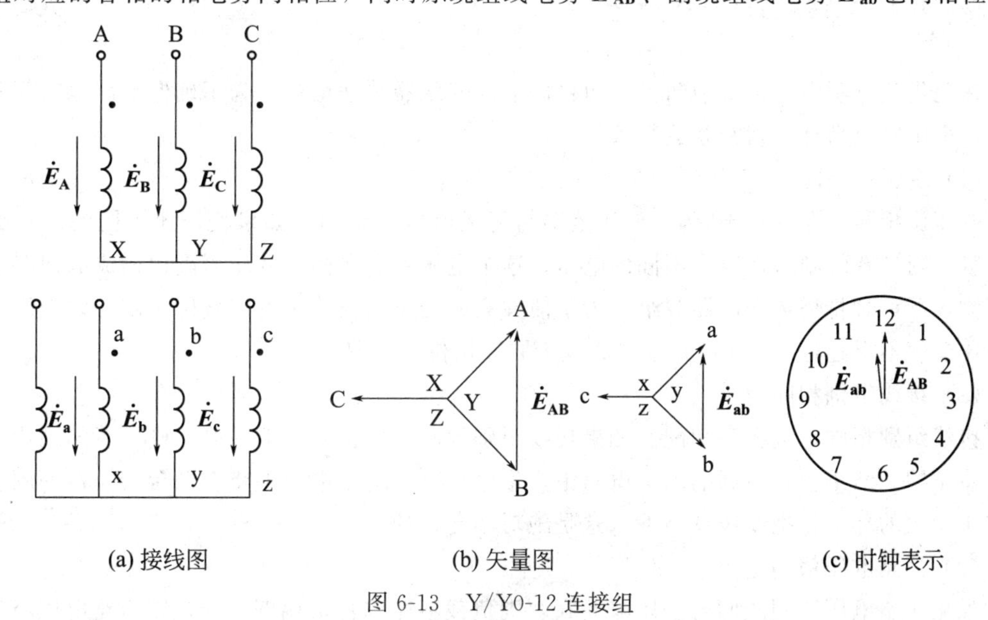

图 6-13　Y/Y0-12 连接组

图 6-13(b) 所示。如果把 $\dot{E}_{AB}$ 放在 12 点（0 点），则 $\dot{E}_{ab}$ 也指向 12 点（0 点），见图 6-13(c)。因此这种连接组用 Y/Y_0-12(y，yn0) 表示。这里的 Y_0 表示副边绕组有中性线引出。Y/Y_0-12(y，yn0) 连接组应用于容量不大的三相变压器，可兼带照明负载和动力负载。高压侧的电压一般不应超过 35kV，低压侧电压一般不超过 400V，变压器容量不超过 1800kV・A。

类似上述方法，图 6-14 给出了 Y/Δ-11(y，d11) 的矢量图和时钟表示。这时原、副边对应相电势也是同相位。但原边线电势 $\dot{E}_{AB}$ 和副边线电势 $\dot{E}_{ab}$ 的相位差为 11×30°＝330°，如果 $\dot{E}_{AB}$ 指向 12 点，则 $\dot{E}_{ab}$ 指向 11 点。Y/Δ-11(y，d11) 用作动力负载线路，低压侧电压超过 400V，但高压侧不超过 35kV，总容量不超过 5600kV・A。

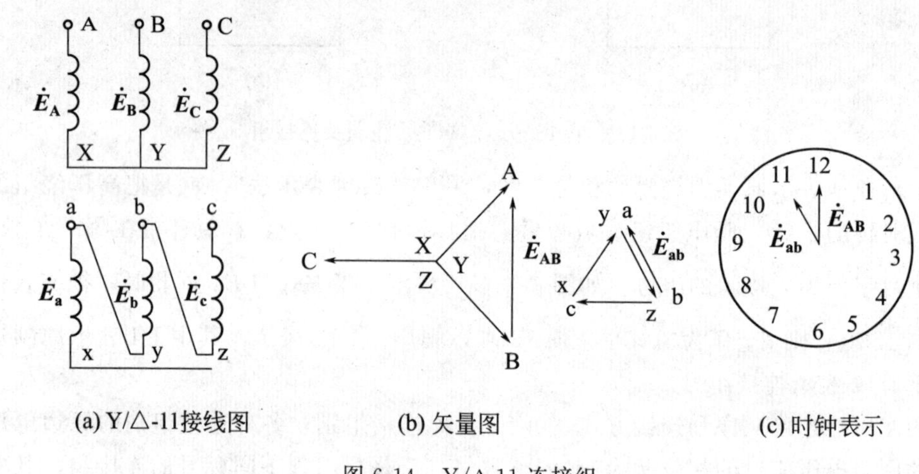

(a) Y/Δ-11接线图　(b) 矢量图　(c) 时钟表示

图 6-14　Y/Δ-11 连接组

Y_0/Δ-11(yn，d11) 的连接组画法与 Y/Δ-11（y，d11）相似，只是高压侧中性线引出并接地。Y_0/Δ-11(yn，d11) 连接组主要用于高压输电系统容量较大、电压较高的情况。

例 10 变压器的并联运行

在现代变电所中，常采用两台或两台以上的变压器并联运行。为了确保顺利地实现并联运行，变压器应满足下列并联运行条件。

(1) 变压比相同

变压比相同，允许差±5%，调压范围与每级电压要相同。如果变压比不同的两台变压器并联，则二者的副边将产生不同的电压，这个电压差会在两台变压器副边构成的回路中产生环流，严重时将烧坏变压器绕组。为了使并联的变压器安全运行，我国规定并联变压器的变压比差值不得超过 5%（指分接开关置于同一挡位的情况）。

(2) 接线组别相同

接线组别相同，且相序相同。如果接线组别不同的两台变压器并联，则二者的副边线电压相位不同，结果会在并联的副边电路中产生电压差，这个电压差将在两台变压器的副绕组中产生很大的环流，把变压器烧毁，这是绝对不允许的。

(3) 短路电压值相差小于±10%

如果短路电压不同的两台变压器并联，则负载不能按容量比例分配，则短路电压小的变压器容易过负荷，而短路电压大的变压器却不能满载。一般认为，并联变压器的短路电压相差不得超过10%。通常，应尽量设法提高短路电压大的变压器的副绕组电压或改变变压器分接头位置来调整变压器的短路电压，以使并联运行的变压器的容量能得到充分利用。

(4) 两台变压器的容量比不超过3∶1

由于不同容量的变压器，其阻抗值相差较大，负荷分配极不平衡，同时从运行角度考虑，小容量变压器起不到备用作用，所以容量比不宜超过3∶1。但是，在两台变压器均未超过额定负荷运行时，容量比可大于3∶1。

例11　电力变压器的使用条件和特性参数

电力变压器是发、输、变、配电系统中的重要设备之一，它的性能、质量直接关系到电力系统运行的可靠性和运营效益。电力系统应用的变压器，特点是容量大。标志其性能的主要特性是外特性和效率。

变压器按用途可分为升压变压器、降压变压器、配电变压器、联络变压器和厂用变压器；按绕组形式可分为双绕组变压器、三绕组变压器和自耦变压器；按相数可分为三相变压器和单相变压器；按调压方式可分为有载调压变压器和无励磁调压变压器；按冷却方式分为自冷变压器、风冷变压器、强迫油循环风冷变压器、强迫油循环水冷变压器。

电力变压器的使用条件和特性参数如下。

① 海拔不超过1000m。

② 环境温度：最高气温+40℃；最热月平均气温+30℃；最高年平均气温+20℃；最低气温：a. 户外变压器−25℃；b. 户内变压器−5℃。

③ 源电压波形：近似于正弦波。

④ 多相变压器的电源电压对称性：近似对称。

如使用条件与上述规定有差别，则变压器的容量应予以修正。

例12　电力变压器的维护

(1) 变压器运行前检查

① 测试绝缘电阻。

② 油位是否正常，有无渗、漏油。

③ 变压器油的质量，透明度，有无杂质和水分。

④ 呼吸孔是否通气。

⑤ 高、低压套管及引线是否完整，是否有裂纹现象。

⑥ 螺纹是否松动。

⑦ 无载调压开关位置是否正确。

⑧ 高、低压熔丝是否合格。

⑨ 防雷保护是否齐全。

⑩ 接地电阻是否规范。

⑪ 连接电缆和母线有无异常。

(2) 变压器送电、断电操作

① 对于用油开关控制的变压器，停电时先拉油开关，后拉隔离开关；送电时先合隔离开关，后合油开关。

② 对于只用跌开式熔断器控制的变压器，停电时应通知用户将负载切除，先拉低压分路开关，后拉低压总开关，最后在空载时拉开高压跌开式熔断器。送电时与停电时的操作顺序相反。同时注意，拉合跌开式熔断器时，必须使用合格的绝缘拉杆。

③ 变换无载调压开关（分接头）位置时，必须将变压器与电力网断开。变换分接头后，应用欧姆表检查回路完整性和三相电阻的均一性。

(3) 变压器常见故障及分析

① 声音不正常。变压器正常运行发出均匀的“嗡嗡”声。发生故障时会产生异常声响；声音比平常沉重，说明负荷过重；声音尖锐时，说明电源电压过高；声音出现嘈杂，说明内部结构松动；出现爆裂声，说明线圈或铁芯绝缘击穿；变压器高压套管脏污和裂损，表面釉质脱落或裂损时，会发生表面闪络，听到“嘶嘶”或“哧哧”的响声，晚上可以看到火花。其他如开关接触不良，或外电路故障也会引起变压器声响变化。

② 油温不正常。检查油色和油面高度是否正常。正常运行的油位应在油面计的(1/4)～(3/4)，新油呈浅黄色，运行后呈浅红色。特别要检查是否出现假油面情况，这可能是油标管、呼吸器、防爆通气孔堵塞所致。经常保持变压器油的良好性能，是保证变压器安全可靠运行的重要环节。

③ 高、低压熔丝熔断。低压熔丝熔断的可能原因有低压架空线或埋地线短路；变压器过负荷；用电器绝缘损坏或短路；熔丝容量选择不当。高压侧熔丝熔断的可能原因有变压器绝缘击穿；低压设备发生故障；落雷也可能把高压熔丝烧断；高压熔丝容量选择不当。

④ 温升过高。可能原因是铁芯片间绝缘损坏；铁芯多点接地或接地片断裂；穿心螺杆绝缘损坏，铁芯短路；线圈匝间短路或绝缘性降低；分接开关接触不良；过负荷等。

为保证变压器正常运行，除经常维护、检查，在特殊天气（如雷雨、大雪之后）应进行巡视。必要时应在夜间巡视，因夜间观察时，放电和接触不良故障容易发现。

(4) 运行中测试

① 温度测试。正常运行，上层油面温度一般不得超过85℃（温升55℃）。

② 负荷测定。一般负荷电流应为额定电流的75%～90%。

③ 电压测定。电压变动范围应在额定电压的±5%之内。

④ 绝缘电阻测定。测量时根据电压等级不同，应选取不同等级的摇表，并且应该停电进行测定。

(5) 变压器停止运行

在遇到下列任何一种情况时，应立即停止运行。

① 音响大，不均匀，有爆裂声。

② 在正常冷却条件下，变压器油温不正常并不断上升。

③ 油枕喷油或防爆管喷油。

④ 油面降落低于油位计上的限度。

⑤ 油色变化过甚，油内出现碳质等。

⑥ 套管有严重的破损和有放电现象。

例 13 电流互感器

互感器是一种测量用的设备，分为电流互感器和电压互感器，它们的工作原理和变压器相同。

互感器主要是电力系统中供仪表计量和继电保护用的主要设备，用途广泛。下面分别对电流互感器和电压互感器进行介绍。

图 6-15 是电流互感器的接线图和符号，它的原线圈由 1 匝或几匝截面积较大的导线构成，并串入需要测量的电路中。副边线圈匝数较多，截面积较小，与阻抗很小的仪表接成闭路。因此，电流互感器的运行情况相当于变压器的短路情况。当原边有负荷电流通过时，在铁芯上产生磁通，使副边产生感应电动势和电流，副边感应电流所产生的磁通与原磁通方向相反，有去磁作用，使铁芯磁密较低，一般在 0.08～0.10Wb/m^2，如果忽略激磁电流，由磁势平衡关系得 $I_1/I_2=\omega_2/\omega_1$。这样，利用原、副线圈匝数关系，可将大电流变为小电流来测量。

电流互感器的主要性能指标是额定电压（原边电压）；额定电流（副边电流）；变流比（原边电流/副边电流）；电流误差，即标称准确级，用百分数表示，按大小分为 0.1、0.2、0.5、1.0、3.0、5.0。

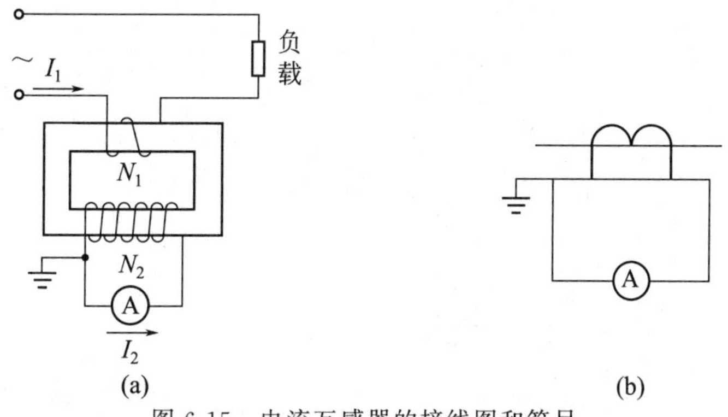

图 6-15　电流互感器的接线图和符号

为了安全使用，电流互感器的副边线圈、铁芯、外壳必须可靠接地，并且副边不允许接开关或熔断器，即电流互感器的副线圈绝对不允许开路，如果副边开路，副边电流为零不能产生去磁，原边电流成了激磁电流，导致磁通增加，一方面副边感应出很高的电势，可能使绝缘击穿，同时对测量的人员也很危险；另一方面，也会影响互感器的性能，甚至烧坏。

电流互感器常用的连接方案见表 6-4。

表 6-4　电流互感器常用连接方案

序号	类别	连接方案	使用范围
1	两台电流互感器接成不完全星形	A B C $\dot{I}_A$ $\dot{I}_B$ $\dot{I}_C$ A A $\dot{I}_C$ $\dot{I}_C$ A	适用于中性点不接地的三相三线制线路，供测量或过流保护

续表

序号	类别	连接方案	使用范围
2	两台电流互感器差接法	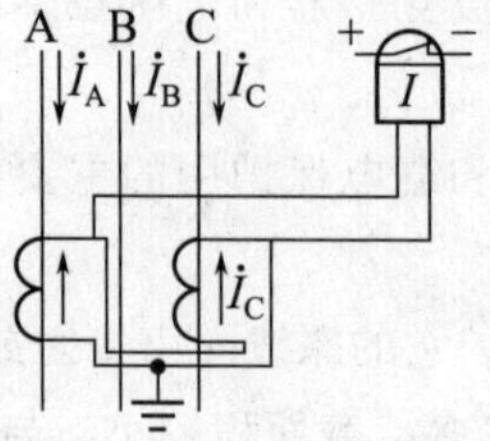	适用于中性点不接地的三相三线制线路，通常用于接过流保护装置
3	三台电流互感器接成星形	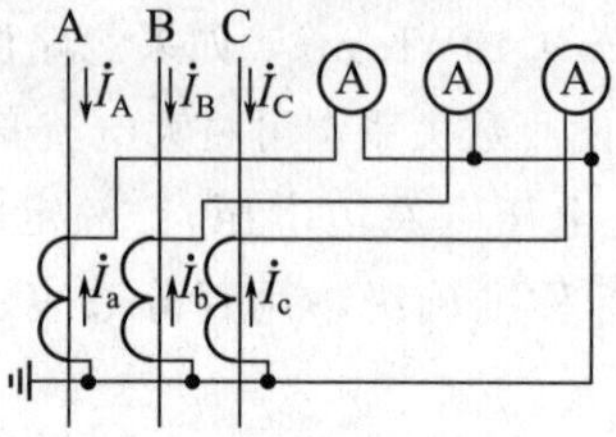	适用于三相四线制线路及中性点直接接地的三相三线制线路，供测量
4	三台电流互感器接成三角形	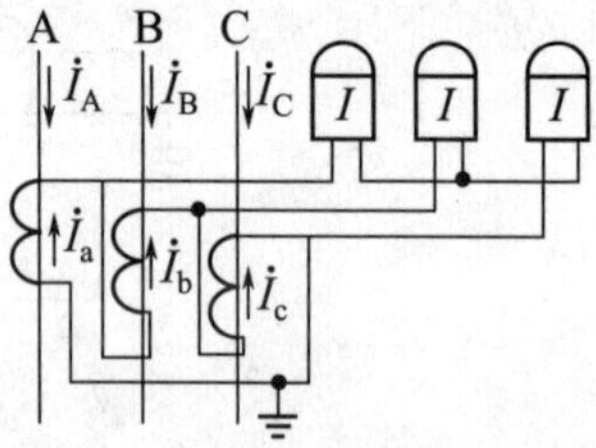	适用于三相四线制线路及中性点直接接地的三相三线制线路过流保护

例 14 电压互感器

图 6-16 是电压互感器的原理图。原边直接接到被测的高压电路，副边接测量仪表或继电器的电压线圈，由于它们的阻抗很大，因而电流很小，所以电压互感器的运行情况相当于空载的变压器。如果忽略漏阻抗压降，则有 $U_1/U_2=\omega_1/\omega_2$。因此，利用原、副边绕组的不同匝数比可将线路上的高电压变为低电压来测量。

为了提高电压互感器的准确度，必须减小激磁电流和漏阻抗，所以电压互感器一般采用性能较好的硅钢片制成，并使铁芯不饱和，磁密为 0.6～0.8Wb/m^2。

电压互感器的主要性能指标有额定原边电压；额定副边电压；额定电压比（原边电压/副边电压）；电压误差，即电压互感器的准确级，以该准确级在额定电压下规定的最大允许电压误差的百分数表示。分 0.1、0.2、0.5、1.0、3.0。使用时副边不宜接过多的仪表，以免电流过大引起较大的漏抗压降，而影响电压互感器的准确度。

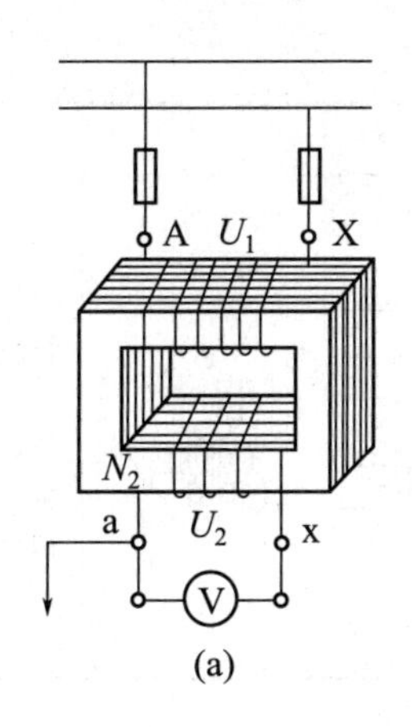

(a)

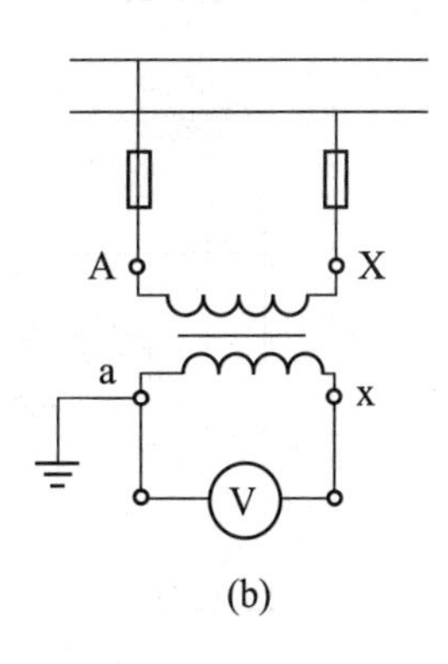

(b)

图 6-16　电压互感器的原理图

电压互感器在使用时应注意：一是工作时副边不能短路；二是副边绕组和铁芯应安全接地。一般情况下电压互感器原副边都应装有熔断器作为安全保护。

电压互感器的常用的连接方案见表 6-5。

表 6-5　电压互感器常用的连接方案

序号	类别	连接方案	使用范围
1	一个单相电压互感器（I/I 联）	A B C TV V QS FU TV	适用于电压对称的三相线路，供仪表、继电器接于一个线电压
2	两个单相电压互感器（V/V）联	A B C TV V W·h QS FU TV	适用于三相三线制线路，供仪表、继电器接于各个线电压，广泛用于高压电路中作电压、电能测量
3	三个单相电压互感器（Y_0/Y_0）连接	A B C TV V V V QS FU Y_0 Y_0 TV	适用于三相三线制和三相四线制线路，供仪表、继电器接于线电压；还可用作绝缘监察

续表

序号	类别	连接方案	使用范围
4	三相五柱式电压互感器（Y_0/Y_0/Δ连接）	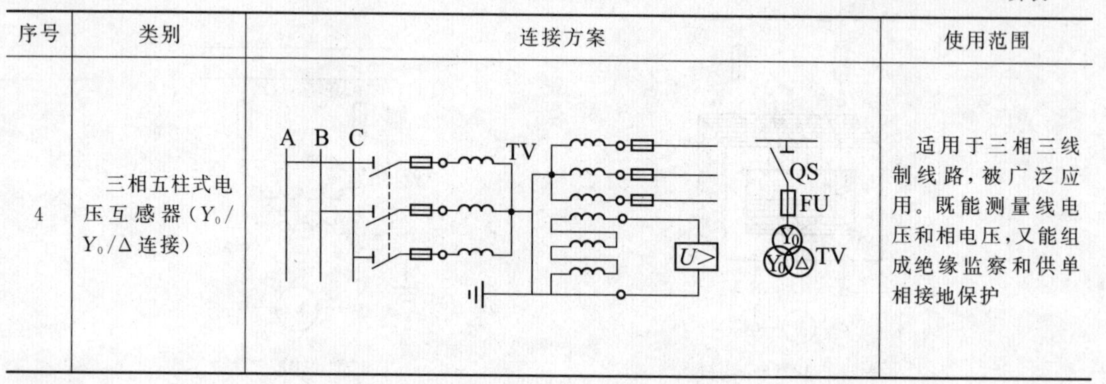	适用于三相三线制线路，被广泛应用。既能测量线电压和相电压，又能组成绝缘监察和供单相接地保护

例15 自耦变压器

普通变压器的原、副边绕组之间只有磁的联系，而没有电的联系。自耦变压器的特点在于原、副边绕组之间不仅有磁的联系，而且有电的联系。

自耦变压器可分单相和三相两种，原、副边共用一个绕组，副边接线从原边抽头引出。单相自耦变压器原理图如图6-17所示，三相通常接成星形，如图6-18所示。自耦变压器根据变比还可分为变比固定和变比可调两种。调压器是应用最广泛的变比可调的自耦变压器。

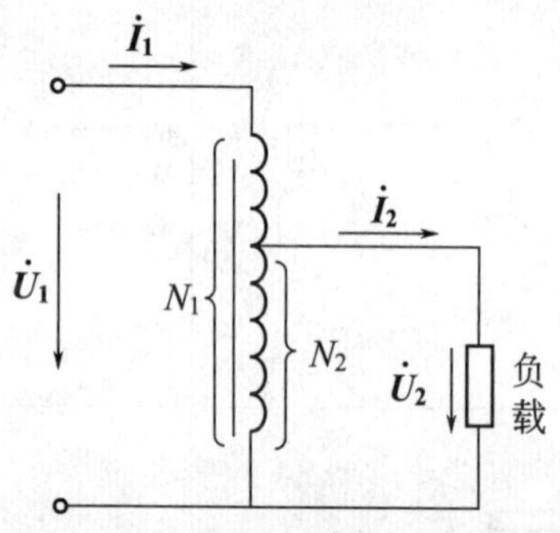

图6-17 单相自耦变压器原理图

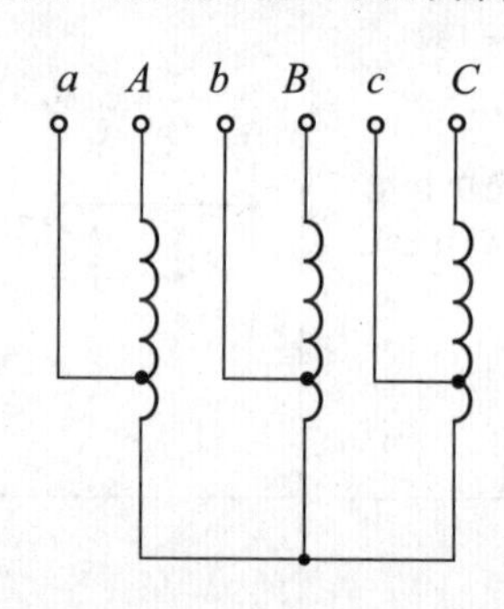

图6-18 三相星形连接

（1）自耦电力变压器

在电力传输系统中，自耦变压器常用于大功率的输变电，称为自耦电力变压器。通常自耦电力变压器的变比在1.2～2.0。自耦电力变压器与普通变压器相比具有体积小、节约材料和投资、运行费用低等特点。这种自耦变压器代号为“0”，“0”列首位表示降压，“0”列末位表示升压。

（2）调压器

主要类型为接触式调压器和感应式调压器。调压器的使用时受副边额定电流限制，副边电流大，输出容量大，利用率高；反之，则利用率低。在低压大电流使用时，副边电流不可超过铭牌规定的额定值。调压器不宜长期当作固定变比的自耦变压器使用。调压器接线前要断开电源，中性线要接到公共端上。

① 接触式调压器。接触式调压器是由铁芯、线圈和电刷等组成。当调压器电刷借助于手轮轴和刷架的作用，沿线圈的磨光表面滑动时，就可连续地改变匝比，从而使输出电压平

滑地从零调到最大值。特点是效率高；波形好；体积小；重量轻；带负荷无极调压。一般为台式，外面有防护通风罩。广泛应用于实验室、电信设备、整流装置等中。

② 感应式调压器。感应式调压器是由铁芯、绕组、油箱等组成。利用手轮或伺服电动机带动传动机构，使定子、转子产生相对角位移，从而改变定子或转子绕组感应电势的相位或幅值，以实现无极调压。特点是调压范围大；波形和调压特性较好；结构复杂。主要用于试验电源、发电机励磁、工业电炉等中。

Chapter 07

第七章 电动机

例 1 电动机的分类和型号

（1）电动机的分类：

电动机种类繁多，一般分类如下。

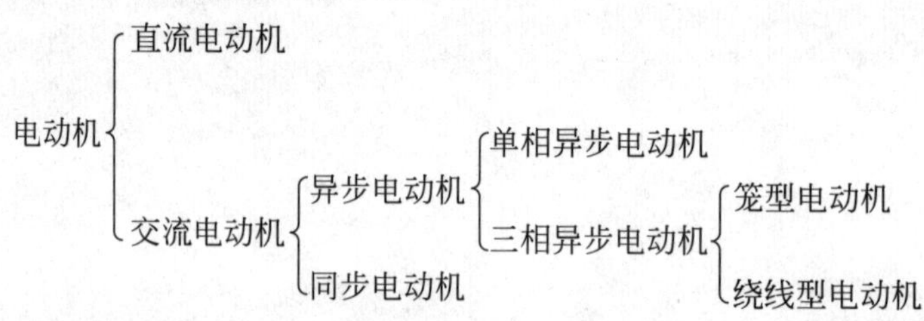

（2）电动机的型号

根据 GB 4831—84《电机产品型号编制方法》，电动机型号的构成部分及其内容的规定，按下列顺序排列。

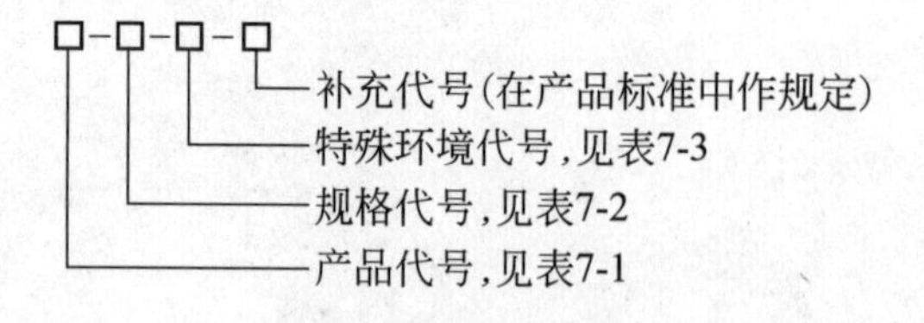

表 7-1 电动机产品代号

电动机代号	代号汉字意义	电动机代号	代号汉字意义	电动机代号	代号汉字意义
Y	异	YH	异（滑）	YEP	异（制）傍
YR	异绕	YD	异多	YEG	异（制）杠
YK	异（快）	YL	异立	YEJ	异（制）加
YRK	异绕（快）	YRL	异绕立	YEZ	异（制）锥
YQ	异起	YJ	异精	YCT	异磁调

续表

电动机代号	代号汉字意义	电动机代号	代号汉字意义	电动机代号	代号汉字意义
YJT	异机调	YTZ	异探	YAUD	异安(震)捣
YHT	异换调	YDY	异单(容)	YBGB	异爆(管)泵
YXJ	异线减	YP	异屏	YBP	异爆屏
YXJ	异线减	YI	异岩	YBI	异爆(岩)
YHJ	异行减	YT	异(通)	YBT	异爆(通)
YLJ	异力矩	YA	异安	YBY	异爆运
YUR	异(装)入	YB	异爆	YBJ	异爆绞
YGT	异滚筒	YF	异风	YBH	异爆回
YPQ	异频起	YAQ	异安起	YBLB	异爆立泵
YG	异辊	YBR	异爆绕	YBZ	异爆重
YZ	异重	YAQ	异安起	Q	潜
YZR	起重绕	YBQ	异爆起	QX	潜下
YZRG	异重绕管	YAH	异安(滑)	QY	潜油
YZRF	异重绕风	YBH	异爆(滑)	QYX	潜油下
YZE	异重(制)	YAD	异安多	QYG	潜油高
YZJ	异重减	YBD	异爆多	QYGX	潜油高下
YZRJ	异重绕减	YBEP	异爆(制)傍	QS	潜水
FFYTD	异梯电	YBEG	异爆(制)杠	QSX	潜水下
YM	异木	YBEJ	异爆(制)加	QSG	潜水高
YZP	异中频	YACT	异安磁调	QSGX	潜水高下
YDF	异电阀	YBCT	异安磁调	QDX	潜垫下
YN	异耐	YAJT	异安机调	QU	潜(半)
YUD	异(震)捣	YBJT	异爆机调	QUX	潜(半)下
YGB	异管泵	YACT	异安齿减	T	同
YLB	异立泵	YBCJ	异爆齿减	Z	直
YQS	异潜水	YATD	异安梯电	C	测
YQSY	异潜水油	YBTD	异爆梯电	F	纺
YQY	异潜油	YADF	异安电阀		
YQL	异潜卤	YBDF	异爆电阀		

表 7-2　电动机规格代号

产品名称	产品型号构成部分及其内容
小型异步电动机	中心高(mm)—机座长度(字母代号)—铁芯长度(数字代号)—极数
大、中型异步电动机	中心高(m)—铁芯长度(数字代号)—极数
小同步电机	中心高(mm)—机座长度(字母代号)—铁芯长度(数字代号)—极数

续表

产品名称	产品型号构成部分及其内容
大、中型同步电机	中心高(mm)—铁芯长度(数字代号)—极数
小型直流电机	中心高(mm)—机座长度(数字代号)
中型直流电机	中心高(mm)或机座号(数字代号)—铁芯长度(数字代号)—电流等级(数字代号)
大型直流电机	电枢铁芯外径(mm)—铁芯长度(mm)
分马力电动机(小功率电动机)	中心高(m)或外壳外径(m)(或/)机座长度(字母代号)—铁芯长度、电压、转速(均用数字代号)
交流换向器电动机	中心高或机壳外径(mm)—(或/)铁芯长度、转速(均用数字代号)

表 7-3　电动机特殊环境代号

汉字意义	“热”带用	“湿热”带用	“干热”带用	“高”原用	“船”(海)用	化工防“腐”用	户“外”用
汉语拼音代号	T	TH	TA	G	H	F	W

例 2　电动机的主要性能

(1) 额定功率与效率

电动机在额定状态下运行时轴上输出的机械功率，是电动机的额定功率 P_{2N}，单位以千瓦（kW）计。输出功率与输入功率不等，它比电动机从电网吸取的输入功率要小，其差值就是电动机本身的损耗功率，包括铁损、铜损和机械损耗等。

从产品目录中查得的效率是指电动机在额定状态下运行时，输出功率与输入功率的比值。因此三相异步电动机的额定输入功率 P_{1N} 可由铭牌所标的额定功率 P_{2N}（或从产品目录中查得）和效率 η_N 求得，即

$$P_{1N}=\frac{P_{2N}}{\eta_N} \tag{7-1}$$

三相异步电动机的额定功率可用式(7-2) 计算：

$$P_{2N}=\frac{\sqrt{3}U_N I_N \cos\varphi_N \eta_N}{1000}(\mathrm{kW}) \tag{7-2}$$

式中　P_{2N}——电动机的额定功率，kW；

U_N——电动机的额定线电压，V；

I_N——电动机的额定线电流，A；

$\cos\varphi_N$——电动机在额定状态运行时，定子电路的功率因数；

η_N——电动机在额定状态运行时的效率。

电动机运行在非额定情况时，式(7-2) 也成立，只是各物理量均为非额定值。

三相异步电动机的效率如表 7-4 所示。

(2) 电压与接法

电动机在额定运行情况下的线电压为电动机的额定电压，铭牌上标明的“电压”就是指加在定子绕组上的额定电压（U_N）值。目前在全国推广使用的 Y 系列中小型异步电动机，

额定功率在4kW及以上的，其额定电压为380V，均为三角形接法。额定功率在3kW及以下的，其额定电压为380V/220V，为Y/△接法。这个符号的含义是当电源线电压为380V时，电动机的定子绕组应接成星形（Y），而当电源线电压为220V时，定子绕组应接成三角形（△）。

表7-4　三相异步电动机的效率和功率因数

功　　率		10kW以下	10～30kW	30～100kW
2极	效率η	76%～86%	87%～89%	90%～92%
	功率因数$\cos\varphi$	0.85%～0.88%	0.88%～0.90%	0.91%～0.92%
4极	效率η	74%～86%	86%～89%	90%～92%
	功率因数$\cos\varphi$	0.76%～0.78%	0.87%～0.88%	0.88%～0.90%
6极	效率η	70%～85%	86%～89%	90%～92%
	功率因数$\cos\varphi$	0.68%～0.80%	0.81%～0.85%	0.86%～0.89%
8极	效率η	68%～85%	86%～88%	89%～91%
	功率因数$\cos\varphi$	0.65%～0.77%	0.78%～0.81%	0.82%～0.84%

注：功率小于10kW的数值按功率为7.5kW、5.5kW、4kW、3kW、2.2kW、1.5kW、1.1kW、0.8kW、0.6kW而递减。

一般规定电动机的电压不应高于或低于额定值的5%，当电压高于额定值时，磁通将增大（因$U_1=4.44f_1N_1\phi$），会引起励磁电流的增大，使铁损大大增加，造成铁芯过热。当电压低于额定值时，将引起转速下降，定子、转子电流增加，在满载或接近满载时，可能使电流超过额定值，引起绕组过热，在低于额定电压下较长时间运行时，由于转矩与电压的平方成正比，在负载转矩不减小的情况下，可能造成严重过载，这对电动机的运行是十分不利的。

（3）额定电流

电动机在额定运行情况下的定子绕组的线电流为电动机的额定电流（I_N），单位为A。对于“380V、Δ接法”的电动机的线电流只有一个，而对于“380V/220V、Y/Δ接法”的电动机，对应的线电流则有两个。在运行中应特别注意电动机的实际电流，不允许长时间超过额定电流值。

（4）额定转速

电动机在额定状态下运行时，电动机转轴的转速称为额定转速，单位为r/min。

（5）温升及绝缘等级

温升是指电动机在长期运行时所允许的最高温度与周围环境的温度之差。我国规定环境温度取40℃，电动机的允许温升与电动机所采用的绝缘材料的耐热性能有关，常用绝缘材料的等级和最高允许温度如表7-5所示。

表7-5　绝缘等级与温升的关系

绝缘等级	A	E	B	F	H
绝缘材料最高允许温度	105℃	120℃	130℃	155℃	180℃
电动机的允许温升	60℃	75℃	80℃	100℃	125℃

(6) 定额（或工作方式）

指电动机正常使用时允许连续运转的时间。一般分有连续、短时和断续三种工作方式。

连续：指允许在额定运行情况下长期连续工作。

短时：指每次只允许在规定时间内额定运行、待冷却一定时间后再启动工作，其温升达不到稳定值。

断续：指允许以间歇方式重复短时工作，它的发热既达不到稳定值，又冷却不到周围的环境温度。

(7) 功率因数

铭牌上给定的功率因数指电动机在额定运行情况下的额定功率因数（$\cos\varphi_N$）。电动机的功率因数不是一个常数，它是随电动机所带负载的大小而变动的。一般电动机在额定负载运行时的功率因数为0.7～0.9，轻载和空载时更低，空载时只有0.2～0.3。

由于异步电动机的功率因数比较低，应力求避免在轻载或空载的情况下长期运行。对较大容量的电动机应采取一定措施，使其处于接近满载情况下工作和采取并联电容器来提高线路的功率因数。

(8) 额定频率（f）

电动机在额定运行的情况下，定子绕组所接交流电源的频率称额定频率。单位为Hz。我国规定标准交流电源频率为50Hz。

(9) 功率因数

电动机有功功率与视在功率之比称为功率因数。异步电动机空载运行时，功率因数0.2。异步电动机在额定功率下运行的功率因数如表7-4所示。

(10) 启动电流

电动机在启动时的瞬间电流称启动电流。电动机的启动电流一般是额定电流的5.5～7倍。

(11) 启动转矩

电动机在启动时所输出的力矩称启动转矩。常用启动转矩与额定转矩的倍数来表示。异步电动机的启动转矩一般是额定转矩的1～1.8倍。

(12) 最大转矩

电动机所能拖动最大负载的转矩，称为电动机的最大转矩。常用最大转矩与额定转矩的倍数来表示。异步电动机的最大转矩，一般是额定转矩的1.8～2.2倍。

例3 电动机常用计算公式

(1) 额定电流 I

$$I=\frac{1000P}{1.73U\eta\cos\varphi} \tag{7-3}$$

式中 P——额定功率，kW；

U——额定电压，V；

$\cos\varphi$——功率因数；

η——电动机效率。

（2）同步转速 n

$$n=\frac{f}{p}\times 60 \tag{7-4}$$

式中　f——频率，Hz；

p——磁极对数，如两极，$p=1$；四极 $p=2$。

（3）转差率 S

$$S=\frac{n-n_{\mathrm{e}}}{n}\times 100\% \tag{7-5}$$

式中　n——电动机同步转速，r/min；

n_{e}——电动机额定转速，r/min。

常用的三相异步电动机在额定负载时，其转差率为2%～5%。

（4）转矩 M

$$M=\frac{9555N}{n}$$

$$M=F\,\frac{D}{2} \tag{7-6}$$

$$F=F\,\frac{19110N}{nD}$$

式中　M——电动机的转矩，N·m；

N——工作机械的负荷，kW；

n——转速，r/min；

F——皮带拉力，N；

D——皮带轮直径，mm。

例 4　三相异步电动机的分类

三相异步电动机具有结构简单、制造维护方便、运行可靠，以及重量轻、价格低等优点而被广泛应用。

三相异步电动机一般按转子结构形式、防护形式、尺寸大小、安装方式、使用环境及冷却方式进行分类，如表7-6所示。

表 7-6　三相异步电动机分类

分类	转子结构形式	防护形式	冷却方式	安装方式	工作定额	尺寸大小中心高 H/mm 定子铁芯外径 D/mm	使用环境
类别	笼式 线绕式	封闭式	自冷式	B3 B5 B5/B3	连续 断续 短时	大型 $H>630$、$D>1000$	普通 干热、湿热 船用、化工 防爆 户外 高原
		防护式	自扇冷式			中型 $H\leqslant 350\sim 630$、$D=500\sim 1000$	
		开启式	他扇冷式			小型 $H=80\sim 315$、$D=120\sim 500$	

注：B3—卧式，机座带底脚，端盖上无凸缘。

B5—卧式，机座不带底脚，端盖上有凸缘。

B5/B3—卧式，机座带底脚，端盖上有凸缘。

例 5 三相异步电动机型号、结构特征及用途

三相异步电动机型号、结构特征及用途如表 7-7 所示。

表 7-7 三相异步电动机型号、结构特征及用途

名称	型号		型号的汉字意义	结构特征	用途
	新型号	旧型号			
异步电动机	Y	J、JO、JQ、JQO、J2、JO2、JQ_2JK、JL、JS	异	铸铁外壳，小机座上有散热筋，大机座采用管道通风，铸铝笼型转子，大机座采用双笼型转子，有防护式及封闭式之分	用于一般机器及设备上，如水泵、鼓风机、机床等
绕线转子异步电动机	YR	JR JRO YR	异绕	防护式，铸铁外壳，绕线式转子	用于电源容量不足以启动笼型电动机及要求启动电流小、启动转矩高等场合
高启动转矩异步电动机	YQ	JQ JQO JGO	异起	同 Y 型	用于启动静止负荷或惯性较大负荷的机械。如压缩机、粉碎机等
高转差率(滑率)异步电动机	YH	JH JHO	异滑	结构同 Y 型，转子一般采用合金铝浇铸	用于传动较大飞轮转动惯量和不均匀冲击负荷的金属加工机械。如锤击机、剪切机、冲压机、压缩机、绞车等
多速异步电动机	YD	JD JDO	异多	结构同 Y 型	同 Y 型，使用于要求有 2～4 种转速的机械
精密机床用异步电动机	YJ	JJO	异精	结构同 Y 型	同 Y 型，使用于要求振动小、噪声低的精密机床
制动异步电动机(旁磁式)	YEP	JPE	异(制)傍	定子同 Y 型，转子上有旁磁路结构	用于要求快速制动的机械，如电动葫芦卷扬机、行车、电动阀等机械
制动异步电动机(杠杆式)	YEG	JZD	异(制)杠	定子同 Y 型，转子上带杠杆式制动机构	
制动异步电动机(附加制动器式)	YEJ	JZD	异(制)加	定子同 Y 型，转子非出轴端带有制动器	
锥形转子制动异步电动机	YEZ	ZD ZDY JZZ	异(制)锥	定、转子均采用锥形结构，防护式或封闭式，铸铁外壳上有散热筋，自扇吹冷	
电磁调速异步电动机	YCT	JZT	异磁调	封闭式异步电动机与电磁滑差离合器组成	用于纺织、印染、化工、造纸、船舶及要求变速的机械
换向器式(整流子)调速异步电动机	YHT	JZS	异换调	防护式，铸铁外壳，手动及电动遥控调速两种，有换向器转子	用于纺织、印染、化工、造纸、船舶及要求变速的机械，但效率与功率因数比 YCT 高
齿轮减速异步电动机	YCJ	JTC	异齿减	由封闭式异步电动机与减速器组成	用于要求低速，大转矩的机械，如运输机械、矿山机械、炼钢机械、造纸机械及其他要求低转速的机械

续表

名称	型号		型号的汉字意义	结构特征	用途
	新型号	旧型号			
摆线针轮减速异步电动机	YJ	JXJ	异线减	由封闭式异步电动机与摆线针轮减速器组成	用于要求低速，大转矩的机械，如运输机械、矿山机械、炼钢机械、造纸机械及其他要求低转速的机械
力矩异步电动机	YLJ	JLJ JN	异力矩	强迫通风式，铸铁外壳，笼型转子，导条采用高电阻材料	用于纺织、印染、造纸、电线、电缆、橡胶、冶金等具有软特性及恒转矩的机械
起重冶金用异步电动机	YZ	JZ	异重	封闭式，铸铁外壳上有散热筋，自扇吹冷，笼型铜条转子	用于起重机械及冶金辅助机械
起重冶金用绕线转子异步电动机	YZR	JZR	异重绕	封闭式，铸铁外壳上有散热筋，自扇吹冷，笼型铜条转子，但转子为绕线式	
隔爆型异步电动机	YB	JB JBS	异爆	防爆式，钢板外壳，铸铝转子，小机座上有散热筋	用于有爆炸性气体的场合
电动阀门用异步电动机	YDF		异电阀	同Y型	用于启动转矩与最大转矩高的场合，如电动阀门
化工防腐用异步电动机	Y-F	JO-FJO2-F	异腐	结构同Y型，采取密封及防腐措施	用于化肥、氯碱系统等化工厂的腐蚀环境中
船用异步电动机	Y-H	JO2-H	异船	结构同Y型，机座由钢板焊成或由高强度具有韧性铸铁制造	用于船舰
浅水排灌异步电动机	YQB	JQB	异潜泵	由水泵、电动机及整体密封盒三大部分组成	用于农业排灌及消防等场合

例6 三相异步电动机的结构

三相异步电动机的结构主要由定子（静止部分）和转子（转动部分）两个基本部分组成。定子与转子之间有一个很小的间隙称为空气隙。笼式异步电动机的结构如图7-1所示。

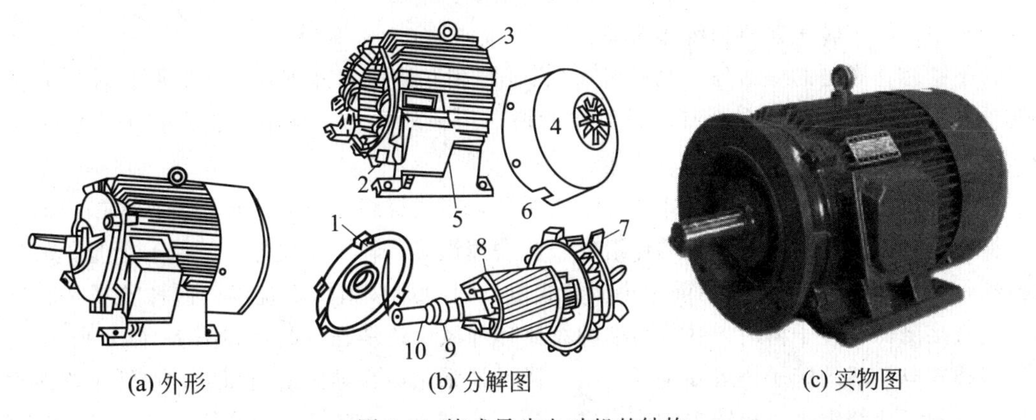

(a) 外形 (b) 分解图 (c) 实物图

图7-1 笼式异步电动机的结构

1、6—端盖；2—定子；3—机座；4—风罩；5—接线盒；7—风扇；8—转子；9—轴承；10—轴

(1) 定子

定子由机座（外壳）、定子铁芯和定子绕组等部分组成。

机座由铸铁或铸钢铸成，用来支承定子铁芯和固定整个电动机，在机座两端，还有用螺栓固定在机座上的端盖，用来固定转轴。

定子铁芯是电动机磁路的一部分。为了减少涡流和磁滞损耗，通常用0.5mm厚的硅钢片叠成圆筒，在硅钢片两面涂以绝缘漆作为片间绝缘。在定子铁芯内圆沿轴向均匀地分布着许多形状相同的槽，如图7-2所示，用来嵌放定子绕组。

定子绕组是定子的电路部分，小型异步电动机的定子绕组一般采用高强度漆包圆铝线或圆铜线绕成线圈，它可经槽口分散地嵌入线槽内。每个线圈有两个有效边，分别放在两个槽内，线圈之间按一定规律连接成三组对称的定子绕组，称为三相定子绕组。工作时接三相交流电源。三相绕组的六个首末端分别引到机座接线盒内的接线柱上，每相绕组的首末端用符号U1、U2，V1、V2，W1、W2标记，如果U1、V1、W1分别为三相绕组的首端（始端），则U2、V2、W2为三相绕组的末端（尾端）。

定子绕组根据电源电压和电动机铭牌上标明的额定电压可以连接成星形（Y）和三角形（Δ）。图7-3是定子绕组的星形连接和三角形连接图及接线盒中接线柱的连接图。

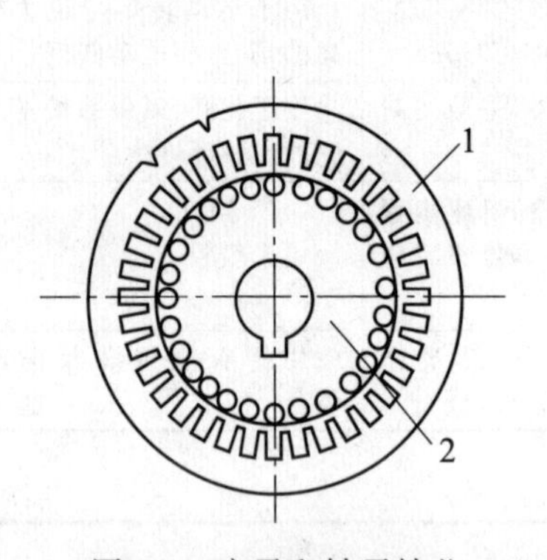

图7-2 定子和转子铁芯

1—定子铁芯；2—转子铁芯

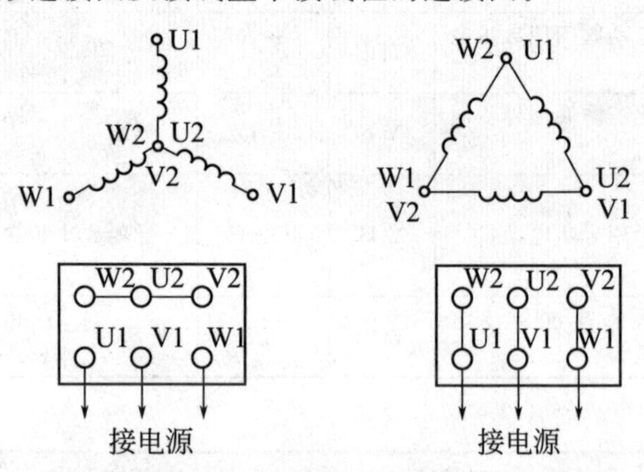

图7-3 定子绕组的星形和三角形连接

(2) 转子

转子由转轴、转子铁芯、转子绕组和风扇组成。

转轴用来固定转子铁芯和传递功率。

转子铁芯是磁路的一部分，也是用0.5mm厚相互绝缘的硅钢片叠压成圆柱体，并紧固在转轴上。在转子铁芯外表面有均匀分布的槽，用来放置转子绕组。笼式转子一般采用斜槽，以便削弱电磁噪声和改善启动性能。

转子绕组按结构不同分为笼式和绕线式两种，笼式绕组是由嵌放在转子铁芯槽内的导电条（铜条或铸铝）和两端的导电端环组成。若去掉铁芯，转子绕组外形就像一个笼，故称笼式转子，如图7-4(a)所示。目前中小型笼式电动机一般采用铸铝绕组，这种转子是将熔化的铝液直接浇铸在转子槽内，并将两端的短路环和风扇浇铸在一起，如图7-4(b)所示。

绕线式电动机的转子绕组和定子绕组一样，是采用绝缘导体绕制而成，在转子铁芯槽内嵌放对称的三相绕组，三相转子均连接成星形，在转轴上装有三个滑环，滑环与滑环之间、滑环与转轴之间都互相绝缘，三相绕组分别接到三个滑环上，靠滑环与电刷的滑动接触，再与外电路的三相可变电阻器相接，以便改善电动机的启动和调速性能，如图 7-5 所示。

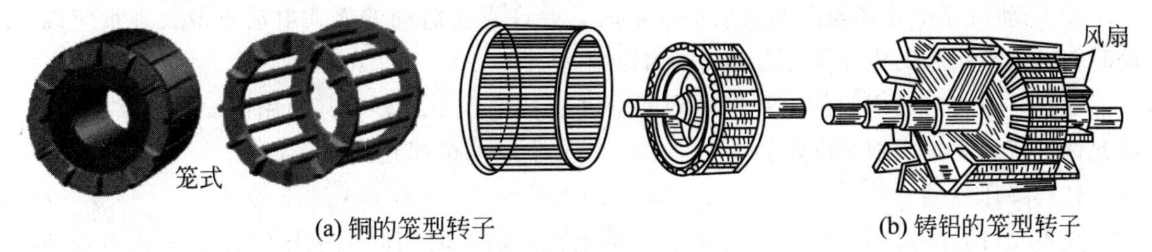

(a) 铜的笼型转子　(b) 铸铝的笼型转子

图 7-4　笼式转子

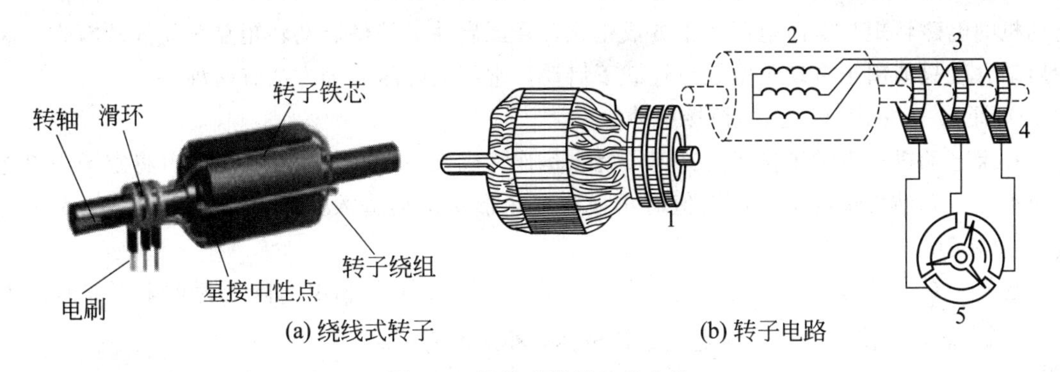

(a) 绕线式转子　(b) 转子电路

图 7-5　绕线式转子及其电路

1、3—滑环；2—转子绕组；4—电刷；5—三相可变电阻

为改善电动机的冷却效果，在转轴的一端装有风扇。

例 7　三相异步电动机的启动

普通笼式电动机的启动方法有直接启动和降压启动两种。

当异步电动机刚启动时，由于转速 $n=0$，此时旋转磁场与转子绕组之间的相对切割速率最大，故转子电路中感应电动势和转子电流都最大。转子电流的增大引起定子电流增大，对于中小型笼式电动机来说，定子电流可达其额定电流的 5～7 倍。

由于电动机的启动过程非常短暂（小型电动机只有 1～3s），同时电动机一经启动，转速迅速升高，电流便很快减小，所以只要电动机不是频繁启动，启动电流虽然很大，但不致引起电动机过热而损坏，然而这样大的启动电流在短时间内会造成较大的线路电压降落，引起电网电压的降低，影响接在同一电网上的其他用电设备的正常工作。

异步电动机在刚启动时，虽然电流很大，但因转子电路的功率因数 $\cos\varphi_2$ 很低（因刚启动时转子电路的感抗较大），所以启动转矩并不大，如果启动转矩太小，则电动机的启动时间长，就不允许满载下启动。

（1）直接启动

直接启动是中小型笼式异步电动机首选的常用启动方法。这种启动方法就是直接给电动机定子绕组加上额定电压，这种方法简单而可靠，方便经济且启动快；但由于直接启动时的启动电流较大，因而只有在电源容量允许的条件下才可以采用直接启动法。

根据经验，一般规定如下。

① 电动机连接处为动力专用变压器时，不经常启动的笼式电动机允许直接启动的最大

功率为不大于变压器容量的30%；经常启动时，其功率应为不大于变压器容量的20%。

② 电动机连接处如与照明共用变压器时，允许直接启动的笼式电动机最大容量应以启动时在电网上引起的电压降不超过5%为原则。

通常，直接启动引起的电源电压降落不超过15%，不致影响其他用电设备正常工作时，都允许直接启动，一般30kW以下的三相笼式异步电动机都允许直接启动。

(2) 降压启动

在不允许直接启动的场合，为限制启动电流，启动时用降低电压的方法来减小启动电流，当启动过程结束后，再加上全电压运行，这种启动方法称为降压启动。显然，由于异步电动机的电磁转矩与电源电压的平方成正比，降压启动必然使启动转矩显著降低。因此，这种启动方法只能用于电动机空载或轻载下启动，常用的降压启动方法有两种。

① 星形-三角形（Y-△）换接启动法

如果电动机在正常工作时，其定子绕组是连接成三角形的，则在启动时可将定子绕组连成星形，待电动机转速接近额定值时再换成三角形接法而进入正常运行，这种方法简称为星-三角启动。

这样，在启动时定子绕组接成Y形，加在定子绕组上的相电压降低为正常工作时线电压的$1/\sqrt{3}$倍，将使相电流、线电流、转矩都有相应的降低。

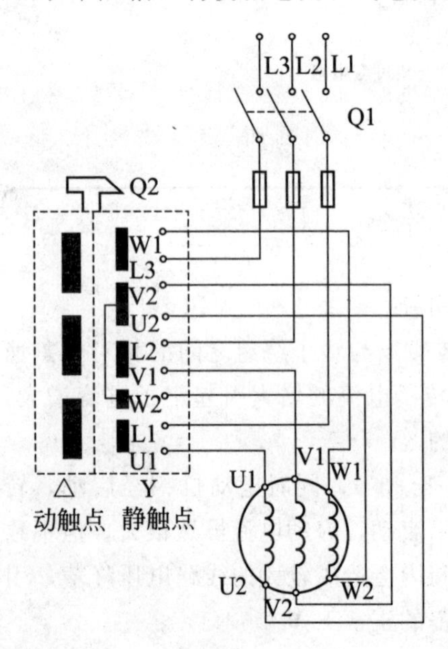

图7-6 星形-三角形启动

电源的线电压为U_1，电动机每相阻抗为$|Z|$。当定子绕组接成星形，即降压启动时

$$I_{1Y}=I_{PY}=\frac{U_1/\sqrt{3}}{|Z|} \tag{7-7}$$

当定子绕组接成三角形时，即全压运行时

$$I_{1\triangle}=\sqrt{3}I_{P\triangle}=\sqrt{3}\times\frac{U_1}{|Z|} \tag{7-8}$$

比较以上两式，可得

$$\frac{I_{1Y}}{I_{1\triangle}}=\frac{1}{3}$$

即降压启动时的电流为直接启动时的1/3。由于转矩和电压的平方成正比，所以启动转矩也减少到直接启动时的$(1/\sqrt{3})^2=1/3$。因此，这种方法只适合于空载或轻载时启动。

星形-三角形换接启动常采用手动式星-三角启动器来实现，其接线如图7-6所示，启动时先合上开关Q_1，当开关Q_2（手柄）向右扳向“Y启动”位置时，电动机定子绕组接成星形，加在定子绕组的相电压为线电压的$1/\sqrt{3}$倍，当电动机转速接近于额定转速时，再迅速将开关Q_2向左扳到“△运行”位置，这时定子绕组换接成三角形，每组绕组承受的是额定电压，启动过程结束，电动机进入正常运行。

这种启动方法所用启动设备结构简单、体积小、重量轻、价格低廉、便于维修，因此使用广泛。

② 自耦变压器启动法

对正常运行时为Y形接线及要求启动容量较大的电动机，不能采用Y-△启动法，常采用自耦变压器启动方法，自耦变压器启动法是利用自耦变压器来实现降压启动的。用来降压启动的三相自耦变压器又称为启动补偿器，其原理和外形如图7-7所示。

用自耦变压器降压启动时，先合上电源开关Q_1，再把转换开关Q_2的操作手柄推向“启动”位置，这时电源电压接在三相自耦变压器的全部绕组上（高压侧），而电动机在较低电压下启动，当电动机转速上升到接近于额定转速时，将转换开关Q_2的操作手柄迅速从“启动”位置投向“运行”位置，这时自耦变压器从电网中切除。

为获得不同的启动转矩，自耦变压器的二次侧绕组常备有不同的电压抽头，例如，二次侧绕组电压为一次侧绕组电压的60%和80%等，以供具有不同启动转矩的机械使用。

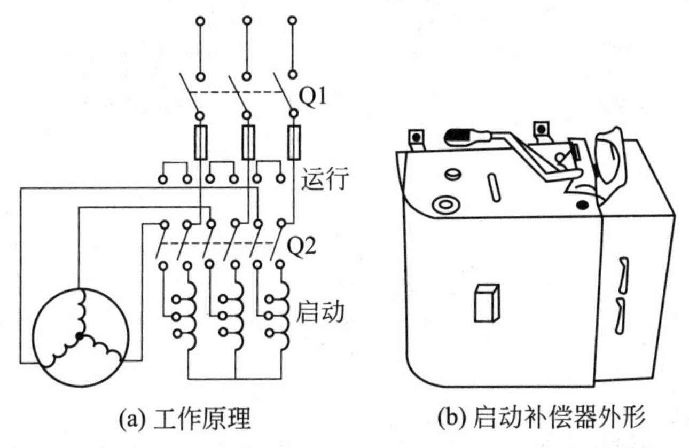

(a) 工作原理　　(b) 启动补偿器外形

图7-7　自耦变压器启动

这种启动方法不受电动机定子绕组接线方式的限制，可按照容许的启动电流和所需的启动转矩选择不同的抽头，因此适用于启动容量较大的电动机，其缺点是设备造价较高，不能用在频繁启动的场合。

绕线式异步电动机的启动，是利用在转子电路中外接电阻的启动方法，既可达到减少启动电流的目的，又可提高启动转矩，所以它常用于要求启动电流不大而启动转矩较大的生产机械上，例如，卷扬机、起重机等，启动过程结束后，将启动电阻逐段切除。

例8　三相异步电动机的调速

调速就是指在电动机的负载不变的情况下得到不同的转速。

根据推导可知，异步电动机的转速为

$$n=(1-s)n_1=(1-s)\frac{60f_1}{p} \tag{7-9}$$

式中　s——转差率；

f_1——电源的频率；

p——磁极对数。

要调节转速n，可以采用改变供电电源频率或改变电动机定子绕组的磁极对数或改变转差率的方法来实现。

（1）变频调速

当供电电源的频率 f_1 改变时，异步电动机的同步转速 $n_1=60f_1/p$ 也随之改变，因而 n 也得到调节，这种调速方法调速范围比较大，而且平滑，但由于我国电网的频率已标准化，工频为 50Hz，若要采用这种调速方法，需增加专门的变频电源，这套变频电源设备比较复杂、投资大，不易操作维护。

近几年变频调速技术发展很快，目前，主要采用定子调压调速和定子调压调频调速的方式，它们由晶闸管可控整流器和晶闸管可控逆变器组成。整流器先将 50Hz 的三相交流电变成直流电，再由逆变器变换为频率、电压均可调的三相交流电，供电给三相笼式异步电动机，由此得到电动机的无级调速，如图 7-8 所示。

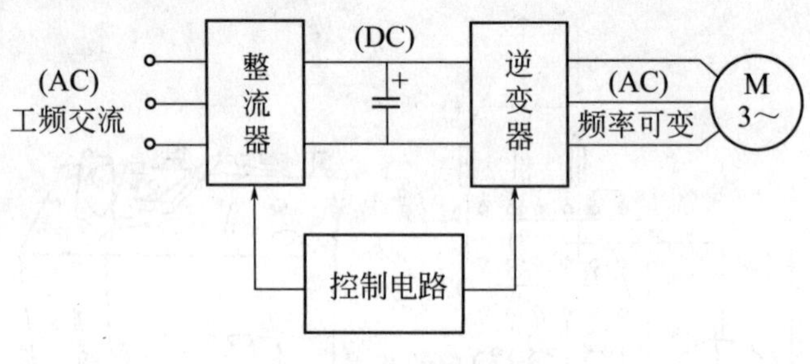

图 7-8　变频调速装置

（2）变极调速

由 $n_1=\dfrac{60f_1}{p}n_1$ 可知，在电源频率 f_1 不变的条件下，改变电动机的磁极对数也能改变同步转速，从而使转子转速得到调节，因为磁极对数只能一对一对地改变，故转速也只能一级一级地调节，达不到无级调速的要求，只能得到几种不同的转速。

从异步电动机的结构中知道，三相异步电动机定子的磁极对数决定于定子绕组的布置和连接方法，改变磁极数目的方法有两种：一种是在定子上装置两套独立绕组，每套绕组有各自的磁极对数，所以可制成具有双速、三速或四速等不同转速的多速电动机。但这种方法使得电动机的体积增大，用料增多，成本提高。实用中，近年来均采用一套绕组实现变极调速，这种电动机称为单绕组双速电动机，其方法是将每相绕组分成两部分，利用这两部分绕组的串联或并联的方法得到不同的极数，从而得到不同的转速。

（3）变转差率调速

在绕线式电动机的转子电路中串联调节电阻（和启动电阻一样接入）来改变调节电阻的大小，便可得到一定范围的平滑调速，也就是改变电阻的大小，使得转差率 s 变化，从而达到调速的目的，这种调速方法的优点是有一定的调速范围、调速平滑、方法简便。缺点是串接电阻要有大量的功率损耗，不经济；在空载或轻载时，调速范围很小，几乎不能调速。因此这种方法主要用在调速范围不大，不会在低速下长期运转的中、小型电动机中，例如，桥式起重机、卷扬机等。

例 9　三相异步电动机的选择

正确地选择三相异步电动机的功率、种类、形式、转速以及正确地选择它的保护和控制电器，对于电动机的安全运行和经济实用十分重要。

（1）功率的选择

电动机的功率（容量），必须根据生产机械所需要的功率来确定。电动机的功率选得过大，设备费用必然增加，不经济。选择得过小，长期在过载状态下运行，可能使电动机很快烧毁。但是由于生产机械的工作情况多种多样，要准确地选择电动机的容量需根据电动机的运行情况，采用不同的选择方式。

① 连续运行的电动机的功率选择

当电动机在恒定负载下连续运行时，其电动机的额定功率等于或稍大于生产机械所需要的功率即可，一般额定功率为

$$P_{\mathrm{N}} \geqslant \frac{KP}{\eta_1 \eta_2} \tag{7-10}$$

式中　P——生产机械的输出功率，kW；

η_1——传动机械的效率，直接连接时 $\eta_1=1$，皮带传动时 $\eta_1=0.95$；

η_2——生产机械本身的效率；

K——余量系数，一般为 1.05～1.4。

选择时，先根据式(7-10) 算出功率值，再查产品目录，选择电动机的额定功率等于或略大于算出的功率值，选取标准容量的电动机。

② 短时运行的电动机的功率选择

短时工作制电动机的铭牌上标有短时额定输出功率和工作连续时间，我国规定的短时工作连续时间有 10min、30min、60min 和 90min 四种。短时工作的电动机，输出功率的计算和连续工作制相同。

（2）类型的选择

第一，是种类的选择。没有特殊要求，一般均应采用三相交流异步电动机，异步电动机又有笼式和绕线式两种类型，一般功率小于 100kW，而且不要求调速的生产机械都应使用笼式电动机。

例如，泵类、风机、压缩机等，只有对需要大启动转矩或要求有一定调速范围的情况下，才使用绕线式电动机。例如，起重机、卷扬机等。

第二，是外形结构的选择。选择电动机的外形结构，主要是根据安装方式选择立式或卧式等；根据工作环境选择开启式、防护式、封闭式和防爆式等。开启式通风散热良好，适用于干燥无灰尘的场所。防护式电动机的外壳有防护装置，能防止水滴、铁屑和其他杂物与垂直方向成 45°角以内落入电动机内部，但不防尘，适用于干燥灰土较少的场所。封闭式的内部与外界隔离，能防止潮气和尘土侵入，适用于灰尘多和水土飞扬的场所。防爆式电动机的接线盒和外壳全是封闭的，适用于有爆炸性气体的场所。

我国国家标准“GB 1498—79”中规定，按电动机外壳防止固体异物进入电动机内部及防止人体触及内部带电或运动部分，分为 0～6 级共七级；按电动机外壳防水进入内部的程度，分为 0～8 级共九级。

（3）电压和转速的选择

电动机的额定电压应根据其功率的大小和使用地点的电源电压来决定，应选择与供电电压相一致。一般 100kW 以下的，选适合 380V/220V 供电网的低电压电动机；100kW 以上

的大功率异步电动机才考虑采用 3000V 或 6000V 的高压电动机。

三相异步电动机的额定转速是根据生产机械的要求决定的。

功率相同的电动机转速愈高，则极对数愈少，体积愈小，价格愈便宜，但高速电动机的转矩小，启动电流大。选择时应使电动机的转速尽可能与生产机械的转速相一致或接近，以简化传动装置。

例 10 三相异步电动机定子绕组的结构

定子绕组是三相异步电动机的主要组成部分，是电动机的“心脏”。电动机中磁场的建立，电能与机械能的转换，都与定子绕组有关。修理电动机最主要的工作就是修理绕组。因此，必须对电动机绕组的结构、连接方法以及展开图有一个基本的了解。

三相异步电动机的定子绕组由嵌放在定子铁心槽中的若干个线圈按照一定的规律分布、排列、连接而成的。将定子绕组接通三相对称交流电，便可产生沿定子圆周均匀分布的旋转磁场。为了满足三相异步电动机的运行要求，在设计和绕制三相定子绕组时均采用三相对称绕组。三相对称绕组必须满足下列基本要求。

① 每相绕组线圈的形状、尺寸、匝数、分布以及嵌放和连接的方法必须完全相同。

② 三相绕组排列顺序相同，相与相之间在空间位置上要间隔 120°电角度（电角度就是相位角，它表示磁极在定子圆周的分布，机械角是指几何角度，电角度等于磁极对数乘以机械角）。

③ 三相绕组应均匀分布在每个磁极下，以达到磁极对称。各相绕组的极相组应按照同极性“正串”（头接尾），异极性“反串”（尾接尾）的原则相连接。

例 11 定子绕组的基本术语

① 线圈、极相组、绕组

线圈是以漆包线按一定形状绕制而成，线圈可以是单匝，也可以是多匝，如图 7-9 所示。放在槽内的直线部分，起着转换电磁能量的作用，称为有效部分（线圈边），两个有效部分之间的连线，称为端部。电动机绕组的线圈大多数是多匝的。

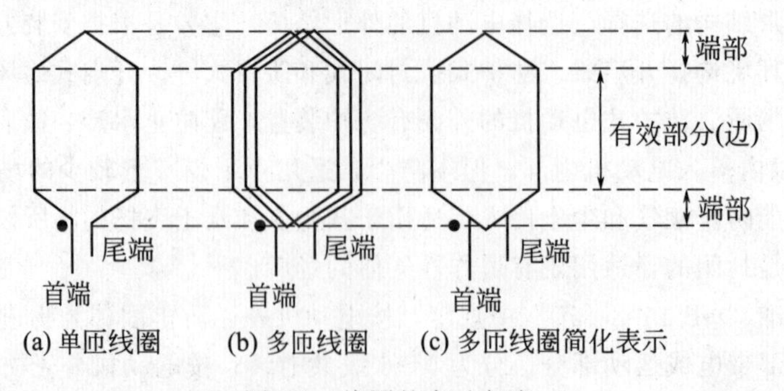

图 7-9 线圈的表示方法

同一相中多个线圈构成的一组单元称为极相组。同一个极相组中所有线圈的电流方向相同。

由多个线圈或极相组构成一相或整个电磁电路按照一定规律的组合称绕组。因此，线圈是电动机绕组的基本元件，绕组是电动机电磁部分的主要部件。

② 极距 τ

极距指沿着定子铁芯内圆，每个磁极所占的范围，如图 7-10 所示。

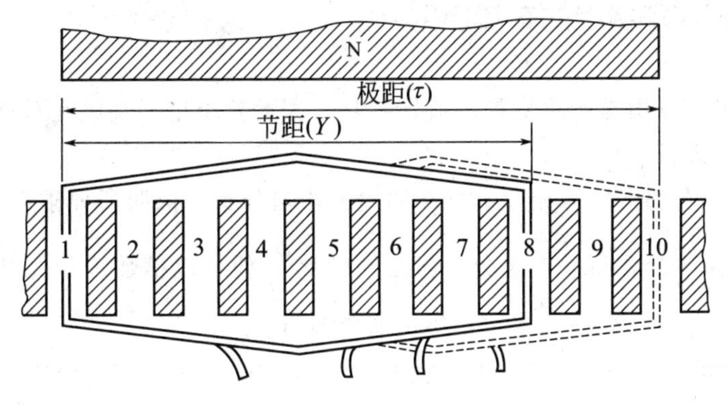

图 7-10　线圈的极距和节距

用定子槽数表示极距时

$$\tau=\frac{Z_1}{2p} \tag{7-11}$$

式中　Z_1——定子槽数；

p——磁极对数.

③ 节距 Y

一个线圈两个有效边之间所跨过的槽数称作线圈的节距，用 Y 表示，如图 7-10 所示。如果某线圈的一个有效边嵌放在第一槽，而另一个有效边嵌放在第六槽，则其节距 $Y=6-1=5$。线圈节距一般接近或等于电动机的极距 τ。若 $Y=\tau$，称为整距绕组；$Y<\tau$ 时，称为短距绕组；$Y>\tau$ 时，称为长距绕组。

实际应用中，一般采用短距或整距绕组。短距绕组相应缩短了端部连线长度，可节省线材，减少绕组电阻，从而降低了电动机的温升，提高了电动机的效率，并能增加绕组机械强度，改善电动机性能和增大转矩，所以目前应用比较广泛。

④ 相带

三相异步电动机定子绕组每极每相所占的电角度称为相带。一般将每相所占有的槽数均匀地分布在每个磁极下，因为每个磁极占有的电角度是 180°，因而对三相绕组而言，每相占有 60°的电度角，称为 60°相带。

⑤ 每极每相槽数 q

每极每相槽数是指每相绕组在一个磁极下所占有的槽数，用 q 表示。三相异步电动机定子绕组的每极每相槽数如下。

$$q=\frac{Z_1}{2pm_1} \tag{7-12}$$

式中　m_1——定子绕组的相数。

例如：三相异步电动机每个磁极都由 A、B、C 三相绕组平均分为三部分，所以 24 槽 4 极三相异步电动机的每极每相槽数即为 2。

⑥ 并联支路数

并联支路数为每相绕组能够并联所形成的支路数。并联时要求每个支路的匝数和线规均应相同，即要求其阻抗相同，否则易造成环流和发热。

例 12 三相定子绕组的布置原则

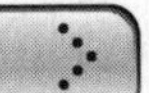

三相定子绕组的作用是产生对称的旋转磁场，因此要求定子绕组是对称的三相绕组，其布置应按下列原则进行。

① 每相绕组所占的槽数应相等，且在圆周上均匀分布。依照所要求的极数 $2p$，把定子槽数 Z_1 分成为 $2p$ 等分，每一个等分所包含的槽数 $\frac{Z_1}{2p}$ 便是以槽数表示的极距。然后再将每一极距下的槽数三等分，分别放置三相绕组的线圈边。

因为一个极距占 180°电角度，每个相带占 1/3 极距，对应 60°电角度，所以按上述规律安排的绕组为 60°相带绕组。

② 各相绕组在空间应相互间隔 120°电度角。为此，按上述原则划分的相带依次标注 U1、W2、V1、U2、W1、V2。这样，各相绕组线圈的始边 U1、V1、W1 正好相互间隔 120°的电度角。

③ 同一相绕组的各个有效边在同性磁极下的电流方向应相同，而在异性磁极下的电流方向相反。

④ 同相线圈之间的连接应顺着电流方向进行。

例 13 三相定子绕组的分类

中小型三相异步电动机绕组的分类方法及各类绕组的特征见表 7-8。

表 7-8　中小型三相异步电动机绕组的分类方法及各类绕组特征

<table>
<tr><th colspan="2">类　别</th><th>结构特征</th><th>优　缺　点</th><th>应用范围</th></tr>
<tr><td rowspan="5">单层绕组</td><td>等元件式整距绕组</td><td>线圈节距相等，且等于极距，线模尺寸一样</td><td rowspan="5">优点：嵌线方便、节省铜材，没有层间绝缘，槽内相间不易击穿
缺点：磁动势波形不够理想，谐波分量较大</td><td>常用于 5 号机座以下（或 Y 系列电动机中心高 160mm 以下）$q=4$、6、8 等 2、4 极电动机定子绕组</td></tr>
<tr><td>同心式绕组</td><td>一个大线圈内套小线圈、大小线圈同心，线模尺寸不同</td><td>常用于 5 号机座以下（或 Y 系列电动机中心高 160mm 以下）2 极电动机定子绕组</td></tr>
<tr><td>链式绕组</td><td>线圈节距相等，且小于极距，线模尺寸一样，链式连接</td><td>常用于 5 号机座以下（或 Y 系列电动机中心高 160mm 以下）$q=2$ 的 2、4、6、8 极电动机定子绕组</td></tr>
<tr><td>交叉链式绕组</td><td rowspan="2">两组线圈节距不等，且一组为偶数、一组为奇数，线模尺寸不同</td><td rowspan="2">常用于 5 号机座以下（或 Y 系列电动机中心高 160mm 以下）$q=3$、5、7 等的 2、4、6、8 极电动机定子绕组</td></tr>
<tr><td>交叉同心式绕组</td></tr>
</table>

续表

<table>
<tr><th colspan="3">类　别</th><th>结构特征</th><th>优　缺　点</th><th>应用范围</th></tr>
<tr><td rowspan="4">双层绕组</td><td rowspan="2">整数槽绕组</td><td>叠绕组</td><td rowspan="2">每极每相槽数 q 等于整数的绕组，槽内线圈分为两层，用槽绝缘隔开</td><td rowspan="4">优点：磁动势波形好，谐波小，损耗小，运行性能好，启动性能好
缺点：嵌线工时长</td><td>用于6号机座以上（或Y系列电动机中心高180mm以上）各极电动机定子绕组，小型绕线式转子绕组</td></tr>
<tr><td>波绕组</td><td>常用于大、中型绕线转子异步电动机转子绕组</td></tr>
<tr><td rowspan="2">分数槽绕组</td><td>叠绕组</td><td rowspan="2">每极每相槽数 q 等于分数的绕组，槽内线圈分为两层，用槽绝缘隔开</td><td>常用于多极（8极以上）电动机定子绕组，小型绕线转子绕组</td></tr>
<tr><td>波绕组</td><td>用于中、大型绕线转子绕组</td></tr>
<tr><td colspan="3">单双层混合绕组</td><td>有的槽内采用双层，有的槽内采用单层，混合使用</td><td>兼备单层、双层绕组优点，而克服两者缺点</td><td>一般应用于45kW以下的电动机中</td></tr>
<tr><td colspan="3">正弦绕组</td><td>星形部分的线圈匝数和导线截面积与三角形部分不同，之间为$\sqrt{3}$的关系</td><td>优点：绕组系数高、节约用铜，磁动势波形好，运行和启动性能好
缺点：工艺性不好</td><td>应用于大容量的2、4极电动机中</td></tr>
</table>

例 14 三相单层绕组

（1）单层绕组的特点

单层绕组在小型电动机中，如5号机座以下电动机，得到广泛应用。单层绕组如图7-11所示，其一个定子槽内只嵌入一个线圈的有效边，即线圈每个有效边都各自占满一个定子槽。单层绕组与双层绕组相比有以下特点。

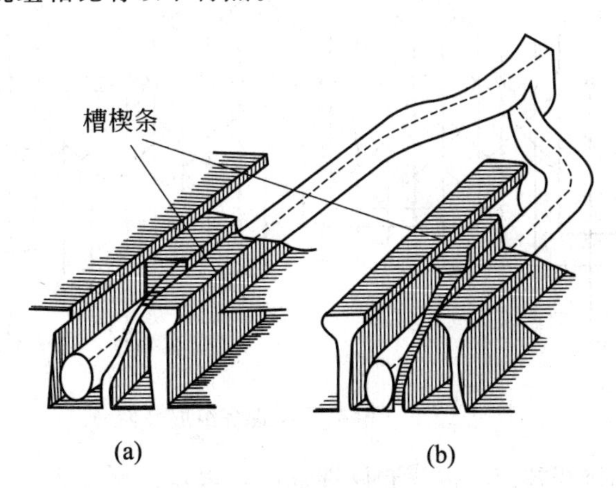

图 7-11　单层绕组

① 绕组的线圈数等于总槽数的一半，线圈数量少，绕制和嵌线方便省时。

② 槽内只有一个有效边，属于同相，因此无需层间绝缘，不存在层间击穿问题。

③ 槽的利用率高。

④ 线圈节距不能任意选择，电气性能较差，铁芯损耗和噪声都较大。

⑤ 端部弯曲变形较大，不易排列和整形。

（2）等元件式整距绕组

四极 24 槽三相单层等元件式整距绕组展开图如图 7-12 所示。

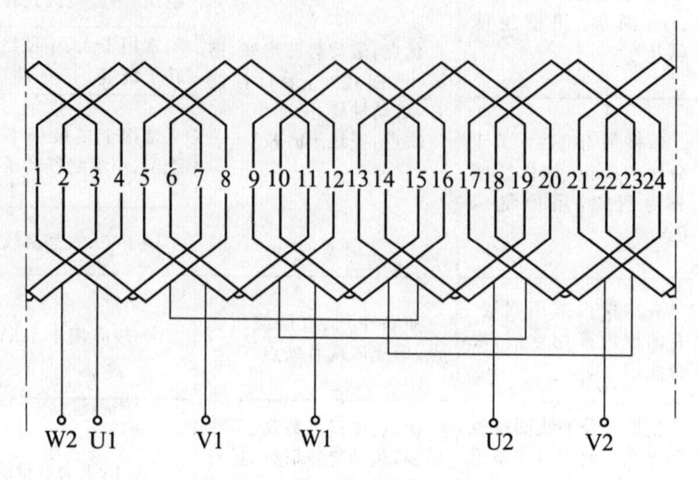

图 7-12　等元件式绕组展开图

（3）三相单层链式绕组

三相单层链式绕组是由相同节距的线圈组成的，其结构特点是绕组线圈一环套一环，形如长链，所以称作链式绕组。

链式绕组其线圈端部彼此重叠，并且绕组各线圈宽度相同，因而制作绕线模和绕制线圈都较为方便。另外，绕组是对称的，相与相平衡，可以构成并联支路。如图 7-13 所示为四极 24 槽三相单层链式绕组展开图。

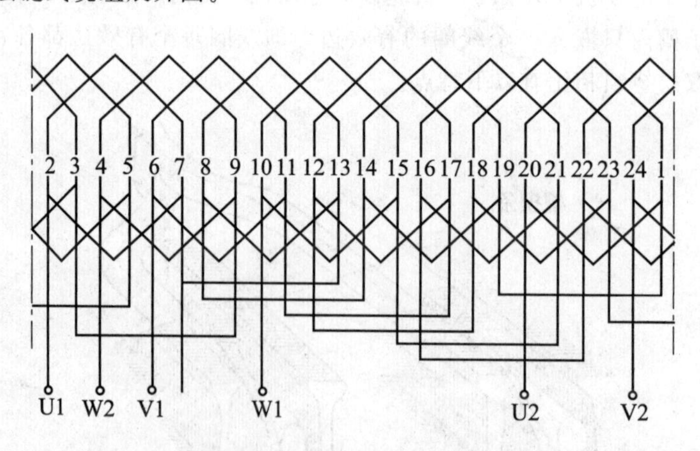

图 7-13　三相单层链式绕组展开图

由于这种绕组端部接线较短，嵌线和修理都比较容易，是极数较多的小功率三相异步电动机常用的一种绕组。如国产 JO2-21-4 型、JO2-22-4 型、Y90S-4 型、Y802-4 型等三相异步电动机的定子绕组采用的都是这种形式的绕组。

（4）三相单层交叉链式绕组

三相单层交叉链式绕组主要用于 q 为奇数（如 $q=3$）的四极或两极的小型三相异步电

动机定子绕组中。由于采用了不等距的线圈，绕组端部短，且易于布置。单层交叉链式绕组每个极相组的线圈数不同，线圈节距也不相等，但每相的极相组数仍等于极数，极相组之间也按“头接头或尾接尾”的规则串联。如图 7-14 所示为四极 36 槽三相单层交叉链式绕组展开图。

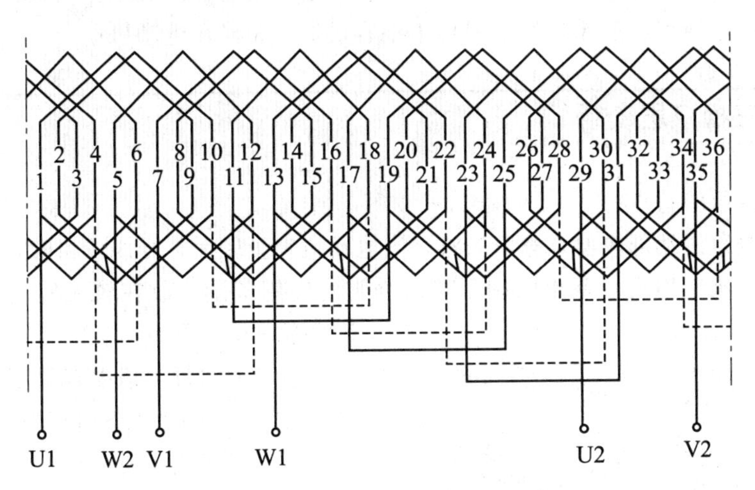

图 7-14 三相单层交叉链式绕组展开图

三相单层交叉链式绕组主要用于 10kW 以下的 4、6、8 极小型电动机中，如国产 JO2-31-4 型、JO2-32-4 型、JO3-100S-4 型、Y132M-4 型等三相异步电动机的定子绕组采用的都是这种形式的绕组。

(5) 三相单层同心式绕组

三相单层同心式绕组的特点是这种绕组的极相组是由节距不等、大小不同而中心线重合的线圈所组成，故名同心式。其优点是嵌线较容易，缺点是端部整型较难。

如图 7-15 所示为两极 24 槽单层交叉同心式绕组展开图。

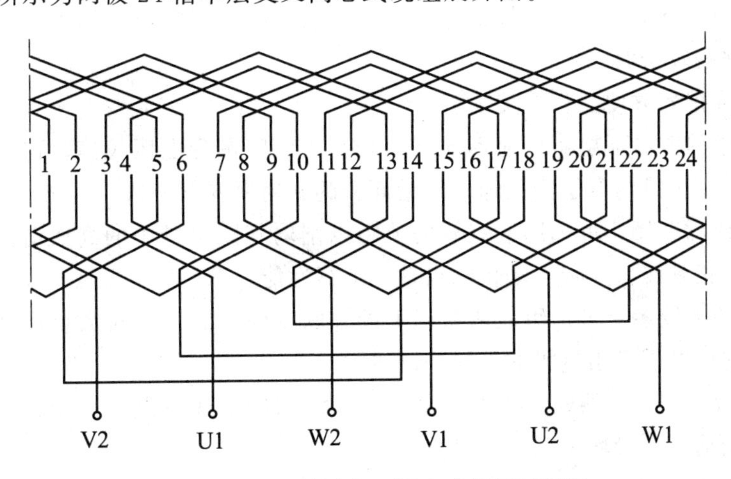

图 7-15 三相单层交叉同心式绕组展开图

单层绕组的组成最主要的是确定三相绕组的各个线圈在定子槽中的分布规律，只要保证每相绕组所属的槽号及电流方向不变，改变线圈的端接形式，对电磁效果就基本上没有影响。以上分析的几种形式的单层绕组，虽然它们从外部结构上看各不相同，但从产生的电磁效果来看则基本上是一致的。因而在选用绕组形式时，主要从缩短线圈端接部分的长度出发，同时也要考虑到嵌线工艺的可能性。同心式绕组的端接部分较长，一般只在嵌线比较困难的两极电动机（$2p=2$）中采用；功率较小的四极、六极和八极采用链式绕组，少量的两极和四极电动机采用交叉链式绕组。

单层绕组的优点是结构简单，嵌线比较方便，槽的利用率高。缺点是损耗和噪声都比较大，启动性较差，所以一般单层绕组只用于小容量的三相异步电动机中。

例15 三相双层绕组

（1）双层绕组的特点

由于单层绕组的端部较厚，整形较难，当电动机容量较大，导线较粗时，这种矛盾就比较突出。另外，难于构成短距也限制了单层绕组的应用范围，故在较大容量的三相电动机中，通常采用双层绕组。

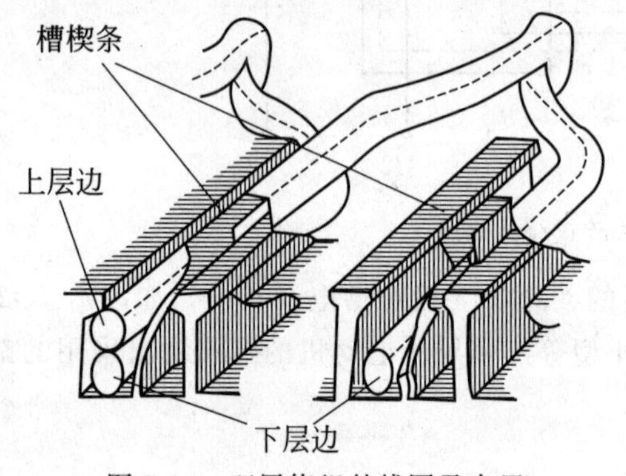

图7-16 双层绕组的线圈及布置

双层绕组的每个槽中有上层和下层两个线圈边，每个线圈的一条边嵌放在某一槽的上层，另一边则嵌放在另一槽的下层，整个绕组的线圈数等于定子的槽数，每个线圈形状相同，节距相等，如图7-16所示。

双层绕组根据端部连接方式的不同分为叠绕组及波绕组。叠绕组在嵌线时，两个互相串联的线圈，总是后一个叠在前一个上面，所以得名叠绕组。在中小型电动机中，绝大部分定子都采用双层叠绕组，中型绕线式转子则采用双层波绕组。与单层绕组相比较，双层绕组有如下特点。

① 每个槽内嵌有上、下两层线圈边，上、下层之间用层间绝缘隔离。线圈数与槽数相等，故绕线、嵌线较费时。

② 绕组端部排列方便，整齐美观。

③ 同一槽中的上、下层边可能不属同一相，故层间承受电压较高，在槽内有可能发生相间短路故障。由于槽内有层间绝缘，故槽面积的利用率要低一些。

④ 节距可任意选择，可选用最有利的节距以削弱气隙磁场中的高次谐波，使磁场和电势波形更接近于正弦波，改善电动机的启动和运行性能。

⑤ 每相线圈数较多，可以组成两条以上的并联支路。这一点对大容量低转速电动机特别重要，因为它可以不必用过粗的导线绕制线圈。

⑥ 总线圈数较多，嵌线较费工时。基于双层绕组的上述特点，容量较大的10kW以上的各种极数的电动机一般均采用双层绕组。

（2）双层叠绕组

嵌线时，后一个线圈紧叠在前一个线圈上面，每槽均有两个线圈边，上、下层边用层间绝缘垫开，以防止相间短路。这种绕组称为双层叠绕组。

双层叠绕组又分为双层整距绕组和双层短距绕组两种。图7-17为四极24槽双层整距绕组展开图。图7-18为四极24槽三相双层短距叠绕组展开图。

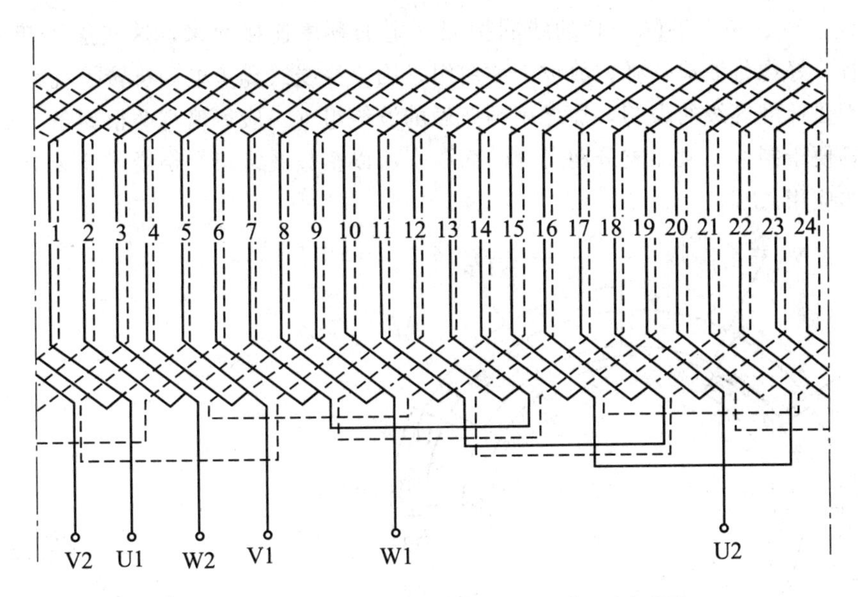

图 7-17 四极 24 槽三相双层整距叠绕组展开图

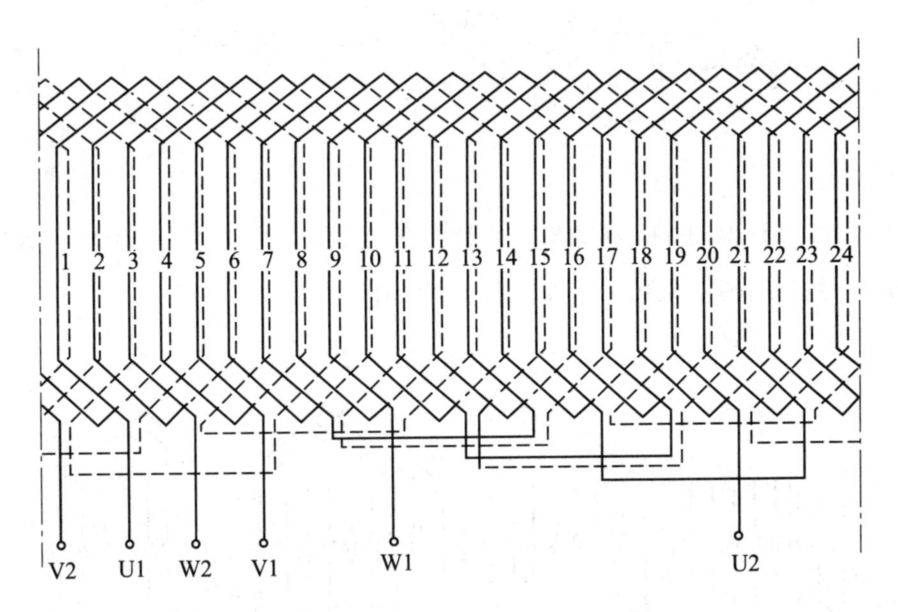

图 7-18 四极 24 槽三相双层短距叠绕组展开图

展开图虽然完整详细地表示出三相绕组的全貌，但绘制比较麻烦，看图也不方便。工程上常用端部接线图表示，这种图比较简明方便。端部接线图如图 7-19 所示。

（3）同心式双层叠绕组

将普通双层短距绕组改变同一极相组的导线之间的连接次序，使这个极相组的各线圈元件轴线重合，便可得到同心式双层叠绕组。它既具有双层短距绕组的电气性能，又具有同心式绕组的工艺特点。

（4）双层波绕组

对多极数或导线截面积较大的交流电动机，为了节约极间连线的用铜量，常采用波绕组。两匝的波绕组线圈形状如图 7-20 所示。波绕组的连接规则，是将所有同一极性（N_1、

N_2、…，S_1、S_2、…）下同一相的线圈按照一定的顺序连接起来，这些连接起来的线圈，从外形上看，好像是波浪一样，故称为波绕组。因为绕线式异步电动机转子绕组不与电网相连，电压不受标准等级的限制，加之用铜条做的波绕组（一般每槽有两根铜条，端部用并头套焊接）既便于制造，又能充分利用槽的面积，所以整数波绕组在绕线式异步电动机转子中得到广泛的应用。

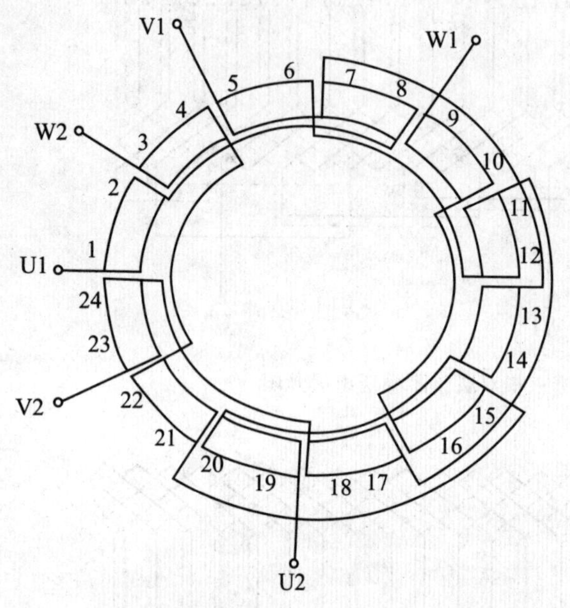

图 7-19　四极 24 槽三相双层绕组接线图

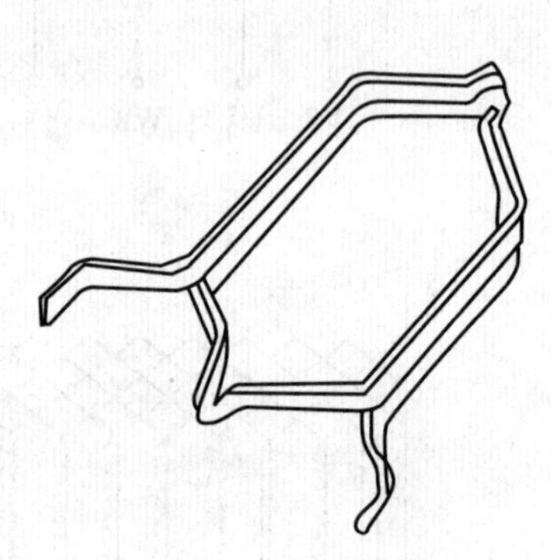

图 7-20　波绕组线圈

四极 36 槽三相双层波绕组 U 相绕组展开图如图 7-21 所示。

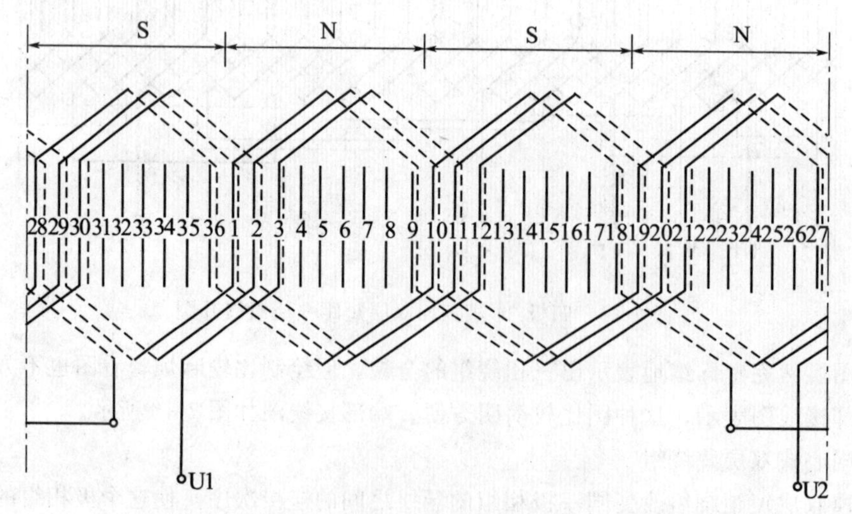

图 7-21　四极 36 槽三相双层波绕组 U 相绕组展开图

例 16　单双层混合绕组

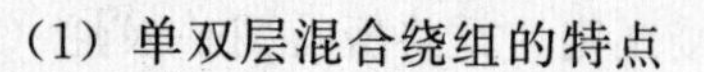

（1）单双层混合绕组的特点

单双层混合绕组又称为单双层绕组，这种绕组是在短距双层绕组的基础上演变而来的。双层绕组中，某些槽上、下层线圈边是属于同一相的，若合并为一个单层线圈边，而另一些槽上、下层线圈边不属于同一相的，仍然保留为双层绕组的结构，对于同相号的线圈边，按同心式绕组形式将其端部连接起来，成为既有单层又有双层的单双层混合绕组。这种绕组综合了单层和双层绕组的一些优点，既保留了双层短距绕组能够削弱谐波磁动势、改善启动性能的优点，又具有单层绕组不需层间绝缘、槽满率高、线圈数目少的特点。尤其是对两极电动机，单双层混合绕组可以比双层绕组采用更理想的节距，从而提高绕组系数。单双层混合绕组采用同心式线圈，显极式连接，大线圈为单层布置，其匝数为双层线圈的两倍。单双层混合绕组的不足之处，主要是不能像短距双层绕组那样可采用单一规格的线圈，而必须绕制匝数不同、节距不等的单层和双层两类线圈，给绕组的制作工艺带来一些不便。

(2) 单双层混合绕组的构成

现以两极 24 槽双层短距叠绕组为例来说明单双层混合绕组的形成。图 7-22 为两极 24 槽三相双层短距叠绕组展开图，从图中看出，同相线圈边的槽号有 1、2、5、6、9、10、13、14、17、18、21、22，把它们改成单层线圈，其余槽内线圈保留双层绕组形式，并改成同心式，则得到单双层混合绕组，如图 7-23 所示。

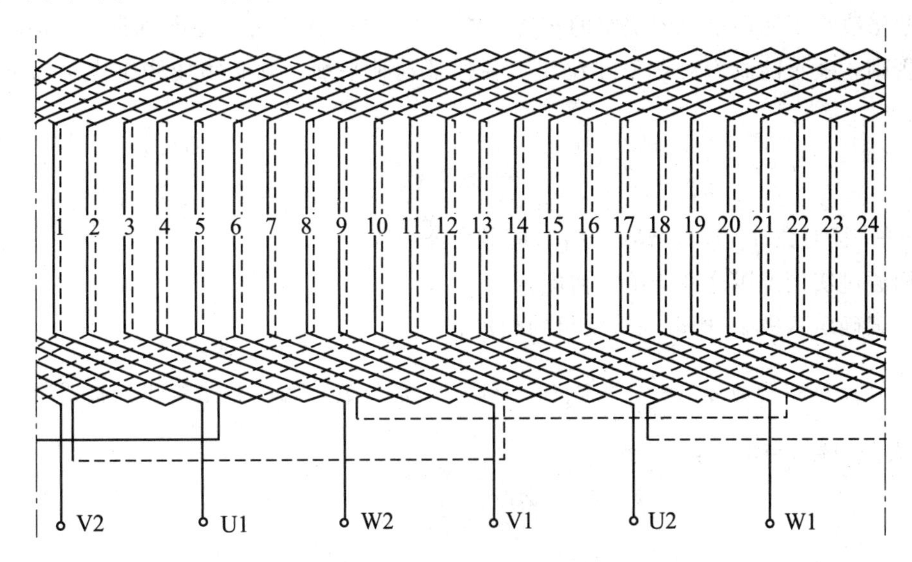

图 7-22　两极 24 槽三相双层短距叠绕组展开图

例 17　分数槽绕组

每极每相槽数 q 为一整数的绕组，称为整数槽绕组。由于双层绕组的线圈数等于槽数，在整数槽绕组里，每一极相组含有的线圈也必定是整数。当每极每相槽数 q 等于分数时，称为分数槽绕组。例如，一台八极 54 槽电动机，则每极每相槽数 $q=\frac{Z_1}{2pm_1}=\frac{54}{8\times3}=2\frac{1}{4}$，即每个极相组含有 $2\frac{1}{4}$ 个线圈。这样的线圈是无法绕制的，在实际制作时，必然是某些极相组多含一些线圈，而另一些极相组则少含一些线圈，故又称不均分组。

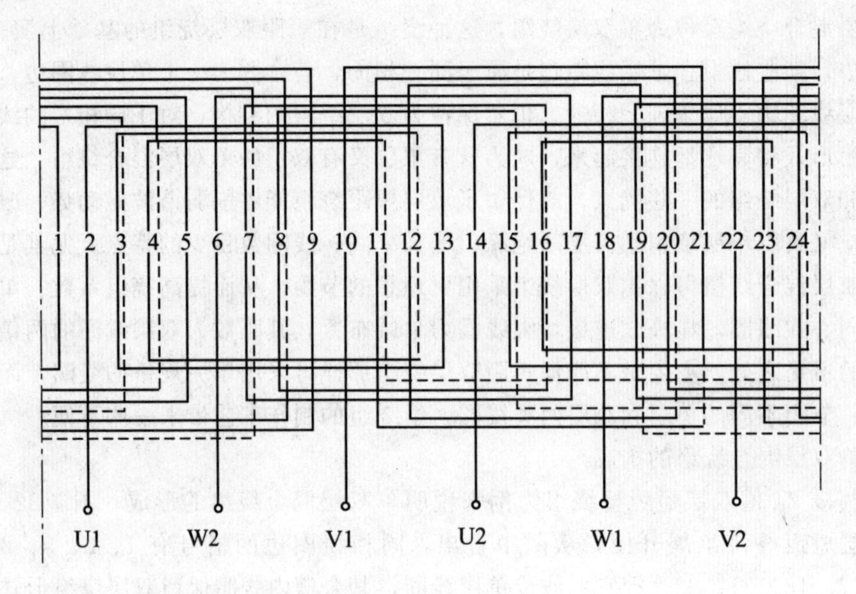

图 7-23　两极 24 槽三相改制单双层混合绕组展开图

分数槽绕组不能用整数槽绕组的布置方法，这种绕组的分布，必须保证三相电势和磁势平衡，否则，就不能成为对称三相绕组。要保证这种平衡，则必须使绕组满足以下对称条件，即：

$$\frac{Z_1}{3t}=\text{整数} \tag{7-13}$$

式中　t——极对数（p）与槽数（Z_1）的最大公约数。

下面通过实例说明这种绕组如何配置。

例　试确定六极 27 槽电动机绕组的配置。

解　每极每相槽数 $q=\frac{Z_1}{2pm_1}=\frac{27}{6\times3}=1\frac{1}{2}$，是分数，属分数槽绕组。极对数 3 与槽数 27 的最大公约数 $t=3$，得：

$$\frac{Z_1}{3t}=\frac{27}{3\times3}=3$$

是整数，故能制成六极三相对称双层绕组。

对于三相电动机，不论是否为分数槽绕组，三相绕组必须含有相同的线圈数，以保持磁场平衡和三相电流平衡。因每相有$\frac{27}{3}=9$个线圈，每个极相组含有$\frac{9}{6}=1\frac{1}{2}$个线圈，这是无法绕制的，只能分配成三个极相组含 2 个线圈，另外三个极相组含 1 个线圈，三相线圈交替对称分布，如表 7-9 所示。U 相展开图如图 7-24 所示。

表 7-9　六极 27 槽分数槽绕组三相线圈排列

N	S	N	S	N	S
U W V	U W V	U W V	U W V	U W V	U W V
2 1 2	1 2 1	2 1 2	1 2 1	2 1 2	1 2 1

图 7-24 为 U 相绕组的展开图。

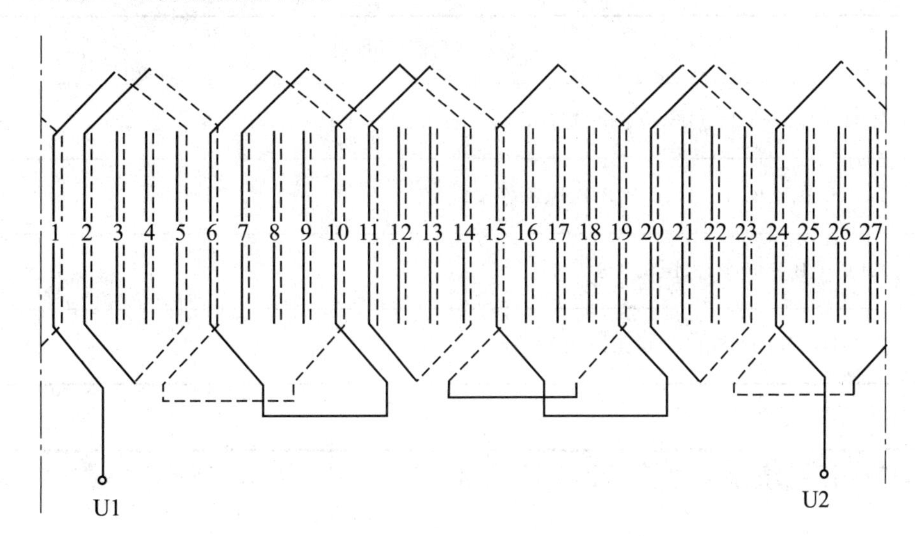

图 7-24 六极 27 槽分数槽绕组（U 相）展开图

分配时应注意，不论是线圈多的极相组还是线圈少的极相组，都应布置在对称位置，只有这样磁性拉力平衡，才能把电动机的磁场振动减小到最低限度。

根据设计分析，可以得出分数槽绕组的配置规律如下。

① 设每极每相槽数（每一极相组线圈数）等于 $B\frac{c}{d}$，则各极相组必由 B 个或 $B+1$ 个线圈组成，其排列顺序按每经 d 个极相组循环一次。

② 每个循环的 d 个极相组中，有 c 个极相组含（$B+1$）个线圈，（$d-c$）个极相组含有 B 个线圈。

③ 循环次数＝总极相组数/d

一般情况下，常见的分数（c/d）值为 1/2、1/4、3/4、1/5、1/7 等，其绕组排列可参照表 7-10。

表 7-10 常见分数槽绕组的极相组排列

$\frac{c}{d}$值	极相组的循环（排列）
$B\frac{1}{2}$	B、(B+1)；B、(B+1)；B、(B+1)等
$B\frac{1}{4}$	B、B、B、(B+1)；B、B、B、(B+1)；或 B、B、(B+1)、B；B、B、(B+1)、B；或 B、(B+1)、B、B；B、(B+1)、B、B 等
$B\frac{3}{4}$	B、(B+1)、(B+1)、(B+1)；B、(B+1)、(B+1)、(B+1)等
$B\frac{1}{5}$	B、B、B、B、(B+1)；B、B、B、B、(B+1)或 B、B、(B+1)B、B；B、B、(B+1)B、B 等
$B\frac{2}{5}$	(B+1)、(B+1)、B、B、B；(B+1)、(B+1)、B、B、B 或(B+1)、B、(B+1)、B、B；(B+1)、B、(B+1)、B、B 等
$B\frac{3}{5}$	B、B、(B+1)、(B+1)、(B+1)；B、B、(B+1)、(B+1)、(B+1)或 B、(B+1)、B、(B+1)、(B+1)；B、(B+1)、B、(B+1)、(B+1)等

续表

$\frac{C}{d}$值	极相组的循环(排列)
$B\frac{4}{5}$	B、(B+1)、(B+1)、(B+1)、(B+1);B、(B+1)、(B+1)、(B+1)、(B+1)等
$B\frac{1}{7}$	B、B、B、B、B、B、(B+1);B、B、B、B、B、B、(B+1)等
$B\frac{2}{7}$	(B+1)、B、B、(B+1)、B、B、B 等
$B\frac{3}{7}$	(B+1)、B、(B+1)、B、(B+1)、B、B 等

例 18 正弦绕组

将普通60°相带绕组的每极每相槽数 q 的 q 个线圈分成两部分，即将 q 分成 $q_{\triangle}$ 和 q_{Y}，而后将所有 $q_{\triangle}$ 线圈按一般规律接成三角形（△），将所有 q_{Y} 线圈按一般规律接成Y形（Y），则把60°相带的一套绕组变成30°相带的两套绕组，这两套绕组可接成延边三角形（⅄）或星形-三角形（△）。

星形（Y）部分绕组的电流比三角形（△）部分绕组中的电流滞后30°电角度，所以定子槽中总电流在任一瞬间沿圆周分布更接近正弦形。

正弦绕组的特点有以下几种。

① 可有效地削弱或消除高次谐波改善电势与磁势的波形，从而改善电动机性能。

② 提高电动机绕组系数，降低损耗，电动机效率可提高2%～4%。

③ 提高电动机功率因数和输出效率。

④ 正弦绕组对于两极电动机绕组改造效果更显得优越。

每极每相槽数 q 由偶数和奇数两种，正弦绕组的排列和连接方法也各不相同，现分别加以说明。

(1) 每极每相槽数 q 为偶数

当每极每相槽数 q 为偶数时，正弦绕组排列和连接方法以例说明。

例 定子槽数 $Z_1=24$、极数 $2p=4$，正弦绕组如何排列和连接。

解 ① 计算每极每相数

$$q=\frac{Z_1}{2pm_1}=\frac{24}{4\times3}=2$$

② 正弦绕组分别按三角形部分和星形部分每极每相槽数 $q_{\triangle}=q_{Y}=\frac{q}{2}=\frac{2}{2}=1$ 来进行排列。

③ 画出正弦绕组平面展开图，如图7-25所示。

④ 将正弦绕组三角形（△）部分和星形（Y）部分混合结成延边三角形或星形-三角形。如图7-26所示。

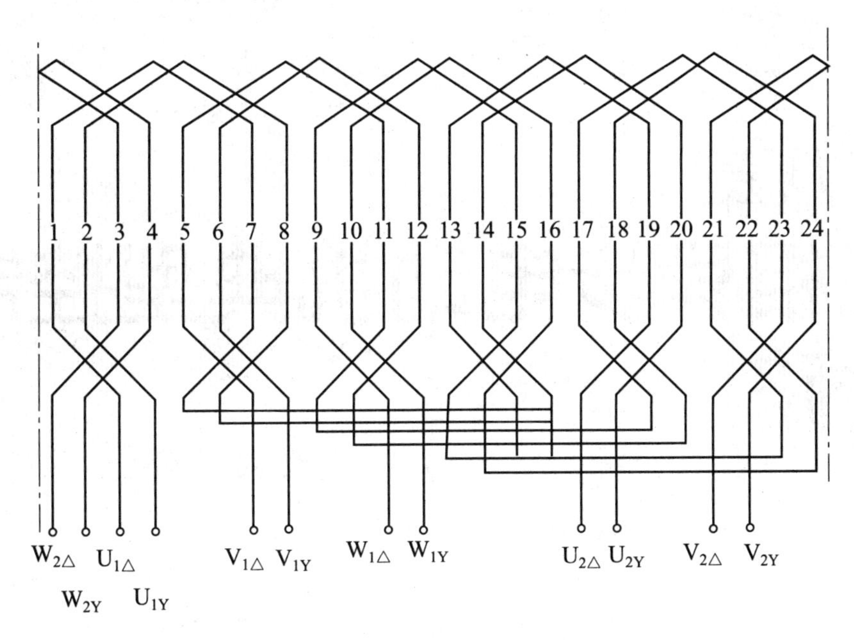

图 7-25　四极 24 槽单层正弦绕组平面展开图

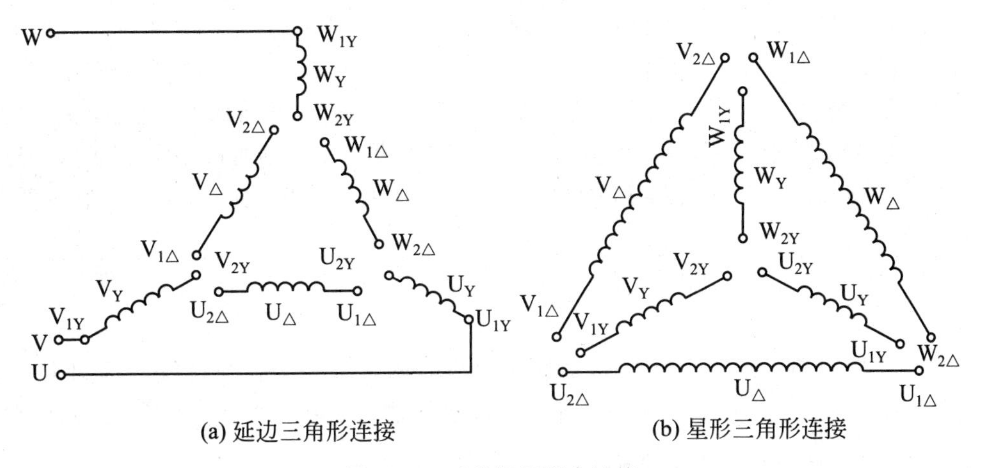

(a) 延边三角形连接　　(b) 星形三角形连接

图 7-26　正弦绕组混合连接

（2）每极每相槽数 q 为奇数

当每极每相槽数 q 为奇数时，正弦绕组有轮换排列、不轮换排列和单双层混合排列三种排列方式。读者可参阅其他有关书籍，此处不再赘述。

第八章 三相异步电动机典型控制线路

对电动机电器控制线路的要求是：①良好的启动；②可改变旋转方向；③能够快速制动；④可改变转速和多机控制等。

电动机的单向运转是电器控制线路中最简单的一种，这种线路主要是控制异步电动机的单向启动、自锁和点动等。电动机的正反转控制在生产实践中也是经常碰到的，有的采用按钮控制，有的用行程开关自动切换。

电动机在运转过程中，可能会发生过载或短路等故障，如果不设置保护性电路，就可能发生事故。因此电器控制线路必须采取保护措施，如短路保护（加熔断器）、过载保护（加热继电器）、连锁保护以及过电流保护、断相电保护等。这是电气控制线路中特别需要注意的问题。

例 1　三相异步电动机星形、三角形接线图

一般电动机三相绕组都会引出六个接头到机壳的接线柱上。当接线柱标记 U1、V1、W1、U2、V2、W2 清晰可见时，若电动机为星形接法，则将 U2、V2、W2 接成星点，而将 U1、V1、W1 接三相电源，见图 8-1(a)。

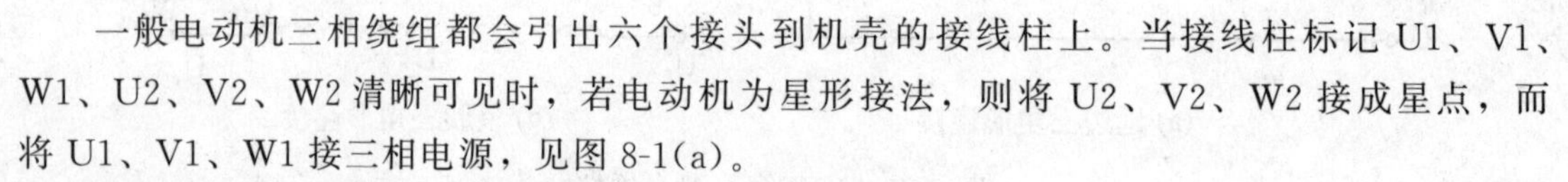

若电动机为三角形接法，则将 U1 与 W2 连接，V1 与 U2 连接，W1 与 V2 连接，然后将 U1、V1、W1 接三相电源，见图 8-1(b)。接电源时要注意，电源电压应与电动机铭牌标注电压相一致。

若接线柱标记不清时，可先检测出三相绕组首尾端，然后再按上述方法接线。

例 2　可点动又可间歇运行控制线路

（1）电路指导

如图 8-2 所示为可点动又可间歇运行控制线路，适用于点动或按周期重复工作的生产机械。

控制线路的保护元件由断路器 QF 做主电路的短路和过载保护，熔断器 FU 作控制电路的短路保护；热继电器 FR 为电动机的过载保护。

主电路由断路器 QF、接触器 KM 主触点、热继电器 FR 和电动机 M 组成。控制电路由

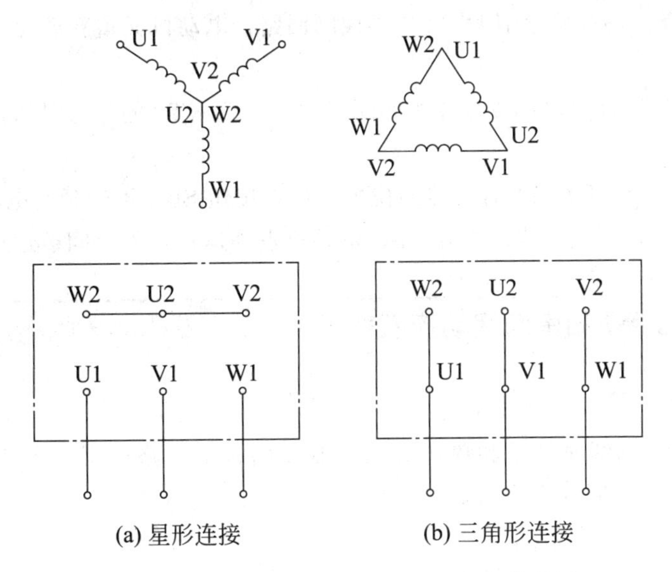

(a) 星形连接　　(b) 三角形连接

图 8-1　三相异步电动机星形、三角形接线图

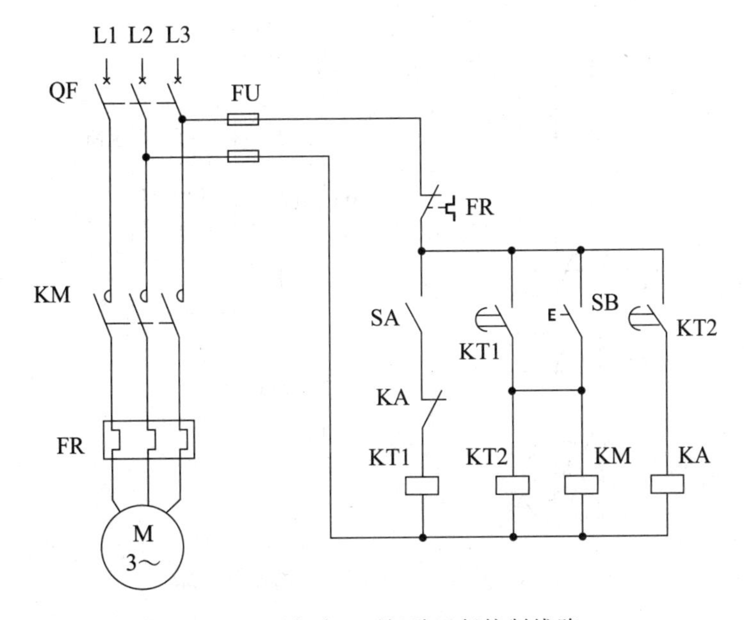

图 8-2　可点动又可间歇运行控制线路

熔断器 FU、启动按钮 SB、接触器 KM、开关 SA、时间继电器 KT 和热继电器 FR 常闭触头组成。

（2）工作过程

合上低压断路器 QF，将开关 SA 转到接通位置，时间继电器 KT1 得电，经过一段时间的延时后，KT1 常开触点闭合，接触器 KM 得电吸合，其主触点闭合，电动机 M 得电运转。与此同时，时间继电器 KT2 得电吸合，经过 KT2 的延时时间后，KT2 常开触点闭合，使中间继电器 KA 得电吸合，其常闭触点断开，切断时间继电器 KT1 线圈的控制回路，KT1 常开触点断开，KT2、KM、KA 断电释放，电动机停止运转。这时 KA 常闭触点恢复闭合，又接通 KT1 控制回路，KT1 又进入计时状态。待再次到达 KT1 的延时时间后，

KT1常开触点闭合，再次接通KT2和KM线圈回路，电动机又重新启动。这样，电动机按周期重复工作。

调整KT1的延时时间，可改变停机间隔时间；调整KT2的延时时间，可改变开机运行时间。

接通电源后，若将开关SA置于接通位置，按下按钮SB，不经延时电动机立即启动。

若断开开关SA，再按下启动按钮SB，电动机点动运行，不会间歇运行。

例3 两地点动和单向启动控制线路

（1）电路指导

图8-3电路为一例两地点动和单向启动控制线路，本电路适用于需连续或断续单向运行，并且可两地操作控制的生产机械上。

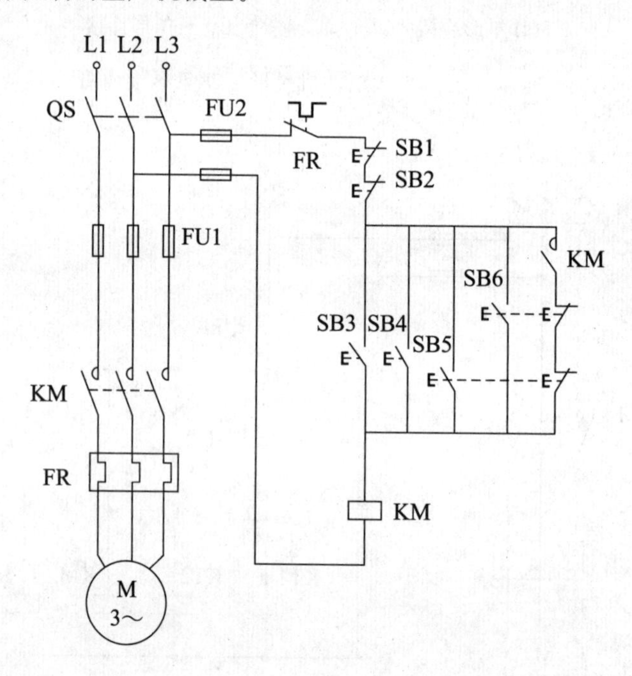

图8-3 两地点动和单向启动控制线路

控制线路的保护元件由熔断器FU1与熔断器FU2组成，分别做主电路和控制电路的短路保护，热继电器FR为电动机的过载保护。

主电路由开关QS、熔断器FU1、接触器KM主触点和电动机M组成。控制电路由熔断器FU2、启动按钮SB3～SB6；停止按钮SB1、SB2；热继电器常闭触头FR和接触器KM组成。

（2）工作过程

图8-3电路工作过程与一地点动和单向启动控制线路相同，只是比其多了一组按钮：停止按钮SB2、单向启动按钮SB4和点动按钮SB6。这组按钮可安装在另一地点，作两地控制用。

合上电源开关QS，按下启动按钮SB3，接触器线圈KM得电，主触头KM闭合，辅助触头KM闭合自锁，电动机作单向连续运转。如需点动，则按下点动按钮SB5。由于按钮

SB5 的常闭触点串联在辅助触头 KM 的回路上，按下点动按钮 SB5 的同时闭合自锁线路被切断，点动按钮常开触点直接接通控制线路，所以电动机作断续运转。同理，当按下点动按钮 SB6 时，电动机也作断续运转。再按下启动按钮 SB4 时，电动机又可作单向连续运转。

如要电动机停止，可以按停止按钮 SB1 或 SB2。

例 4　多地可逆启动、停止、点动控制线路

（1）电路指导

如图 8-4 所示为多地可逆启动、停止、点动控制线路。图中各地的 SB1 为停止按钮，SB2 为正向点动按钮，SB3 为正向启动按钮，SB4、SB5 为反向启动按钮。

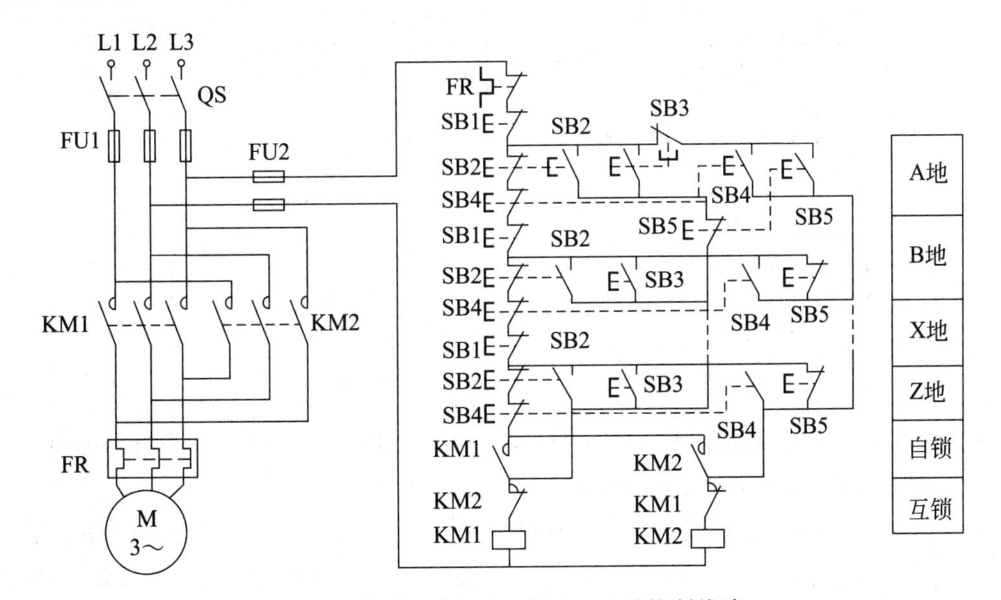

图 8-4　多地可逆启动、停止、点动控制线路

控制线路的保护元件由熔断器 FU1 与熔断器 FU2 组成，分别做主电路和控制电路的短路保护，热继电器 FR 为电动机的过载保护。

主电路由开关 QS、熔断器 FU1、接触器 KM1、KM2 主触点和电动机 M 组成。控制电路由熔断器 FU2、启动按钮 SB1～SB4、停止按钮 SB5；接触器 KM1、KM2 和热继电器 FR 组成。

（2）工作过程

电路具有正反向启动按钮互锁，接触器辅助触点正反向互锁功能。

该电路具有各控制点按钮组间的连线少（只需三根连线），线路简单，成本低等优点。尤其在控制点较多时，其优越性更为明显。

例 5　带点动功能的自动往返控制线路

（1）电路指导

图 8-5 是一例装有点动装置的全自动可逆控制线路。

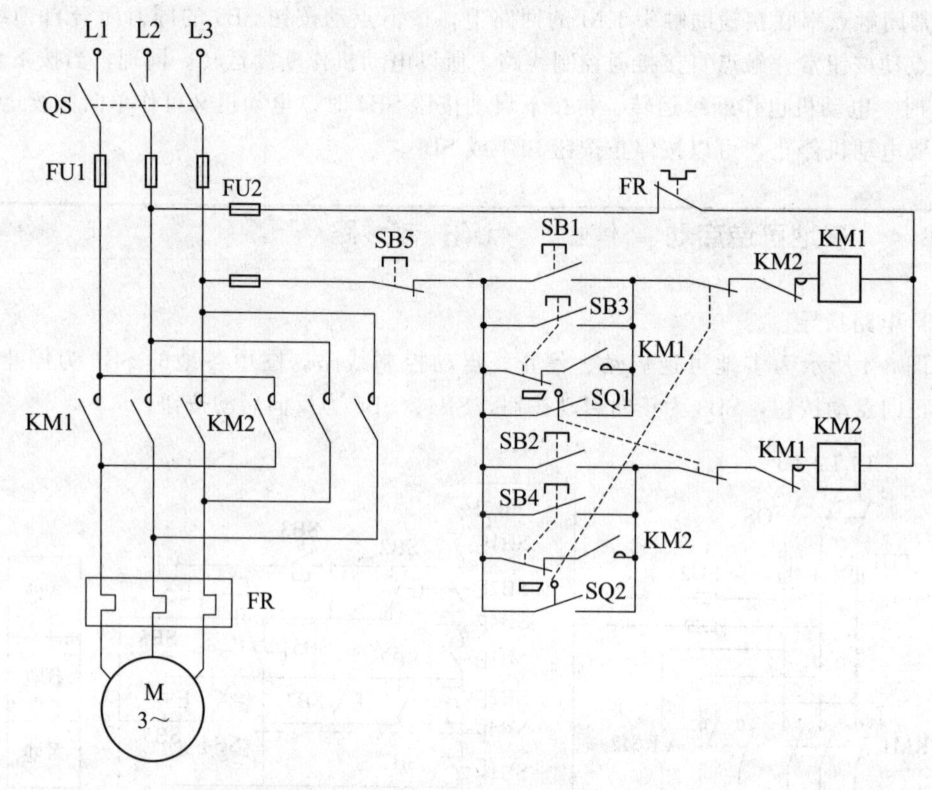

图 8-5　带点动功能的自动往返控制线路

控制线路的保护元件由熔断器 FU1 与熔断器 FU2 组成，分别做主电路和控制电路的短路保护，热继电器 FR 为电动机的过载保护。

主电路由开关 QS、熔断器 FU1、接触器 KM1、KM2 主触点和电动机 M 组成。控制电路由熔断器 FU2、启动按钮 SB1～SB4，停止按钮 SB5；行程开关 SQ1、SQ2；接触器 KM1、KM2 和热继电器 FR 常闭触头组成。

（2）工作过程

合上电源开关 QS，当按下启动按钮 SB1 时，接触器线圈 KM1 吸合，电动机按规定方向运转，撞块也按规定的方向移动。当撞块行至规定点时，碰到行程开关 SQ2，使 SQ2 常闭触点断开，接触器线圈 KM1 即释放。由于机械传动的惯性作用，使撞块在切断正转控制线路的同时，也使行程开关 SQ2 的常开触点瞬时闭合。反转接触器线圈 KM2 立即得电吸合，反转接触器辅助触点 KM2 闭合并自锁，使电动机反转，撞块作反向移动。当撞块行至规定点时，碰到行程开关 SQ1，使其常闭触点断开，接触器线圈 KM2 即释放。由于机械传动的惯性作用，撞块在切断反转控制的同时，使行程开关 SQ1 的常开触点瞬时闭合，正转接触器线圈 KM1 得电吸合，正转接触器辅助触点 KM1 闭合并自锁，使电动机正转，撞块又作正向移动。如此反复，电动机自动往返运行。

按钮 SB3、SB4 为正反转点动控制按钮。当按下按钮 SB3 时，接触器 KM1 线圈得电，电动机带动运动部件向左运动，但由于 SB3 的常闭触点已切断了接触器 KM1 自锁电路，一旦按钮 SB3 松开，接触器 KM1 断电释放，电动机停转。同理，当按下按钮 SB4 时，接触器 KM2 线圈得电，电动机带动运动部件向右运动，一旦按钮 SB4 松开，接触器 KM2 断电释放，电动机停转。

操作点动按钮时间不能过长，需在挡铁压下行程开关前松开，否则，点动将失去作用。该线路适用于需断续和连续自动往返的生产机械。

例 6　防止可逆转换期间相间短路的控制线路

（1）电路指导

在电动机容量较大，并且重载下进行正反转切换时，往往会产生很强的电弧，容易造成相间短路。图 8-6 线路是利用连锁继电器延长转换时间来防止相间短路的。

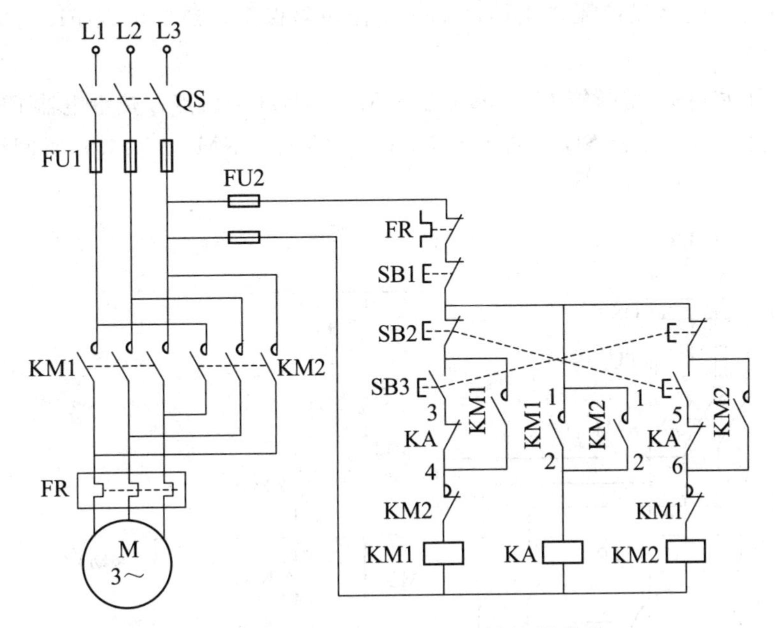

图 8-6　防止相间短路的正反转控制线路

控制线路的保护元件由熔断器 FU1 与熔断器 FU2 组成，分别做主电路和控制电路的短路保护，热继电器 FR 为电动机的过载保护。

主电路由开关 QS、熔断器 FU1、接触器 KM1 及 KM2 主触点、热继电器 FR（电动机过载保护）和电动机 M 组成。控制电路由熔断器 FU2、启动按钮 SB2、SB3、停止按钮 SB1、接触器 KM1 及 KM2、继电器 KA 和热继电器 FR 常闭触头组成。

（2）工作过程

按下按钮 SB3 时，正转接触器 KM1 得电吸合并自锁，电动机正向启动运转，同时，KM1 的常开辅助触点 KM1（1-2）闭合，使连锁继电器 KA 得电吸合并自锁，串联在 KM1、KM2 电路中的常闭触点 KA（3-4）、KM（5-6）断开，使 KM2 不能得电，实现互锁。按下反转按钮 SB2 时，首先断开 KM1 控制电路，KM1 断电释放，当其主触点断开，待电弧完全熄灭后，连锁继电器 KA 断电释放，这时 KA 的常闭触点 KA（5-6）闭合，KM2 才能得电吸合并自锁，电动机才能反向转动。

该线路在正转接触器 KM1 断电后，KA 也随着断电，KM1 和 KA 组成了灭弧电路，即在同一相中四对主触头的熄弧效果大大加强，有效地防止了相间短路。

这种电路能完全防止正反转转换过程中的电弧短路，适用于转换时间小于灭弧时间的场合。

例7 用时间继电器自动转换Y-△降压启动控制线路

(1) 电路指导

如图8-7所示为另一种常用的Y/△降压启动控制线路。启动时KM1、KM3通电，电动机接成星形。经时间继电器KT延时，转速上升到接近额定转速时，KM3断电，KM2通电，电动机接成三角形，进入稳定运行状态。

控制线路的主电路保护元件由熔断器FU作短路保护，热继电器FR为电动机的过载保护。

主电路由开关QS、熔断器FU、接触器KM1～KM3主触点；热继电器FR和电动机M组成。控制电路由启动按钮SB2、停止按钮SB1、接触器KM1～KM3；时间继电器KT和热继电器FR常闭触头组成。

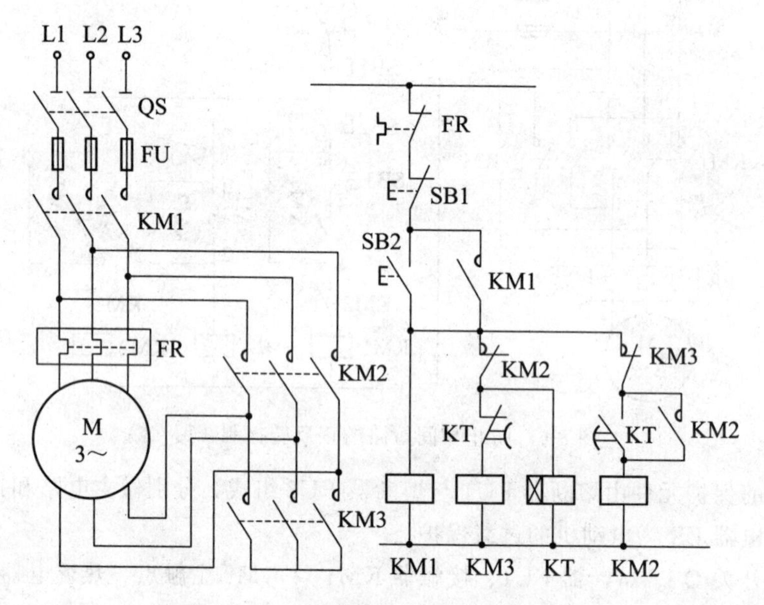

图8-7 Y/△降压启动控制线路

(2) 工作过程

按下启动按钮SB2，接触器KM1线圈得电，电动机M接入电源。同时，时间继电器KT及接触器KM3线圈得电，接触器KM3常开主触点闭合，电动机M定子绕组在星形连接下运行。KM3的常闭辅助触点断开，保证了接触器KM2不得电。时间继电器KT常闭延时断开触点延时断开，切断KM3线圈电源，其主触点断开，而常闭辅助触点闭合。时间继电器KT的常开延时闭合触点延时闭合，接触器KM2线圈得电，其主触点闭合，使电动机M由星形启动切换为三角形运行。

停车时，按下停止按钮SB1，控制电路断电，各接触器释放，电动机断电停转。

线路在KM3与KM2之间设有辅助触点连锁，防止它们同时动作造成短路；此外，线路转入三角连接运行后，KM2的常闭触点断开，切除时间继电器KT，避免KT线圈长时间运行而空耗电能，并延长其寿命。

三相笼型异步电动机采用Y/△启动时，定子绕组星形连接状态下启动电压为三角形连接启动电压的1/3，启动转矩为三角形连接直接启动转矩的1/3，启动电流也为三角形连接直接启动电流的1/3。与其他降压启动相比，Y/△启动投资少、线路简单，但启动转矩小。这种启动方法适用于空载或轻载状态下启动，同时，这种降压启动方法，只能用于正常运转时定子绕组接成三角形的笼型异步电动机。

例8　手动与自动混合控制的自耦变压器降压启动线路

（1）电路指导

如图8-8所示是一例电动机用自耦变压器降压启动，既可手动，又可自动地远距离操作的混合控制线路。

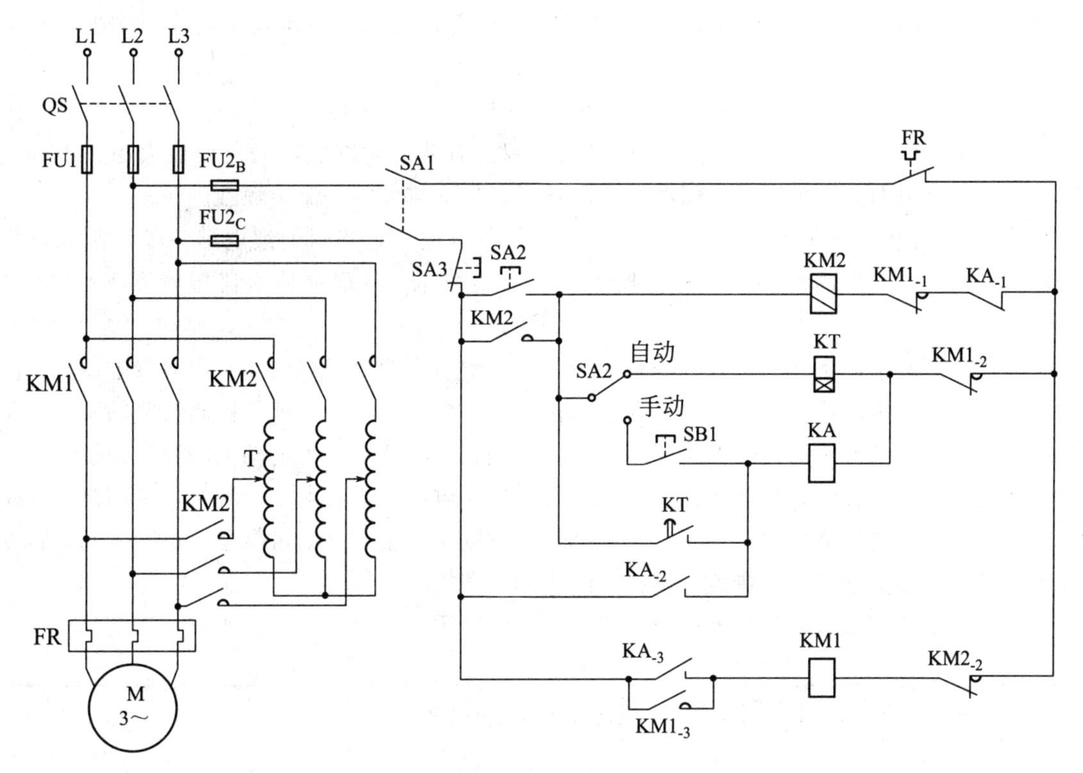

图8-8　手动与自动混合控制的自耦变压器降压启动线路

控制线路的保护元件由熔断器FU1与熔断器FU2组成，分别做主电路和控制电路的短路保护，热继电器FR为电动机的过载保护。

主电路由开关QS、熔断器FU1、接触器KM1、KM2主触点、自耦变压器T、热继电器FR和电动机M组成。控制电路由熔断器FU2、启动按钮SB1、SB2，停止按钮SB3、钮子开关SA1、SA2，接触器KM1～KM3，中间继电器KA、时间继电器KT和热继电器FR常闭触点组成。

（2）工作过程

手动时——合上电源开关QS，扳上控制钮子开关SA1，把控制选择开关SA2扳至手动位置。按下启动按钮 SB2，双线圈接触器 KM2 同时得电吸合，其主触头闭合，电源经自耦变压器进入电动机，使电动机作降压启动。

待电动机转速增加到一定程度，再按下运转按钮 SB1，使中间继电器 KA 瞬间得电并短时吸合。由于中间继电器 KA 的动作，先切断了接触器 KM2 的控制回路，使接触器 KM2 失电并释放；又接通了接触器 KM1 的控制回路，使接触器 KM1 得电吸合，其主触头闭合，电源直接进入电动机，使电动机作全压正常运转。

自动时——把控制选择开关 SA2 扳至自动位置，并按下启动按钮 SB2，双线圈接触器 KM2 同时得电自锁，其主触头闭合，电源经自耦变压器进入电动机，使电动机作降压启动，时间继电器 KT 也得电开始工作。

待电动机转速增大到一定程度时，时间继电器 KT 达到规定延时时间，延时常开触点 KT 作瞬时闭合，使中间继电器 KA 作瞬时吸合。由于中间继电器的动作，常闭触点 KA_{-1} 先切断接触器 KM2 的控制回路，使接触器 KM2 失电并释放。常开触点 KA_{-2} 闭合，接通了接触器 KM1 的控制回路，使接触器 KM1 得电吸合，其主触头闭合，电源直接进入电动机，使电动机作全压正常运转。

在时间继电器和交流接触器之间特意增加了一只中间继电器，其目的如下。

① 使中间继电器具有更大的带负载能力。因为有些时间继电器触点容量太小，不能直接带动交流接触器，增加一只中间继电器后就可以带动较大的交流接触器。

② 使中间继电器具有启动按钮的作用。在控制线路中，当时间继电器 KT 作瞬时动作时，中间继电器也作瞬时动作，好像按了一下启动按钮，从而能使交流接触器 KM1 得电自锁。

本线路还具有以下两个特点：一是在控制线路中所用的时间继电器和中间继电器只作瞬时启动用，一旦电动机启动完毕，自动地从控制线路中切除，既保证了控制线路的可靠，又延长了时间继电器和中间继电器的使用寿命。二是在主线路上，为电动机降压启动设置二只并联交流接触器，控制自耦变压器的进线和出线。待电动机投入正常运转时，利用这二只交流接触器把整台自耦变压器从主线路上自动切除，既保证主线路的可靠运行，又延长自耦变压器的使用寿命，还减少自耦变压器在线路中的空载损耗。

该线路适用于较大容量的笼式电动机启动，既可手动，又可自动远距离控制的场合。

例 9 定子绕组串联电阻启动手动、自动控制线路

(1) 电路指导

如图 8-9 所示电路为一例手动、自动控制电动机串电阻（或电抗）降压启动电路，适用于既可手动，又可自动控制电动机的降压启动。

控制线路的保护元件由熔断器 FU1 与熔断器 FU2 组成，分别做主电路和控制电路的短路保护，热继电器 FR 为电动机的过载保护。

主电路由开关 QS、熔断器 FU1、接触器 KM1 及 KM2、降压电阻 R（或电抗）、热继电器 FR 和电动机 M 组成。控制电路由熔断器 FU2、启动按钮 SB2、停止按钮 SB1、时间继电器 KT、中间继电器 KA、选择开关 S、接触器 KM1 及 KM2 和热继电器 FR 常闭触点组成。

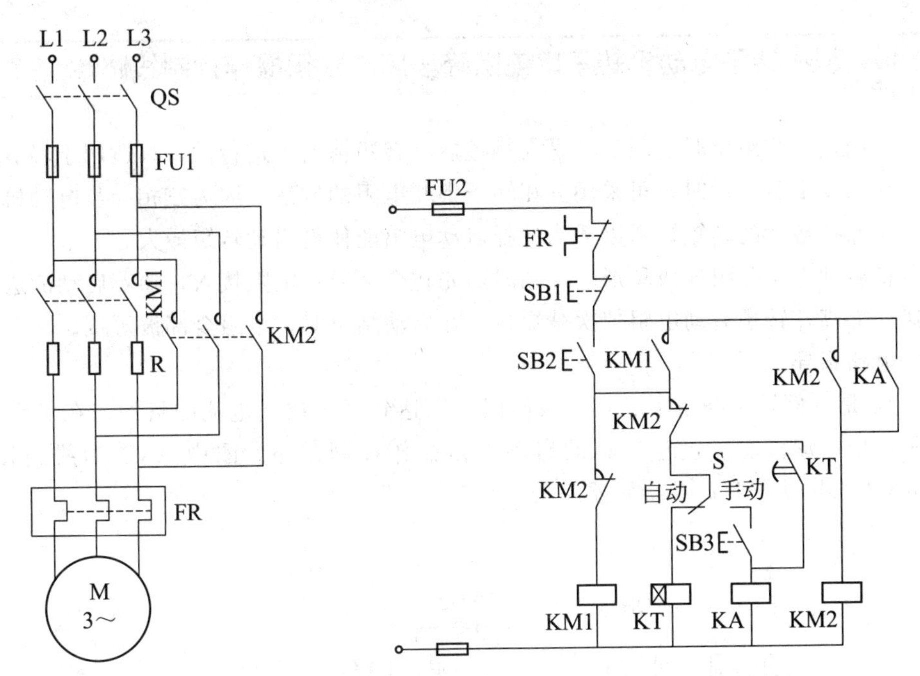

图 8-9　定子绕组串联电阻启动手动、自动混合控制线路

（2）工作过程

手动启动时，合上电源开关 QS，将选择开关 S 扳向“手动”位置。然后按下启动按钮 SB2，接触器 KM1 得电吸合并自锁，主触点闭合，电源经过电阻 R 进入电动机，使电动机降压启动。待电动机转速增加到一定速度时，按下按钮 SB3，中间继电器 KA 得电吸合，其常开触点闭合，使 KM2 得电吸合并自锁。KM2 常闭触点切断了 KM1 控制电源，KM1 断电释放，由于 KM2 主触点闭合，使电动机直接接入三相电源，投入正常运行。热继电器 FR 这时才接入电路中，以防止启动电流过大而误动。

自动启动时，把选择开关 S 扳向“自动”位置，然后按下启动按钮 SB2，接触器 KM1 得电吸合并自锁，电源经过降压电阻 R 进入电动机，使电动机降压启动。同时，时间继电器 KT 也得电吸合。

待电动机转速增加到一定速度，经过一段时间的延时后，时间继电器 KT 整定时间到，其常开延时闭合触点 KT 瞬时闭合，使中间继电器 KA 得电瞬时吸合。KM2 得电吸合，使 KM1 断电释放，电动机投入正常运行。

本电路特点如下。

① 控制电路功耗较小，因为 KM2、KA、KT 只在电动机启动过程中得电，启动过程结束，只有 KM1 得电，这样既节电，又使 KM2、KA、KT 的使用寿命延长，还提高了电路运行的可靠性。

② 电动机在运行中，由于切除时间继电器和中间继电器，提高了控制线路的可靠性。

③ 另外，由于中间继电器的接入，可用于控制较大容量电动机的启动和运转。

该线路适用于额定电压为 220V/380V（△/Y），但不能采用 Y-△方法启动电动机的手动、自动混合启动控制的场合。

例10 绕线转子电动机转子串电阻降压启动按钮操作控制线路

由于采用定子绕组串联电阻启动是在牺牲启动转矩情况下进行的，只适用于轻载或空载下启动。在需要重载启动时，可采用三相转子串联电阻的方法。因为三相异步电动机转子电阻增加时能保持最大的转矩，所以适当选择启动电阻能使得启动转矩最大。

一般将启动电阻分级连成星形，启动时，先将全部启动电阻接入，随着启动的进行，电动机转速的提高，转子启动电阻依次被短接，在启动结束时，电阻全部被短接。

（1）电路指导

图8-10是一例转子绕组串联若干级电阻，以达到减少启动电流的目的，在启动后逐级切除电阻，使电动机逐步正常运转的启动按钮操作控制线路。图中KM1为线路接触器，KM2～KM4为短接电阻启动接触器。

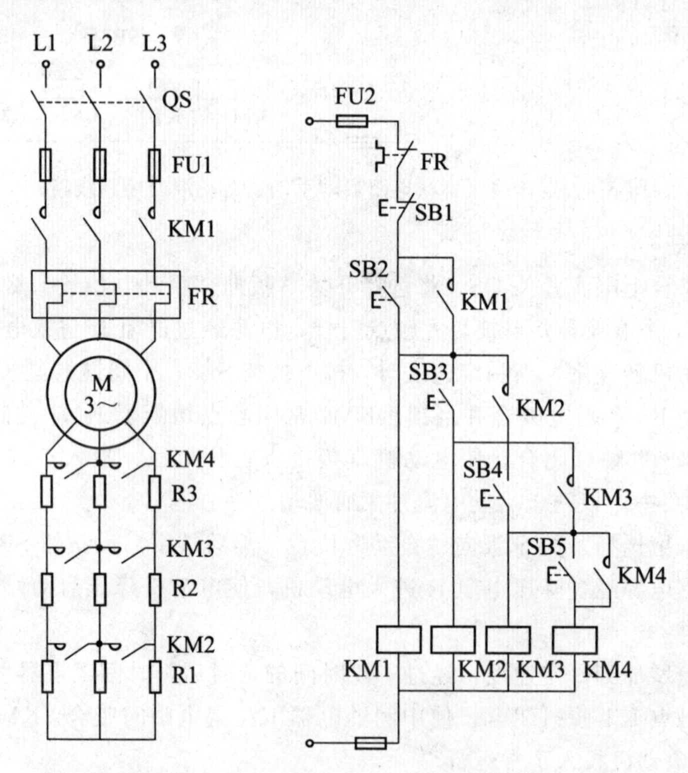

图8-10 绕线转子电动机绕组串电阻降压启动控制线路

控制线路的保护元件由熔断器FU1与熔断器FU2组成，分别做主电路和控制电路的短路保护，热继电器FR为电动机的过载保护。

主电路由开关QS、熔断器FU1、接触器KM1～KM3及KM4、降压电阻R、热继电器FR和电动机M组成。控制电路由熔断器FU2、启动按钮SB2～SB5、停止按钮SB1、接触器KM1～KM3及KM4和热继电器FR常闭触点组成。

（2）工作过程

合上电源开关QS，按下启动按钮SB2，接触器KM1得电，主触点闭合，电动机转子串联三组电阻R1～R3作降压启动，在转速逐步升高电动机转到一定时候时，逐次按下按钮

SB3～SB5，接触器线圈KM2～KM4依次吸合，其常开辅助触头KM2～KM4依次闭合并自锁，将三组电阻逐一短接，使电动机投入正常运转。

该线路适用于手动操作绕线式电动机串联电阻启动的场合。

例11 频敏变阻器降压启动控制线路

频敏变阻器是一种静止的、无触点电磁元件，其电阻值随着频率变化而改变。它内部有几块30～50mm厚的铸铁板或钢板叠成的三柱式铁芯，在铁芯上分别装有线圈，三个线圈连接成Y（星）形，并与电动机转子绕组相接。在电动机启动中，由于等值阻抗随着转子电流频率的减小而下降，以达到自动变阻，所以只需用一组频敏变阻器，就可以实现平稳无级启动。

（1）电路指导

图8-11为绕线转子异步电动机串联频敏变阻器启动控制线路，适用于较大容量的绕线式异步电动机的启动。

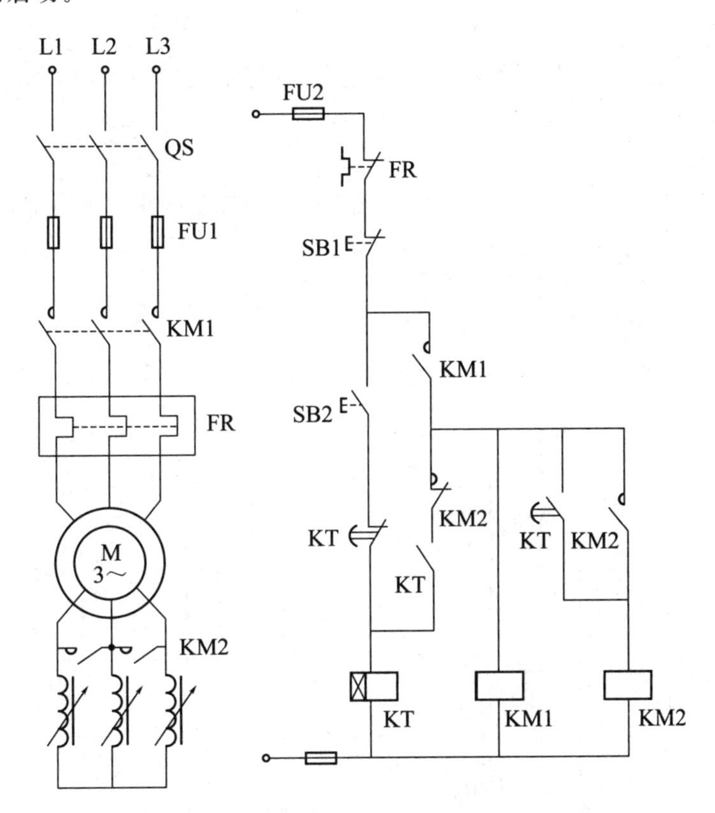

图8-11　频敏变阻器降压启动控制线路

控制线路的保护元件由熔断器FU1与熔断器FU2组成，分别做主电路和控制电路的短路保护，热继电器FR为电动机的过载保护。

主电路由开关QS、熔断器FU1、电源接触器KM1主触点、热继电器FR、电动机M以及转子部分的串接频敏电阻RF和短接频敏电阻接触器KM2主触点组成。控制电路由熔断器FU2、启动按钮SB2、停止按钮SB1、接触器KM1、KM2、时间继电器KT和热继电器FR常闭触点组成。

（2）工作过程

合上电源开关QS，按下启动按钮SB2，KT、KM1相继得电吸合并自锁，三相电源接入电动机定子绕组，转子接入频敏变阻器启动。启动之初，频敏变阻器的电抗较大。随着电动机转速平稳上升，频敏变阻器的电抗值和铁芯涡流损耗的等效电阻值自动下降，经过一段时间，当转速上升到接近额定转速时，时间继电器KT延时时间到，KT的常开延时闭合触点闭合，使KM2得电吸合并自锁，其主触点闭合，将频敏变阻器短接切除，电动机进入正常运行；同时，与时间继电器KT相串联的KM2的常闭触点断开，切断KT的自锁回路，使KT的常闭延时断开触点断开，将KT断电释放。这样时间继电器只在启动时工作，可大大延长它的使用寿命。

本电路具有启动平稳的特点，避免了由于逐级短接电阻，使电动机电流和转矩突然增大而产生的机械冲击。适用于大容量电动机，且频繁启动的场合。

通常频敏变阻器的绕组有3个抽头，即71%匝数、85%匝数和100%匝数，使用时可根据启动电流和启动转矩的不同进行调节。

例12　具有断相保护功能的电磁抱闸制动控制线路

（1）电路指导

如图8-12所示为具有断相保护功能的电磁抱闸制动控制线路，常用于起重机械上。

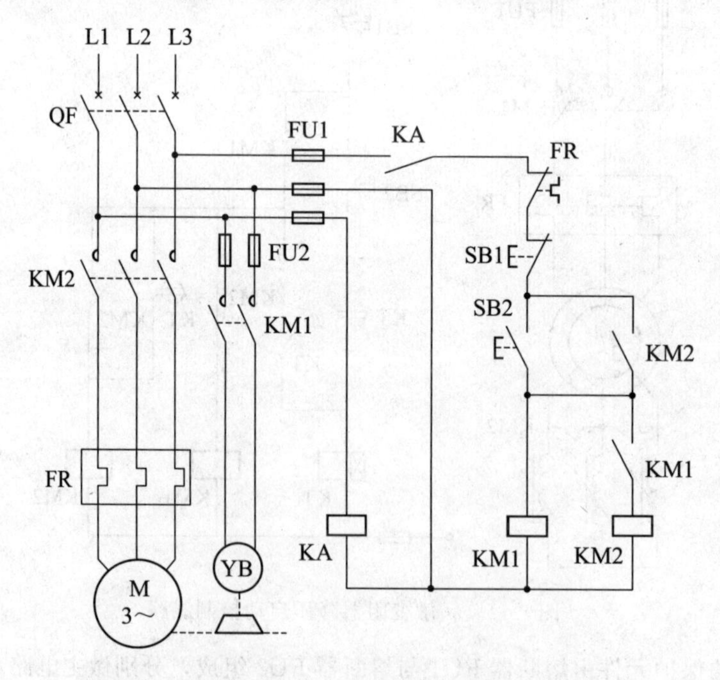

图8-12　具有断相保护功能的电磁抱闸制动控制线路

控制线路的保护元件由断路器QF做主电路的短路和过载保护，熔断器FU1与熔断器FU2组成，分别作控制电路和电磁抱闸线圈的短路保护，热继电器FR为电动机的过载保护。

主电路由断路器QF、接触器KM2主触点、热继电器FR及电动机M组成。控制电路由熔断器FU1、启动控钮SB2、停止按钮SB1、接触器KM1、KM2、中间继电器KA和热继电器FR常闭触点组成。制动电路由熔断器FU2、接触器KM1主触点、电磁抱闸制动线圈YB组成。

（2）工作过程

启动时，合上低压断路器QF，按下启动按钮SB2，接触器KM1得电吸合，其主触点闭合，电磁抱闸线圈YB得电，衔铁被吸引到铁芯上，通过制动杠杆使闸瓦与闸轮分开，KM1的常开辅助触点闭合，接触器KM2得电吸合并自锁，其主触点闭合，电动机M启动运转。

停机时，按下停止按钮SB1，接触器KM1、KM2同时断电释放，电动机和电磁抱闸线圈同时断电，在弹簧的作用下，闸瓦紧紧抱住闸轮，电动机被迅速制动。

当出现断相故障时，如果L1相无电，则中间继电器KA将因失压而释放，接触器KM1、KM2的控制回路被切断；如果L2或L3相断线，则接触器KM1、KM2的线圈将因失压而直接释放，电动机和电磁铁线圈断电，电动机被迅速停机，实现断相保护。

例13　RC反接式电动机制动器控制线路

（1）电路指导

如图8-13所示为一例RC反接式电动机制动器，它与常用的电磁式制动器相比，具有制动速度快、制动时间可调、成本低等特点，可用于各种瞬间制动的机械运转设备（如木材加工带锯机）中。

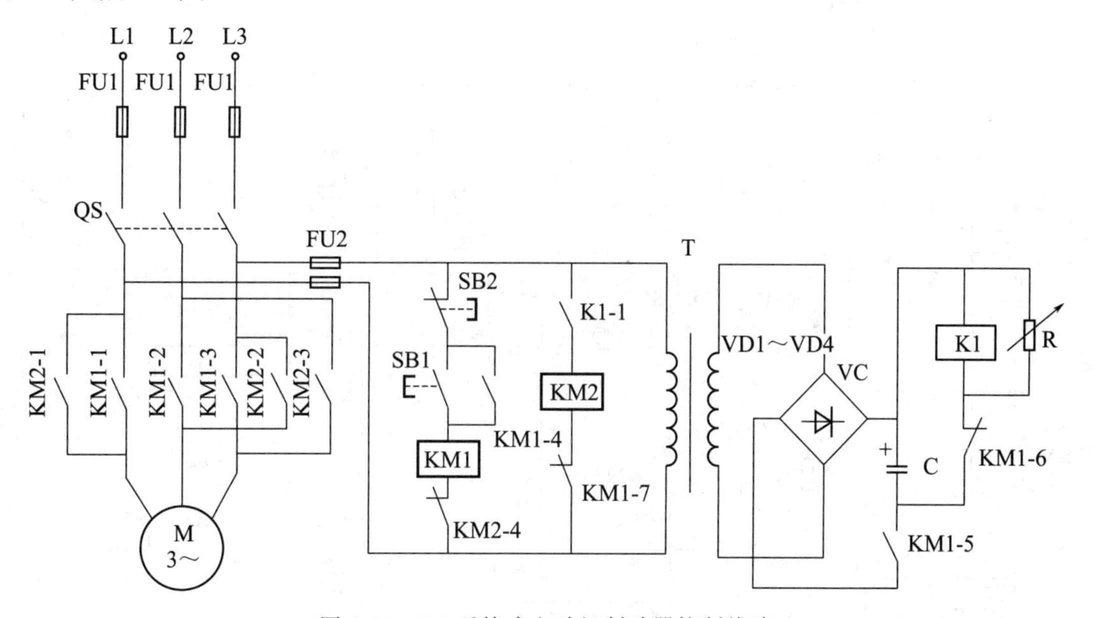

图8-13　RC反接式电动机制动器控制线路

控制线路的保护元件由熔断器FU1与熔断器FU2组成，分别做主电路和控制电路的短路保护。

主电路由开关QS、熔断器FU1、接触器KM1及KM2主触点和电动机M组成。控制电路由熔断器 FU2、启动按钮 SB1、停止按钮 SB2、接触器 KM1 及 KM2、中间继电器 K1 组成。整流电路由电源变压器 T、整流二极管 VD1～VD4、可变电阻器 R、电容器 C、继电器 K1 等组成。

(2) 工作过程

当按动启动按钮 SB1 后，交流接触器 KM1 通电工作，其常开触头 KM1-1～ KM1-5 接通，常闭触头 KM1-6 和 KM1-7 断开，电动机 M 启动运转，电源变压器 T 也通电工作，其二次侧产生的感应电压经 VD1～VD4 整流后，对电容器 C 充电。此时交流接触器 KM2 和继电器 K1 均不工作。

当按动停止按钮 SB2 后，KM1 断电释放，其各常闭触头接通，常开触头释放，电动机 M 断电；与此同时，电容器通过 KM1-6 触点对继电器 K1 放电，使 K1 吸合，其常开触头 K1-1 接通，使交流接触器 KM2 瞬间通电工作，其常开触头 KM2-1～KM2-3 瞬间接通一下，给电动机 M 施加一个瞬间反转电流，电动机 M 在此反转电流的作用下快速停转，从而解决了电动机停机后的惯性运转问题。

调节电阻器 R 的阻值，可以改变对电动机 M 的制动时间，以免制动过量而引起电动机反转。

例 14 可逆转动反接制动控制线路

(1) 电路指导

图 8-14 为电动机可逆运转反接制动控制线路。

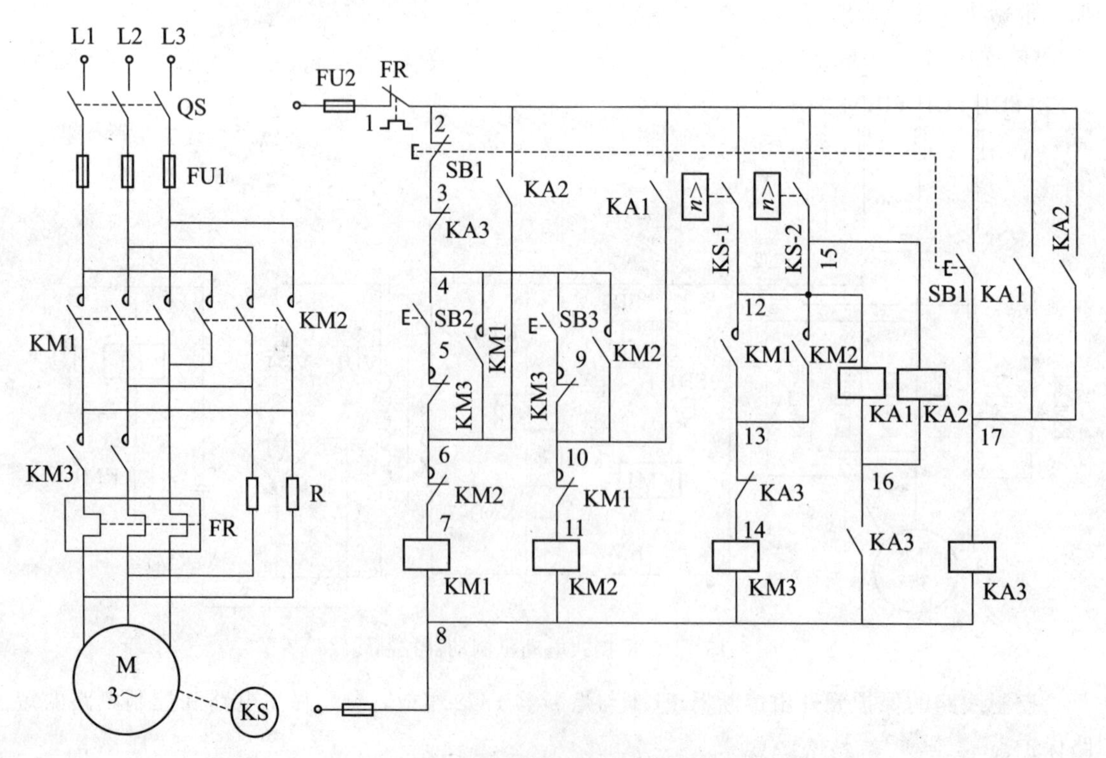

图 8-14 可逆转动反接制动控制线路

控制线路的保护元件由熔断器 FU1 与熔断器 FU2 组成，分别做主电路和控制电路的短路保护，热继电器 FR 为电动机的过载保护。

主电路由开关 QS、熔断器 FU1、电动机正、反转接触器 KM1 及 KM2 主触点、反接制动电阻 R、热继电器 FR 和电动机 M 组成。

控制电路由熔断器 FU2、启动按钮 SB2、SB3、停止按钮 SB1、接触器 KM1、KM2、短接制动电阻 KM3、中间继电器 KA1～KA3 和速度继电器 KS（其中 KS-1 为正转触点，KS-2 为反转触点）组成。

（2）工作过程

电动机需正向旋转时，合上电源开关 QS，按下正向启动按钮 SB2，KM1 线圈得电吸合并自锁，电动机定子串入电阻，接入正相序三相交流电源进行减压启动，当速度继电器转速超过 120r/min 时，速度继电器 KS 动作，其正转触点 KS-1 闭合，使 KM3 线圈得电短接定子电阻，电动机在全压下启动并进入正常运行状态。

当需要停车时，按下停止按钮 SB1，KM1、KM3 线圈相继断电释放，电动机定子串入电阻并断开正相序三相交流电源，电动机依惯性高速旋转。但当停止按钮按到底时，SB1 常开触点闭合，KA3 线圈得电吸合，其常闭触点再次断开 KM3 线圈电路，确保 KM3 处于断电状态，保证反接制动电阻 R 的接入；而其常开触点 KA3 闭合，由于此时电动机转速仍然很高，速度继电器转速仍大于释放值，故 KS-1 仍处于闭合状态，从而使 KA1 线圈经触点 KS-1 得电吸合，而触点 KA1 的闭合，又保证了当停止按钮 SB1 松开后 KA3 线圈仍保持吸合，而 KA1 的另一常开触点的闭合，使 KM2 线圈得电吸合。于是 SB1 按到底后，电动机定子串入反接制动电阻接入反相序三相交流电源进行反接制动，使电动机转速迅速下降。当速度继电器转速低于 120r/min 时，速度继电器动作，其正转触点 KS-1 断开，KA1～KM3 线圈相继断电释放，反接制动结束，电动机自然停车。

电动机反向运转，停止时的反接制动控制电路工作情况与上述相似，不同的是速度继电器起作用的是反向触点 KS-2，中间继电器 KA2 替代了 KA1，其余情况相同。

电路中定子电阻 R 具有限制启动电流和反接制动电流的双重作用。

必须指出，停车时务必将按钮 SB1 按到底，否则，将因 SB1 常开触点未闭合而无反接制动作用。热继电器按图接线，可避免启动电流和制动电流引起的误操作。应适当调整速度继电器触点反力弹簧的松紧程度，以获得较好的制动效果。

例 15　速度继电器控制异步电动机能耗制动控制线路

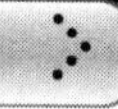

（1）电路指导

图 8-15 为速度继电器控制异步电动机可逆运转能耗制动控制线路。图中 KM1、KM2 为电动机正反转接触器，KM3 为能耗制动接触器，KS 为速度继电器。

控制线路的保护元件由熔断器 FU1 与熔断器 FU2 组成，分别做主电路和控制电路的短路保护；热继电器 FR 为电动机的过载保护。

主电路由开关 QS、熔断器 FU1、正反转接触器 KM1、KM2 主触点、热继电器 FR 和电动机 M 组成。控制电路由熔断器 FU2、正转或反转启动按钮 SB2、SB3、停止按钮 SB1、接触器 KM1～KM3、速度继电器 KS1、KS2 和热继电器 FR 常闭触点组成。能耗制动电路

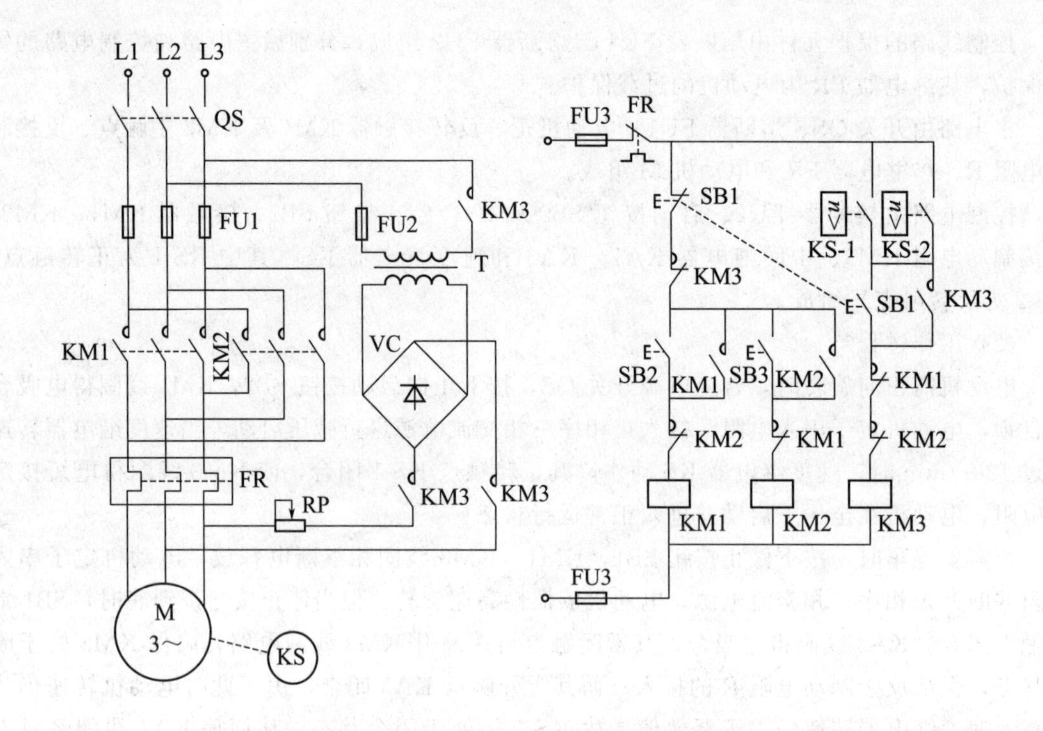

图 8-15　速度继电器控制异步电动机可逆运转能耗制动控制线路

由变压器 T、整流桥 VC、能耗制动接触器 KM3 主触点和变阻器 RP 组成。

（2）工作过程

合上电源开关 QS，根据需要按下正转或反转按钮 SB2 或 SB3，相应接触器 KM1 或 KM2 线圈得电吸合并自锁，电动机启动旋转。此时速度继电器相应的正向或反向触点 KS-1 或 KS-2 闭合，为停车接通 KM3 实现能耗制动做准备。

停车时，按下停止按钮 SB1，电动机定子三相交流电源被切断。当按钮 SB1 按到底时，KM3 线圈得电并自锁，电动机定子绕组接入直流电源进行能耗制动，电动机转速迅速下降。当速度继电器转速低于 120r/min 时，速度继电器释放，其触点 KS-1 或 KS-2 在反力弹簧作用下复位断开，使 KM3 线圈断电释放，切断直流电源，能耗制动结束，电动机转速继续下降至零。

本电路适用于可逆运转，能够通过传动机构来反映电动机转速，并且电动机容量较大、启停频繁的生产机械。

例 16　两管整流能耗制动控制线路

图 8-16 是由两只二极管构成的电动机能耗制动控制线路图。

（1）电路指导

由两只二极管整流的可正转、反转能耗制动控制线路如图 8-16 所示。该控制线路电动机能正转、反转运行。停机时，切断三相交流电源，给定子绕组通以直流电源，产生制动转矩，阻止转子旋转。通过二极管整流提供直流制动电流。

控制线路的保护元件由熔断器 FU1 与熔断器 FU2 组成，分别做主电路和控制电路的短

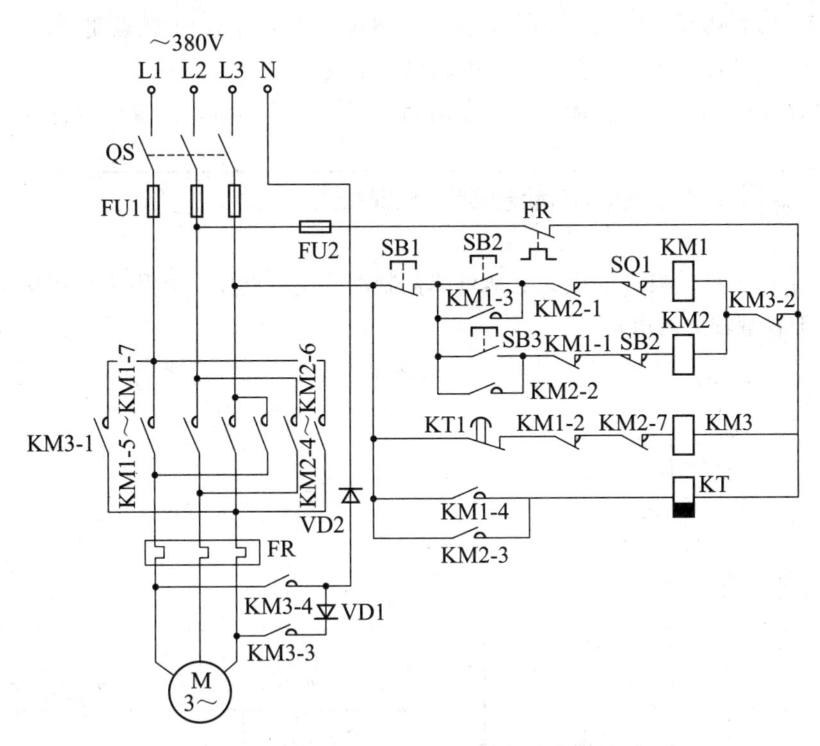

图 8-16　两只二极管构成的能耗制动控制线路图

路保护，热继电器 FR 为电动机的过载保护。

主电路由开关 QS、熔断器 FU1、接触器 KM1 及 KM2 主触点、热继电器 FR 和电动机 M 组成。控制电路由熔断器 FU2、停止按钮 SB1、正转启动按钮 SB2、反转启动按钮 SB3、正转接触器 KM1、反转接触器 KM2、能耗制动接触器 KM3、限位开关 SQ1 和 SQ2，热继电器 FR 常闭触点组成。能耗制动控制电路由熔断器 FU3、二极管 VD1 和 VD2，接触器 KM3 主触点组成；制动时为电动机两相定子绕组提供直流供电。

（2）工作过程

① 正转启动控制。当按下 SB2 后，KM1 交流接触器线圈得电吸合，其 KM1-3 常开触点闭合后自锁；KM1-1 和 KM1-2 常闭触点断开；KM1-5～KM1-7 常开触点闭合后使电动机得电正向运转。同时，KM1-4 闭合后使时间继电器 KT 线圈得电吸合，其常开延时断开触点 KT1 闭合，为制动做准备。

② 正转制动控制。当需要停机时，按下 SB1 停止开关后，KM1 交流接触器线圈断电释放，其常开触点均断开，使电动机失电进入惯性运转状态；同时，KM1 的常闭触点复位闭合后，使 KM3 交流接触器线圈得电吸合，其常闭触点 KM3-2 断开，常开触点 KM3-1、KM3-3、KM3-4 闭合后，使 VD1 与 VD2 整流二极管投入工作，整流后的直流电压加到电动机两相定子绕组上，由此就可在定子绕组中产生一个恒定的静止磁场，转子因切割这个直流磁场的磁力线而产生出感生电流，形成的制动力矩，使电动机的转速迅速降为 0。

当 KM1 交流接触器线圈断电释放后，其 KM1-4 常开触点断开，使时间继电器 KT 线圈断电，其 KT1 触点延时断开后，使 KM3 交流接触器线圈也断电释放，其常开触点断开后，切断了直流制动整流电路，至此正转制动结束。

③ 反转启动控制。当按下 SB3 开关后，KM2 交流接触器线圈得电吸合，其 KM2-1 闭

合后自锁，KM2-2 断开，KM2-3 闭合后使 KT 线圈得电，其 KT1 触点闭合，为反转制动做准备；KM2-4～KM2-6 触点闭合后，使电动机得电反向运转。

④ 反转制动控制。反向转动时的反接制动过程同正转类似，读者可自行分析。

例 17 3 只二极管整流的能耗制动控制线路

图 8-17 是由 3 只二极管构成的电动机能耗制动控制线路图，适用于星形接法的电动机，也同样适用于容量较大的电动机。

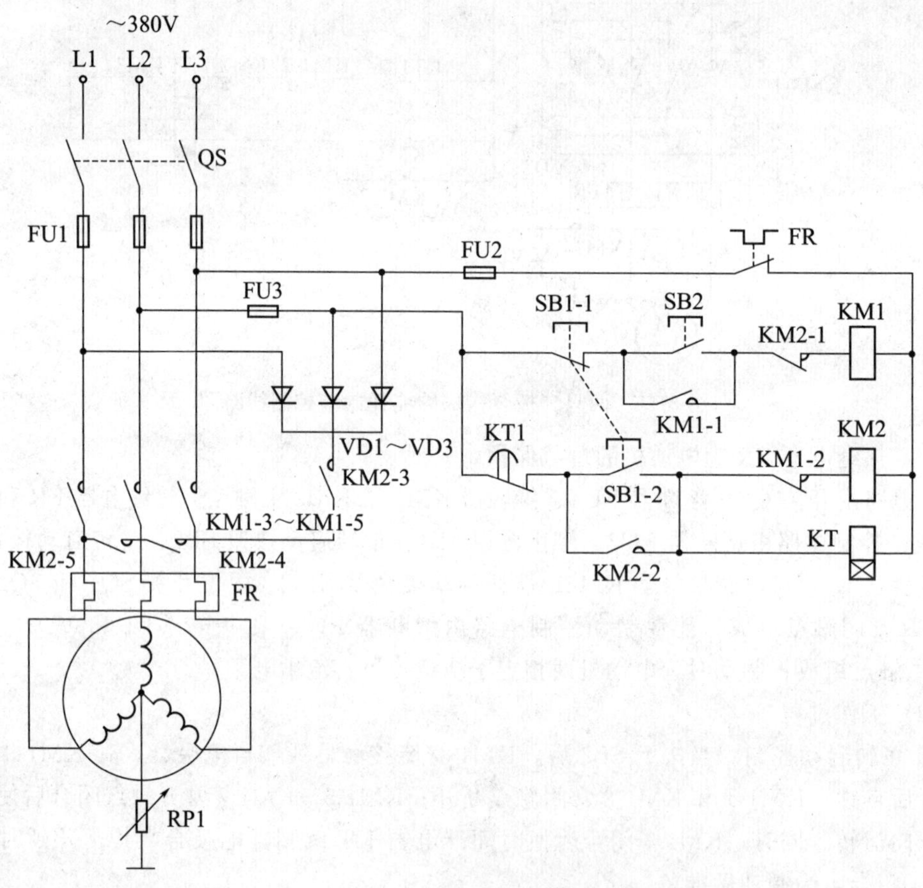

图 8-17 3 只二极管构成的能耗制动控制线路图

（1）电路指导

图 8-17 线路中，SB1 为停止按钮开关；SB2 为启动按钮开关；KM1 为控制电动机三相电源的交流接触器；KM2 为用于控制制动的交流接触器；KT 为延时断开时间继电器。VD1～VD3 为 3 只整流二极管，构成了三相半波整流电路。RP1 为可调电位器，用来调节电流的大小，从而调节制动的强度。

控制线路的保护元件由熔断器 FU1～FU3 组成，分别作电动机、控制电路和能耗制动电路的短路保护；热继电器 FR 为电动机的过载保护。

主电路由开关 QS、熔断器 FU1、接触器 KM1 主触点、热继电器 FR 和电动机 M 组成。控制电路由熔断器 FU2、停止按钮 SB1、启动按钮 SB2，接触器 KM1 及 KM2，延时断开时间继电器 KT 和热继电器 FR 常闭触点组成。能耗控制电路由 3 只整流二极管 VD1～VD3 和接触器 KM2 主触点组成。

（2）工作过程

① 启动控制。合上电源开关 QS，按下 SB2 启动开关后，KM1 交流接触器线圈得电吸合，其 KM1-1 常开触点闭合后自锁，KM1-2 常闭触点断开，KM1-3～KM1-5 三组主触点闭合后为电动机提供三相供电，使电动机得电运转。

② 制动控制。当电动机需要停机时，按下停止按钮开关 SB1 后，其 SB1-1 常闭触点断开，使 KM1 线圈断电释放，其 KM1-3～KM1-5 触点断开，使电动机断电进入惯性运转状态。

同时，按钮开关 SB1 的常开触点 SB1-2 闭合，此时由于 KM1-2 触点的复位闭合，故而使 KM2 交流接触器和 KT 时间继电器线圈均得电工作。

当 KM2 线圈得电吸合后，其 KM2-2 常开触点闭合后自锁，KM2-1 互锁触点断开，KM2-3～KM2-5 三组常开触点闭合，使电动机定子三根引线接入了由 VD1～VD3 提供的三相半波整流电源，使电动机定子绕组连接成一端接零线的并联对称线路，实现了制动电动机迅速停机的目的。

当 KT 线圈得电，经延时一段时间后，其 KT1 触点断开，进而使 KM2-3～KM2-5 触点均断开，制动控制过程结束。

Chapter 09

第九章 直流电动机

例 1 直流电动机的特点

直流电动机是电动机的重要组成部分，由于它具有良好的启动性能，且能够在宽广的范围内平滑地调速，因而被广泛地应用于电力机车、无轨电车、起重设备等机械中。

顾名思义，直流电动机就是将直流电能转变为机械能的电动机。直流电动机需要由直流电源供电。

直流电动机有如下优点。

有优良的调速性能，调速范围广，调速平滑、方便；

过载能力大，能够承受频繁冲击负载，而且能够设计成为与负载机械相适应的各种机械特性；

能实现快速启动、制动和逆向运转；

能适应生产过程自动化所需要的各种特殊运行要求。

这些优点是交流异步电动机所不可比拟的，因而适用于对调速要求较高的生产机械（如龙门刨床、镗床、轧钢机等）和需要较大启动转矩的生产机械（如起重机械、电力牵引设备等)。目前，直流电动机被广泛应用在冶金、矿山、交通运输、纺织印染及其他高调速的传动领域之中。

同时，直流电动机也存在着以下一些缺点。

消耗有色金属材料较多；

制造工艺较复杂；

制造成本高；

运行维护较困难。

例 2 直流电动机的分类

直流电动机可以按照用途、电枢直径、防护方式等多种方法进行分类。按照用途可以分为广调速直流电动机、直流牵引电动机、冶金起重直流电动机、力矩直流电动机等；按照电枢直径可以分为大型、中型和小型直流电动机；按照防护方式可以分为开启式、防护式、防滴式、全封闭式和封闭防水式直流电动机。但由于不同励磁方式的直流电动机的特性有明显的区别，因此重点介绍不同励磁方式的直流电动机。

直流电动机根据励磁方式的不同，分为他励、并励、串励和复励四种。

（1）他励电机

他励电机的励磁绕组不与电枢绕组相连，由独立的电源提供励磁电流，因而励磁电流的大小与电枢两端的电压无关。

其接线图如图 9-1 所示。

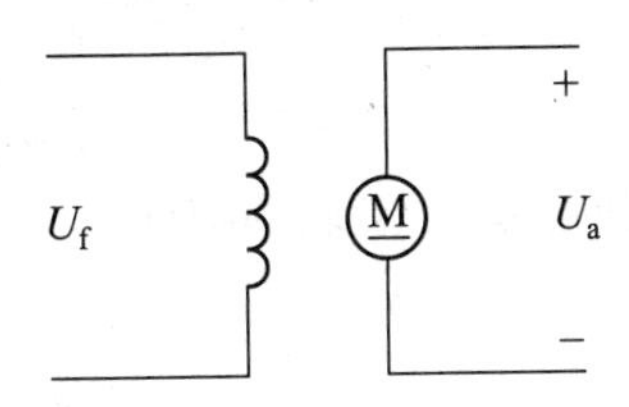

图 9-1　他励电机接线图

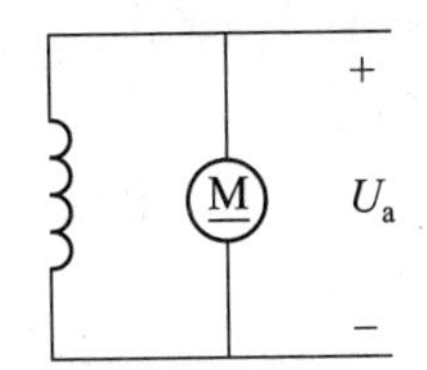

图 9-2　并励电机接线图

（2）并励电机

并励电机的励磁绕组与电枢绕组并联，励磁电流的大小与电枢两端的电压相关，励磁电流比电枢电流小得多。

其接线图如图 9-2 所示。

（3）串励电机

串励电机的励磁绕组与电枢绕组串联，励磁电流的大小与电枢两端的电压相关，励磁电流与电枢电流相等。

其接线图如图 9-3 所示。

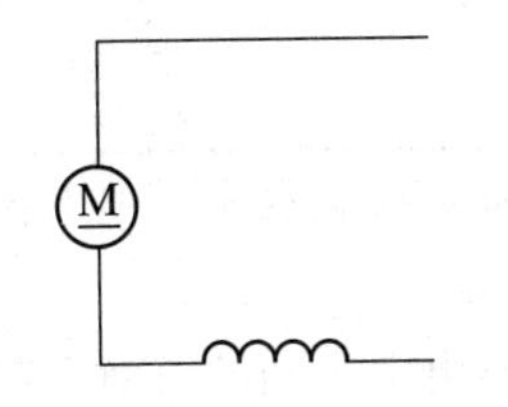

图 9-3　串励电机接线图

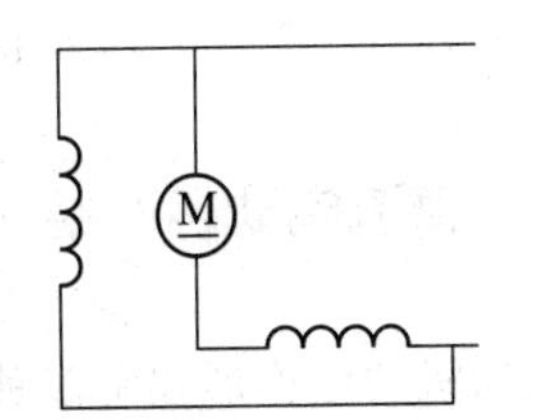

图 9-4　复励电机接线图

（4）复励电机

复励电机有两个励磁绕组，分别与电枢绕组串联和并联。当两个励磁绕组产生的磁通方向相同时，称积复励电；若两个励磁绕组产生的磁通方向相反，则称差复励电机。

其接线图如图 9-4 所示。

例 3　直流电动机的额定值

电动机制造厂家按照国家标准、电动机设计原理及试验数据所规定的电动机的正常运行状态称为电动机的额定运行情况。其中电压、电流、功率等各种数值称为电动机的额定值。一般在电动机的铭牌或说明书上标有该发动机的额定值。

直流电动机的额定值主要包括额定功率、额定电流、额定电压、额定转速、励磁方式、额定励磁电压、额定励磁电流、定额、额定温升、产品型号等内容。分别介绍如下。

(1) 额定功率

单位 kW（千瓦），表示轴上输出的机械功率。

(2) 额定电流

单位 A（安培），表示长期连续运行时允许从电源输入的电流。

(3) 额定电压

单位 V（伏特），表示正常工作时，加在电动机两端的电压。有的电动机的额定电压标有三个数字，例如 185/220/320，表明该电动机的正常工作电压为 220V，但当电压为 185V 或 320V 时能够短时间工作。

(4) 额定转速

单位 r/min，电压、电流和输出功率均取决于额定值时的转子旋转的速度。

(5) 励磁方式

分为他励、并励、串励和复励四种励磁方式。

(6) 额定励磁电压

单位 V，表示加在励磁绕组两端的额定电压。

(7) 额定励磁电流

单位 A，表示在额定励磁电压下，通过励磁绕组上的额定电流。

(8) 定额

即工作方式，表示电动机正常使用时持续的时间，一般分连续、断续、与短时三种。

(9) 额定温升

单位 K，表示在额定情况下，电动机所允许的工作温度减去环境温度的数值。

(10) 产品型号

包含规格代号、产品代号及特殊环境代号等内容。

例 4 直流电动机的结构

直流电动机的结构形式是多种多样的。直流电动机主要由定子和转子两大部分组成。顾名思义，定子就是电动机的固定部分，主要包括主磁极、机座、换向极等，静止的电刷装置也固定在定子上；转子就是电动机的转动部分，主要包括电枢铁芯、电枢绕组、换向器及风扇等。

图 9-5 中标注出了直流电动机的主要部件构成。

下面对主磁极、机座、换向极、电刷、电枢铁芯、电枢绕组、换向器及风扇分别进行介绍。

(1) 主磁极

主磁极通常简称为主极，是产生气隙磁场的源。通常，直流电动机的主极使用励磁绕组通上直流电流来产生 N、S 极相间排列的磁场，而不使用永久磁铁。主极产生的气隙磁场使电枢产生感应电动势，从而驱动转子转动。主极由铁芯及励磁绕组组成，励磁绕组套在铁芯上。主极使用螺杆固定在机座上。

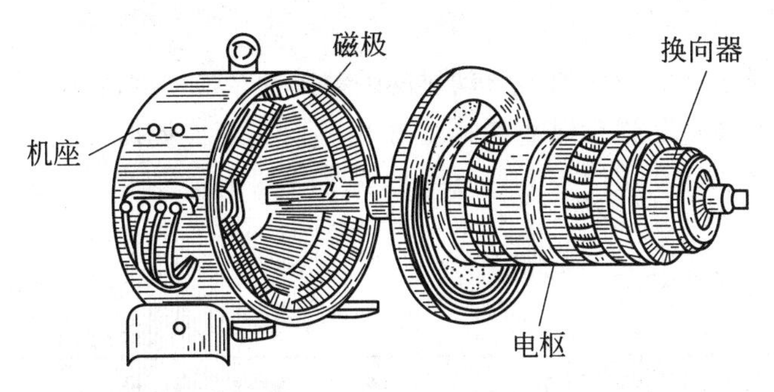

图 9-5　直流电动机的主要部件构成

（2）机座

机座是直流电动机的支撑体，也是磁路的一部分，它接地脚将直流电动机固定在基础上。机座一般根据不同的需要铸成圆筒形或八角形，八角形的机座更节省空间，也便于维护。

（3）换向极

换向极是用来改善换向的。所谓换向是指绕组元件从一条支路经过电刷进入另一条支路时，元件内电流方向改变的整个过程，它对直流电动机的正常运行有重大影响，是直流电动机的关键问题之一。换向过程不仅仅是单纯的电磁现象，同时还包含了机械、电化学、电热等方面的现象，彼此互相影响，十分复杂。如果发生换向不良现象，将在电刷下发生火花。当火花超过一定程度时，就会造成电刷和换向器损坏，以至于电动机不能正常工作。所以，良好的换向是一切装有换向器的电动机持久运行的必要条件，也是设计和运行中必须关心的问题。换向极由铁芯和绕组组成。铁芯为整块钢或由钢板压制而成。换向极在两个相邻主极之间，用螺栓固定在机座上。换向极的数目一般与主极的数目相同，但在一些功率较小的直流电动机上，换向极的数目为主极数目的一半，甚至不装换向极。

（4）电刷

电刷装置由电刷、刷握、刷杆、刷杆座和汇流条等零件组成。它的作用是将转动的电枢与外电路相连接，使电流经电刷流入电枢或由电枢流出，并与换向器配合获得直流电压。刷杆数与主极的数目相同。

（5）电枢铁芯

电枢由电枢铁芯与电枢绕组组成。电枢装在转轴上。转轴旋转时，电枢绕组切割磁场，在其中产生感应电动势。电枢铁芯用硅钢片叠成，外表面开有均匀的槽，槽内嵌放电枢绕组，电枢绕组与换向器相连接。每一片冲片留有通风口。对于容量较大的直流电动机，电枢铁芯沿轴向分成数段，每段之间流出通风道，用以加强冷却。

（6）电枢绕组

电枢绕组是实现电能、机械能能量转换的部件，用来感应电动势和通过电流。电枢绕组由多个线圈组成，每个线圈均是由绝缘导线以一定的规律绕制而成。各线圈焊接在换向器上，成为一个整体。线圈与电枢铁芯及各线圈之间均必须妥善绝缘。

电枢绕组按照元件与换向片之间不同的连接规律，有叠绕组、波绕组、蛙绕组以及其他特殊绕组形式。叠绕组、波绕组、硅绕组又有单叠、复叠；单波、复波；单蛙、复蛙绕组之分。

（7）换向器

换向器又称为整流子，它是直流电动机的关键部件。换向器的作用是将外电路的直流电转换成电枢绕组的交流电，以保证电磁转矩作用方向不变。换向器主要由V形套筒、云母环、换向片及连接片组成。

（8）风扇

风扇主要用于通风冷却。

例5 直流电动机的启动

直流电动机在额定负载下运行时的电枢电流为

$$I_N=\frac{U_N-E_b}{R_a}=\frac{U_N-K_e\Phi n_N}{R_a} \tag{9-1}$$

式中 n_N——额定负载时的转速；

U_N——电动机的额定电压；

Φ——每极磁通；

K_e——电动机结构常数；

R_a——电枢电阻；

E_b——反电动势。

启动时因转速为零，反电动势也为零。倘若给电枢直接加额定电压启动，则启动瞬间电枢电流将为

$$I'_{st}=\frac{U_N}{R_a}\gg I_N \tag{9-2}$$

此巨大的启动电流可达额定电流 I_N 的十几倍至几十倍，足以将电枢绕组和换向器烧毁。所以在启动时必须在电枢电路中串入启动电阻 R_{st}，将启动电流限制在额定电流 I_N 的2倍左右。启动之后再将启动电阻短接，使电枢电压恢复到额定值。

直流并励电动机的启动转矩为

$$T_{st}=K_T\Phi I_{st}\approx K_T\Phi\cdot 2I_N=2T_N$$

串励电动机的启动转矩为

$$T_{st}=K_T\Phi I_{st}=K_T(K_\Phi I_{st})I_{st}$$

取 $I_{st}=2I_N$，则

$$T_{st}=K_TK_\Phi\cdot 4I_N^2=4T_N$$

K_T——电动机结构常数，K_Φ——为比例常数。

可见串励电动机的启动转矩较大，适合带载启动的拖动工作，如起重设备等。

例6 直流电动机的调速

直流电动机具有良好的调速性能，可以宽范围地无极（平滑）调速。由转速公式

$$n=\frac{U_a}{K_e\Phi}-\frac{R_a}{K_eK_T\Phi^2}\times T_L \tag{9-3}$$

可知，调速的方法主要有以下三种。

① 用降低电枢电压 U_a 的方法将转速调低。这种方法适用于他励电动机调速。保持磁通不变，将电枢电压由额定值 U_N 逐渐调低，可以平滑地将转速调低，而不影响其机械特性的斜率。因保持磁通为额定磁通不变，在额定电枢电流下调速时，电动机产生的电磁转矩为额定转矩恒定不变，故这种调速方法称为恒转矩调速。调压调速方法广泛应用于大型起重设备、高炉等拖动系统中。

② 用削弱磁通的方法将转速调高。并励电动机可以采用削弱磁通的方法调速。保持电枢电压不变，在励磁电路中串入调节电阻将磁通削弱，电动机的转速相应增高。R_f 越大，磁通越弱，特性越软。

当负载不变、磁通削弱时，电枢电流 I_a 成比例地增高。为了保证电动机安全运行，调速后的电流 I_a 不能超过额定值，这意味着电动机转速调高时负载转矩必须减小，保持输出功率基本不变。因此，这种调速方法属恒功率调速，适用于转矩与转速成反比的场合，例如大型金属切削机床等。

③ 用电枢电路中串接电阻的方法将转速调低

并励电动机应用电枢电路中串联电阻 R_s 调速时，保持磁通不变，因此电动机的空载转速保持不变，在一定负载下转速随 R_s 的阻值增大而降低，其机械特性随 R_s 的增大而显著变软。由于在恒定负载下调速时，电枢电流 I_a 不变，因此调速时随电阻 R_s 的增大使功率损耗增大，故这种调速方法不适用于大功率电动机调速系统。

综上所述，直流电动机的特点如下。

电动机的转速在电枢电压不变时，基本上是由磁通决定的。

在磁通恒定下，电枢电流 I_a 由负载大小决定。

在运行中倘若励磁电路断开，磁极仅有剩磁，反电动势 E_b 变得很小，电枢电流 I_a 猛增，电枢绕组和换向器有被烧毁的危险；轻载时转速会升高到电动机结构的机械强度所不允许的程度，从而造成“飞车”事故。必须注意防范。

例 7　直流电机的运行

(1) 使用前的准备及检查

① 清扫电机内部灰尘、电刷粉末等，清除污物及杂质。

② 拆除与电机连接的一切接线，检查电机绕组对机壳的绝缘电阻，不得低于 0.5MΩ，若小于 0.5MΩ 需要进行烘干后再使用。

③ 检查电刷是否磨损太短，刷握的压力是否适当，刷架的位置是否符合规定。

④ 检查换向器表面是否光洁，若发现有机械损伤或火花烧灼痕，应及时对换向器进行维修及表面处理。

⑤ 电机运转时，应注意测量轴承温度，并倾听其转动声音，如有异常也应及时进行处理。

(2) 直流电动机的启动和制动

直流电动机有以下三种启动方法。

① 直接启动。直接启动不需要附加启动设备，操作简便，但主要缺点是启动电流很大。

一般直接启动只适用于功率不大于1kW的电动机。

② 电枢回路串联电阻启动。在电枢回路内串入启动电阻，以限制启动电流。这种启动法适用于任何规格的直流电动机，但是启动过程中能量消耗较大，因此，不适宜于中大型电动机。

③ 降压启动。用降低电源电压的方法来限制启动电流。这种方法实用于励磁方式采用他励的电动机。

直流电动机的制动通常采用使电磁转矩反向的方法来进行电磁制动。

例8 直流电动机的日常维护

直流电动机在运行过程中，应按运行规程的要求经常检查电动机的工作状况，对换向器、电刷装置、通风系统及绕组绝缘等部位要重点加以维护。加强日常维护检查，是保证电机安全运行的关键。

① 电动机应经常清理，保持清洁，防止油污、水等进入内部。

② 换向器的维护。换向器的表面应很光洁，正常的换向器在负载下长期运转后，表面会产生一层坚硬的深褐色的薄膜，呈现古铜色，颜色分布均匀。这层薄膜可保护换向器表面不受磨损，因此要保留着层薄膜。如果发现换向器表面不正常，有严重的烧灼痕、粗糙不平或局部有凹凸现象时，则应进行重车。

③ 电刷工作的检查。对于换向正常的电动机，电刷与换向器表面接触的工作面呈现平滑、明亮的“镜面”。正常的电刷压力为0.15～0.25kg/cm^2（±10%），电刷与刷握的配合不宜过紧，而需留有不大于0.5mm左右的间隙。当电刷工作面出现磨损或碎裂现象时，需换一相同规格的电刷，新电刷装配好后应研磨光滑，使电刷工作面呈“镜面”。

更换电刷时，应先在电刷安装之前打磨电刷的工作面使其工作面圆弧与换向器表面外圆相符，然后将0号长砂布围紧在换向器表面上，将电刷放在刷盒内，安装好，并调好弹簧压力，使各电刷压在砂布上，最后转动换向器，使砂布研磨电刷工作面。研磨后，取下长砂布，用压缩空气吹净换向器，并将炭粉吹干净。

④ 通风冷却系统的检查。通风冷却系统出现故障会使电机温升增高。所以要详细检查过滤器是否堵塞，冷却空气是否干燥清洁，进风速度、湿度是否符合规定要求。电动机内部灰尘是否影响了电动机的散热、冷却水是否正常等。

例9 直流电动机的常见故障及原因

直流电动机常见故障有电源合上后电动机不转；电动机转速变慢或者变快；电动机运转时产生强烈的火花；电动机运转时有噪声；电枢过热或烧毁；电动机壳体带电等。

(1) 电源合上后电动机不转

故障原因可能如下。

① 电路中电压过低。

② 电路中熔丝熔断。

③ 电枢绕组开路。

④ 电刷或换向器表面不清洁。

⑤ 启动电流过小。

⑥ 启动时过载。

⑦ 有杂物卡死，转子转不动。

(2) 电动机转速变慢低于或高于额定转速

故障原因可能如下。

① 电枢绕组接地。

② 电枢绕组短路。

③ 刷架位置不在中性线上。

④ 外施电压与额定电压不符。

⑤ 串励电动机轻载或空载运转。

⑥ 串励磁场绕组接反。

⑦ 磁场回路电阻过大。

(3) 电动机运转时产生强烈的火花

故障原因可能如下。

① 电刷磨损较大。

② 换向器和电刷接触不良。

③ 换向器表面不光洁、粗糙。

④ 换向器间云母凸起。

⑤ 刷架位置不在中性线上。

⑥ 换向器极性接错。

⑦ 电枢绕组接地。

⑧ 电枢绕组中有部分线圈反接。

⑨ 电枢绕组短路或换向器短路。

⑩ 外施电压额定值过高。

(4) 电动机运转时有噪声

电动机运转时的噪声可分为电磁噪声和机械噪声两种。可通过以下的方法来区分，使电动机通电运行，仔细听其运转时的声音。然后断电，让电动机借助惯性继续运转，若声音依然如故，则说明是电动机机械方面的故障；否则，即可断定是电磁方面的故障。引起电动机运转时的噪声过大的原因可能如下。

① 轴承损坏，引起电枢扫膛。

② 换向器表面高低不平。

③ 换向器表面不清洁。

④ 电枢绕组端部碰机壳。

⑤ 电动机转子轴弯曲。

(5) 电枢过热或烧毁

故障原因可能如下。

① 长期过载，换向磁极线圈或电枢绕组短路。

② 电压过低。

③ 电动机正反转过于频繁。

(6) 电动机壳体带电

故障原因可能如下。

① 电枢绕组接地。

② 定子励磁绕组接地。

③ 换向器接地。

④ 换相装置的电刷座接地。

⑤ 刷杆接地。

综合上述，电动机产生故障的原因，可归纳如下。

① 电枢绕组接地，电枢绕组短路、断路。

② 电刷与换向器接触不良。

③ 电刷不在中性线上。

④ 定子励磁绕组接地。

⑤ 换向片间短路。

⑥ 电刷座接地。

例 10 电枢绕组接地故障的检修

在修理中常碰到的电枢绕组故障有电枢绕组接地、电枢绕组短路以及电枢绕组的反接等故障。

(1) 电枢绕组接地故障的检查

直流电动机电枢绕组接地故障一般是槽口对地击穿，或绕组端部对支架击穿以及换向器内部绝缘击穿等。接地故障常用以下方法检查。

① 毫伏表或校验灯法。如图 9-6(a) 所示。将直流低压电源接在相隔一小段的两换向片上，然后将毫伏表的一端接于转轴上，另一端接在换向片上，依次逐片移动接于换向片上毫伏表的一端。如果毫伏表有读数，则说明电枢绕组没有接地；若测到某一换向片时，毫伏表指针没有偏转，则表明这换向片或所连接的电枢绕组接地了。

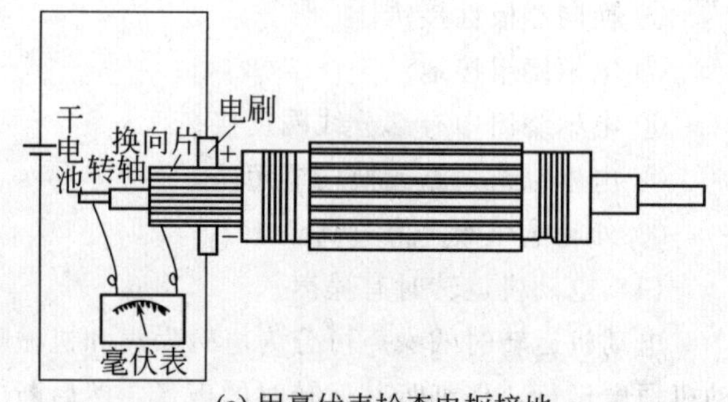

(a) 用毫伏表检查电枢接地

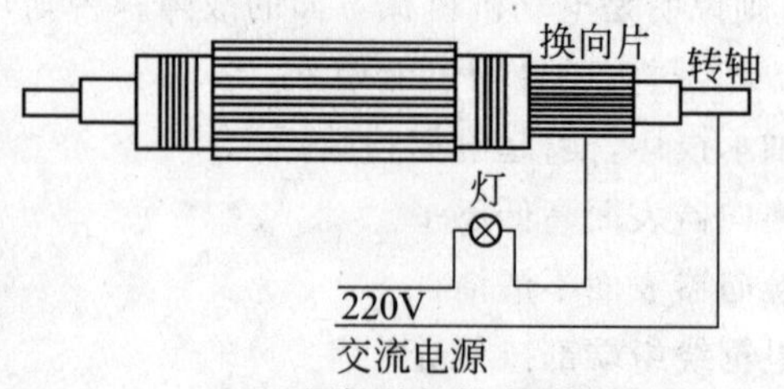

(b) 用校验灯检查电枢接地

图 9-6 电枢接地的检查方法

校验灯法与毫伏表法原理相同。将 220V 交流校验灯的一端接于换向片上，另一端接于转轴上。如果灯泡亮了，则说明换向片或电枢绕组接地了。如图 9-6(b) 所示。

② 逐步检查法。电枢接地有可能是电枢绕组部分接地，也有可能是换向器部分接地。通常可以根据火花或烟雾判定接地点位置，如若查找不出故障点，可采用逐步检查法。将绕

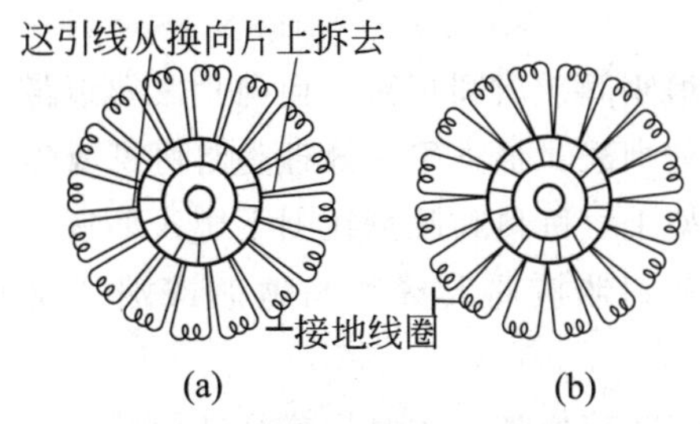

图 9-7　逐步检查法探测接地线圈

组相对两换向片的引线拆除，然后用毫伏表或校验灯法分别检查绕组的两部分接地情况，确定接地的部分，再将接地绕组从中部拆开引线，即可找出其接地的 1/4 部分绕组。如此重复即可查出接地线圈及位置。如图 9-7 所示。

③ 绝缘电阻表法。用绝缘电阻表法可检查绝缘电阻和电枢绕组或换向器接地故障。用 500V 绝缘电阻表的一端接于换向片上，另一端接于转轴上，如果绝缘电阻表指示为零时，则表明有接地故障。为区别是换向器接地还是电枢绕组接地，可把所有电刷提起。

(2) 电枢绕组接地故障的修理

电枢绕组接地点找出后，应根据绕组接地部位采取适当的修理方法。若电枢绕组接地点在换向片与绕组元件引出线的连接部位，或者在电枢铁芯槽的外部，可在接地导体与铁芯之间加入云母板或聚酰亚胺等薄膜绝缘物；若电枢绕组接地发生在铁芯槽内部，或者接地点较多则需要拆出故障线圈重新绕制线圈。

例 11　电枢绕组短路故障的检修

(1) 电枢绕组短路故障的检查

通常采用测试换向片间电压降的方法来检查电枢绕组短路的故障。

测量方法是将低压直流电源接入相邻两个换向片上或相隔一个极距的两个换向片上，用直流毫伏表测量相邻两个换向片间的电压降，如图 9-8 所示。

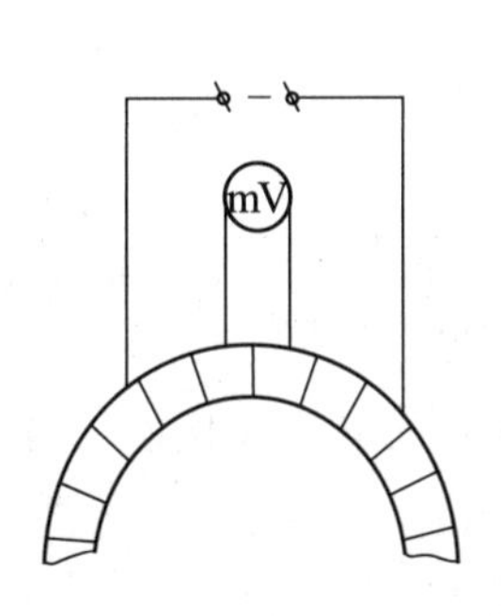

(a) 电源接在接近一个极距的两换向片上

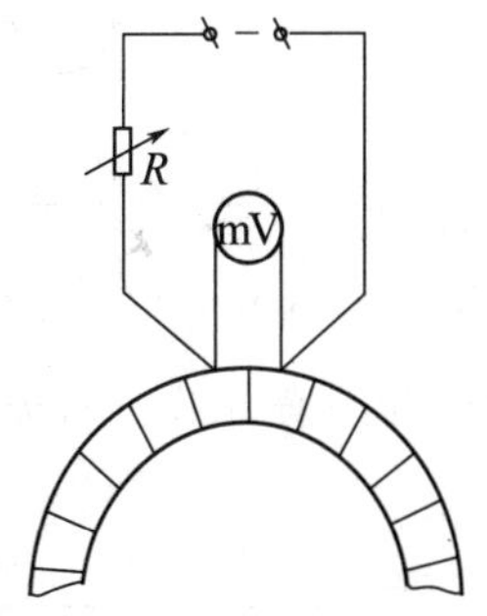

(b) 电源接在相邻的两换向片上

图 9-8　测量片间电压降，检查电枢绕组故障

正常情况下，测得换向片间的压降应接近相等，或最大和最小值与平均值的偏差不大于±5%；若电枢线圈匝间短路或层间短路时，则在和短路线圈相连接的环换向片上测得的压降显著降低；若换向片间直接短路，则片间压降为零或很小；若片间电压降值比正常值显著增大，则绕组焊接质量不好。

有些情况下，测量片间的压降呈现规律性变化，这是由电枢绕组均压线造成的正常现象，不要误认为是电枢绕组有故障。

（2）电枢绕组短路故障的修理方法

电机电枢短路故障包含换向片之间短路和电枢绕组匝间、层间短路、换向片之间短路。

对于匝间短路的线圈，修理时通常采用加强绝缘处理法。加强绝缘处理是将可见故障点进行绝缘修补。若电枢绕组接地发生在槽口或端部支架上，则可在故障线圈下楔入环氧玻璃布板、云母板或聚酰亚胺等薄膜绝缘材料，并用环氧树脂胶将其线圈与铁芯或端部支架粘牢。

其次，对于匝间短路的线圈，还可用局部修理法来完成修理。用喷灯或烙铁烫开线圈并头套，若为上层边，则仅需抬起上层边，刮去损坏的绝缘，按绝缘规范重包绝缘层；若为下层边，则需翻起一个节距线圈，才可取出损坏线圈重包绝缘或更换备品线圈。

将修复后的线圈复位，故障依然存在，则还需进行层间故障检查及修理。

例12 电枢绕组的反接的检查

在单波绕组和双迭绕组嵌线过程中由于不够熟练将引线放错而造成误接是电枢绕组反接的主要原因。通常用指南针法和毫伏表法来检查。

① 毫伏表法。用毫伏表测量换向器片间电压有异常读数出现时，则该处线圈接反。如图9-9所示，在换向片3与4之间，毫伏表的读数为负值，在2与3之间和4与5之间毫伏表读数加倍，则说明相邻线圈接错。

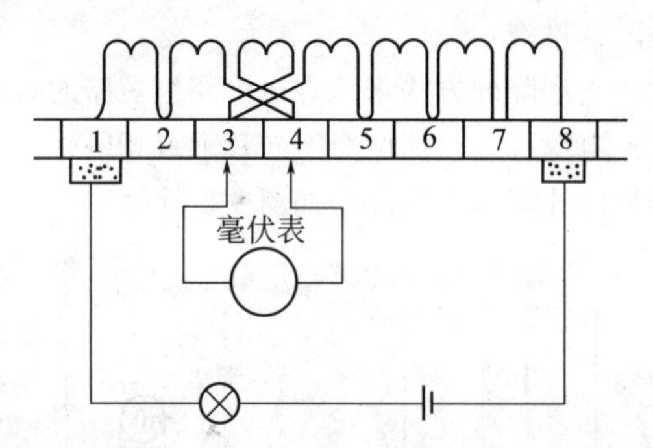

图9-9 毫伏表检查电枢绕组两个线圈反接示意图

② 指南针法。用指南针沿通有低压直流电的绕组依次移动，当指南针反向时，表示该线圈反接。

例13 电枢绕组损坏时的拆除

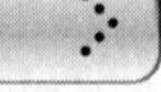

直流电动机电枢绕组的重新绕制在电机修理中常常遇到，当电枢绕组严重损坏时，必须将原绕组全部拆除，重新进行嵌线。

在拆除旧绕组前应注意保护绕组以免变形太大，同时不要损坏电枢铁芯和换向器。应做好标记，即标志出一个线圈的两边在槽的位置以及此线圈端头与所焊接的换向片的相互位置。

图9-10中Y_1是线圈的槽节距、Y_K是线圈的换向节距、Y_{K1}是蛙绕组中波绕组的换向片节距、Y_{K2}是蛙绕组中叠绕组的换向片节距。

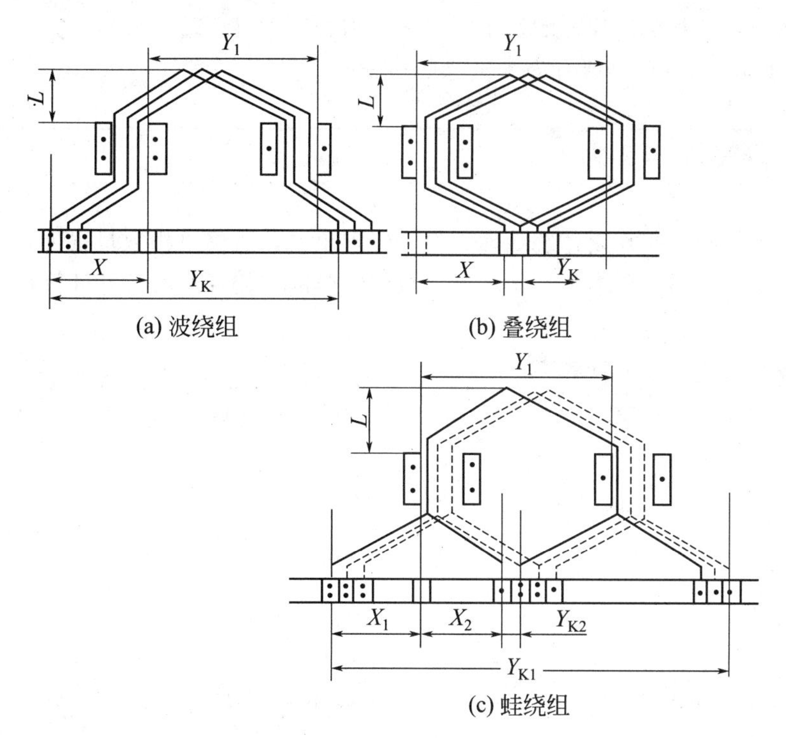

图 9-10　电枢绕组记录草图

（1）做好拆除旧绕组的原始记录

记录的内容通常如下。

① 铭牌数据。如型号、额定电压、额定电流、额定容量、额定转速、励磁电压、励磁电流、温升、绝缘等级、运行方式、出厂日期及编号、制造厂家等。

② 电枢铁芯记录　如铁芯外径、铁芯长度、槽数、槽形尺寸、通风槽数、通风槽宽和铁芯轭高等。

③ 电枢绕组数据记录。如绕组形式、线圈数目、线圈匝数、导线规格、线圈槽节距、每槽线圈数或元件边数、换向片数、换向片节距、焊线偏移方向与片数、扎线层数和匝数、绑扎线规格或无纬带规格、绑扎宽度和厚度等。

④ 绝缘材料记录。如线圈槽部和端部对地绝缘、匝间绝缘、绕组绝缘规格、层数和厚度以及外包装规格等。

⑤ 画出电枢铁芯槽形图和电枢绕组接线草图。

⑥ 测绘线圈尺寸和引线头长度。在拆除旧电枢绕组时，一般是将电枢吊放在滚动支架上，用绝缘纸将换向器表面包好，轴颈用布或毛毡包好。要保留一个完整的线圈实样，以作为设计绕线模和检查新线圈尺寸时参考。

（2）拆除电枢绕组的步骤

① 去掉线圈两端的绑箍，用专用工具打出槽楔，并做好电枢标记。

② 用电烙铁将绕组引线从换向器或升高片上烫开并取出。然后给电枢绕组内通电加热或者将电枢放在烘炉内加热，逐个拆除所有的线圈。对要复用的线圈，要细心拆除，尽量减小线圈变形。在拆线时，要复查原始记录是否正确，标记是否有效。

③ 清除电枢铁芯，去除槽口、槽内的毛刺及槽中残留的废旧绝缘和残漆，清理端部支

架上的废旧绝缘，以及换向片上的残余焊锡、杂物。

④ 对换向器进行片间绝缘和对地绝缘的检查。

例14 新线圈的绕制

为了绕制新线圈，必须制作绕线模。对于修理单位，所修电机数量很少，可考虑采用木制专用模具。由于线圈又分为软、硬元件，故绕线模的结构和模心尺寸计算也不相同。下面介绍绕线模简单计算方法。

(1) 软绕组绕线模尺寸计算

绕线模宽度 b

$$b=y_z t_z\left(1-\frac{h_z}{D_a}\right)(\text{mm})$$

$$t_z=\frac{\pi D_a}{Z}(\text{mm})$$

绕线模长度

$$l_1=l_a+0.4b\ (\text{mm})$$

$$l_2=l_a+30\ (\text{mm})$$

式中 y_z——槽节距；

t_z——槽距，mm；

D_a——电枢直径，mm；

h_z——槽高，mm；

l_a——电枢铁芯长度，mm；

Z——电枢总槽数。

圆弧半径 R_1 取15mm，R_2 取5mm左右。如图9-11所示。

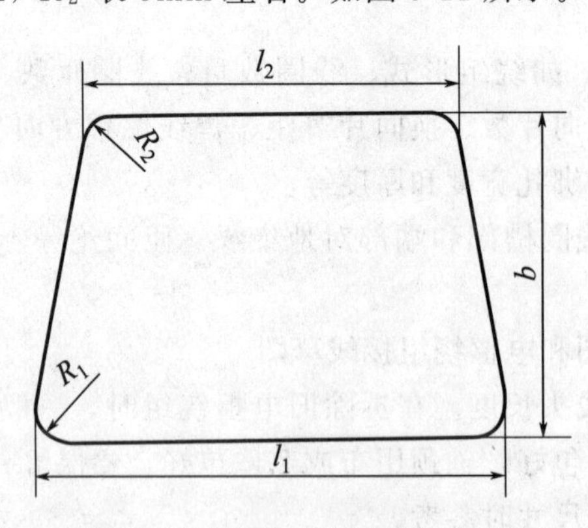

图9-11 软绕组绕线模尺寸图

(2) 硬绕组绕线模尺寸计算

硬绕组绕线模长度 l

$$l=1.45\tau+l_a\ (\text{mm})$$

式中 τ——极距，mm；

l_a——电枢总长（包括通风沟在内），mm。

硬绕组绕线模示意图如图 9-12 所示。

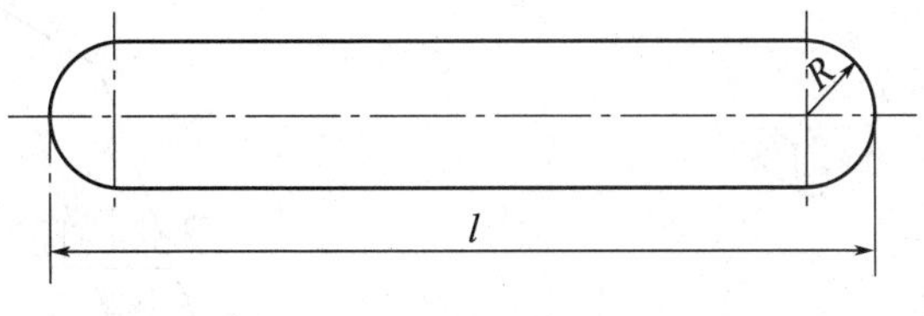

图 9-12　硬绕组绕线模尺寸图

例 15 | 电枢绕组的嵌线

（1）嵌线前的准备工作

① 准备好所需材料，如槽绝缘、槽垫条、层间绝缘、支架绝缘、槽楔、玻璃漆管、无碱玻璃丝带和电枢线圈等。准备好所需工具和设备，如电枢支架、大板、刮线板、线压子、尖嘴钳、电工刀、剪刀、锉刀、钢板尺、烙铁、校验灯、毫伏表等。

② 彻底清理铁芯。仔细检查铁芯槽内残余绝缘和异物，保持槽内清洁；槽口铁芯是否整齐，清除槽内尖棱和毛刺。要求槽底、槽壁铁芯冲片整齐。

③ 整理好升高片和铁芯两端齿压板，并用 220V 校验灯检查换向片间绝缘。包扎线圈支架绝缘和铁芯压圈上的绝缘台圈，包扎换向器与铁芯间转轴上的对地绝缘。

④ 将槽绝缘、上下层线圈垫条、槽楔等试放于一个槽内，保证垫条与槽部贴紧。

（2）散嵌软绕组嵌线

① 根据原始记录的标记，在标记槽内嵌放第一个线圈的下层边，把线圈直线部分的线匝捻扁，从铁芯槽的右端倾斜方向将线匝嵌入槽口内，同时慢慢向左拉入槽内。带引线的一匝导线，应最先嵌入槽底。此时活动线圈，使线匝有序排列，无交叉现象。然后穿入层间绝缘，使校正线圈直线部分、槽绝缘、层间绝缘伸出铁芯两端的长度相等；最后将此线圈的上层边推到一个节距的槽口前，并比一个节距大出半个槽的铁芯表面，再将线圈两端后侧向内下压，使导线排列整齐、紧密。

② 按换向器标记的节距记号，嵌入下层引线头。为此要先将绝缘套管根部紧靠槽绝缘。套管头端紧靠换向片槽根部，使引线紧贴绝缘支架或绝缘的轴台上，互相靠紧，排列整齐，然后用手锤将线头轻轻敲入换向片的槽口底部。要求线头与换向片槽口配合紧密，如果线头太粗，可先用手锤在铁平台上敲扁再嵌入换向片的槽口内。如图 9-13 所示。

③ 多根并绕或不同匝数并绕的线圈引线头，应采用分色套管，以防止交错。引线头嵌入换向片槽后，用两倍于换向器周长的无碱玻璃丝带 2 根将线头靠近换向器的槽根部位进行保护编织。见图 9-14。

④ 依次嵌完第一个节距线圈的下层直线边和下层引线头。每嵌入一个线圈，应在两端部垫好端部层间绝缘，整理形状，使排列整齐、紧密。当嵌完一个节距数的线圈后，可按节距开始在第一个线圈的下层边上嵌放上层直线边。先将上层直线边的线匝捻扁，用理线板将线匝埋入槽内；然后将上层引线头的一匝导线排在槽内导线的最上面。修剪高出槽口的槽绝缘，用线压子将导线包在槽绝缘内，并打入槽楔，将引线套管压在槽楔下。在线圈两端垫好层间绝缘，整理好形状，并用打板整理好两端部形状。

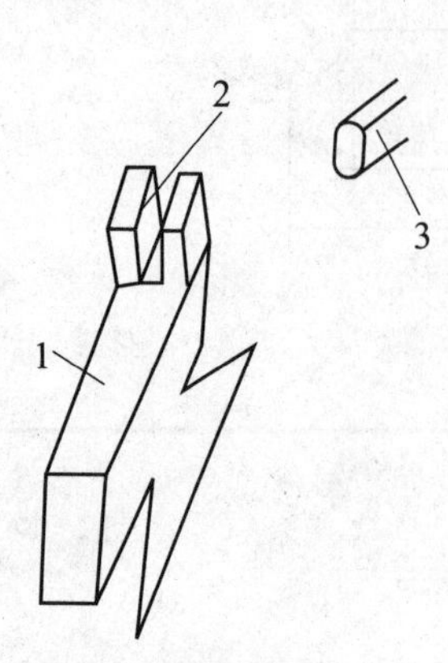

图 9-13　敲扁线头

1—换向片；2—换向片槽口；

3—将线头敲扁

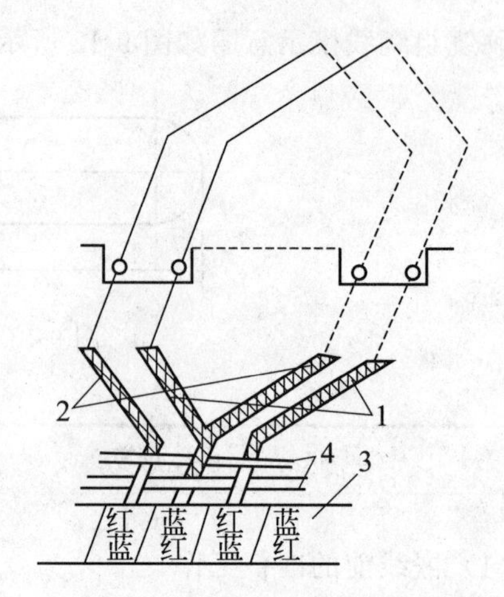

图 9-14　不同匝数并绕的线圈接线方法

1—第一匝引线套蓝色套管；2—第二匝引线套红色套管；

3—换向片槽内引线排列（同槽上层蓝红蓝红……，

下层红蓝红蓝……）；4—两根无碱玻璃丝带的编织保护

⑤ 每嵌完一个线圈，要用低压校验灯检查上、下层引线头排列顺序是否正确。最后将上层引线头理直折回，使之贴在槽口上部，准备以后一起恢复嵌槽。按上述方法将其余线圈嵌入槽内。

⑥ 当下层线圈边嵌至与第一个节距的上层线圈边相遇时，必须要把原上层线圈边向后翻起一定高度，使下层线圈边继续嵌入槽内，依次嵌入其余的所有下层线圈边。这时，将第一个节距翻起的上层线圈边逐个放下来，嵌入槽内。

⑦ 全部槽楔打入后，要整理线圈端部形状，修剪端部层间绝缘纸，使其伸出线圈外多3mm左右。

⑧ 用220V校验灯测换向片间绝缘。检查上下层线头排列是否有交错现象。

⑨ 做对地耐压试验。把标记的第一个线圈的上层引线按标记的换向片位置，弯好形状，顺序排列引线，整理引线套管，再将线头轻轻敲入换向片（或升高片）槽内。然后用低压(24V或36V）校验灯逐个检查线头是否正确。最后用无碱玻璃丝带包扎好线头的绝缘。

⑩ 整理好上层引线排列，要敲打平整，并做好焊前保护措施，切断上下层线头伸出换向片槽口的多余部分。最后测片间电阻和做耐压试验。

（3）成形硬绕组嵌线

① 做好上述的准备工作，按照原始记录所做的标记嵌放第一个线团的下层边。线圈下层边的引线头插入标记好的换向片端口或升高片的并头套内。嵌放下层边导线时，要将线圈拿平，用手轻轻压入槽内，再用木打板将线圈边轻轻打入槽底；同时将该线圈的上层边暂时放在距离为一个节距的槽内。这时整理线圈端部形状，使线圈下层边帖服于绝缘支架上，要求端部伸出铁芯长度相等。

② 按上述方法嵌入第一节距的其余线圈的下层边，使线圈之间排列整齐，间隙均匀，帖服于绝缘支架上。边嵌边垫好端部层间绝缘，并要求各层间的绝缘接缝位置错开20mm距离。

③ 第二个节距线圈，查准相应的换向片节距和线槽节距，垫放槽底绝缘垫条以及第一

节距线圈的下层边上面的绝缘垫条（即层间绝缘）。先把线圈的下层边放入槽内，然后把上层引线头插入相应的升高片并头套内，把上层直线边放在相应槽内，校正两端长度后，用手把线圈边压入槽内，并用打板打紧，使上下层导线紧紧地贴在一起。然后垫入上层引线层间绝缘，整理端部形状，再用低压校验灯检查换向节距的并头连接是否正确。最后按上述方法嵌入其余线圈的上下层边及引线并头。

④ 最后一个节距的线圈，将临时嵌放在槽内的上层边逐个轻轻抬起，使被抬起的上层边与铁芯表面有一个能使下层边嵌放的距离，按上述方法，一次嵌放所剩线圈，最后将被抬起的上层边再逐个如法嵌放，要求节距正确，端部尺寸符合要求且整齐。

⑤ 扁嘴钳整理升高片与并头套位置和形状，使间距均匀；测片间电阻，应符合要求；检查接线是否正确；然后，在并头套之间打入临时木楔片，插入高度达到一半时打紧，注意不能把升高片打弯变形。

⑥ 手持电动小铣刀片切割伸出并头套外引线的多余长度。切割后，用锉刀修整切割线头后的毛刺；然后将搪过锡的并头楔打入并头套内的引线间。要求并头楔与并头套内引线头接触严密，其长度与并头套宽度应相等。最后用压缩空气吹干净后做阶段耐压试验。

例 16　电枢绕组接线特点

（1）单叠绕组的接线特点

图 9-15(a) 所示是 4 极的单叠绕组，具有 16 个线圈元件。它的连接方式是先第 1 个元件线圈的下层边引线端与其相邻第 2 个元件线圈的上层边引线端一起焊接在一个换向片上；然后按相同次序连接下去，一直到最后一个元件线圈的下层边引线端与原始第 1 个元件线圈的上层边引线端焊在最后一个换向片上，构成闭合回路。因此，在连接前，要做好标记，如绕线方向、线圈节距等，并画出接线草图。在接线时要对照草图和原始记录进行检查。

（2）复叠绕组的接线特点

图 9-15(b) 所示是 4 极电机的复叠绕组，它具有 24 个线圈元件。它与单叠绕组的区别在于换向器节距不是 1，而是 2 以上（本例为 2），即为双叠绕组。元件线圈 1 的下层边引线端不是与元件线圈 2 连接，而是与元件线圈 3 的上层边引线端接到一起，被跳隔开的偶数元件线圈构成一单叠绕组，而奇数元件线圈又构成另一个单叠绕组，各自形成一个闭合回路，最后通过电刷并联在一起，成为双闭路复叠绕组。

如果元件线圈数和换向片数均为奇数，则绕组要通过所有元件和换向片后才闭合，形成单闭路复叠绕组。

（3）单波绕组的接线特点

图 9-15(c) 所示是 4 极电动机具有 15 个线圈元件的单波绕组。其绕组元件 1 的起端连接到换向片 1 上，其元件一边放在 1 槽的上层，而元件的另一边放在 4 槽的下层，其末端连接在换向片 8 上；元件 2 的起端连接在换向片 8 上，其元件一边放在 8 槽的上层，元件的另一边放在 11 槽下层，其末端连接在换向片 15 上，依此顺序排列下去，直至全部线圈元件连接闭合为止。

这个绕组连接的特点是所有 N 极下的元件（包括其在 S 极的下层边）串联起来，组成

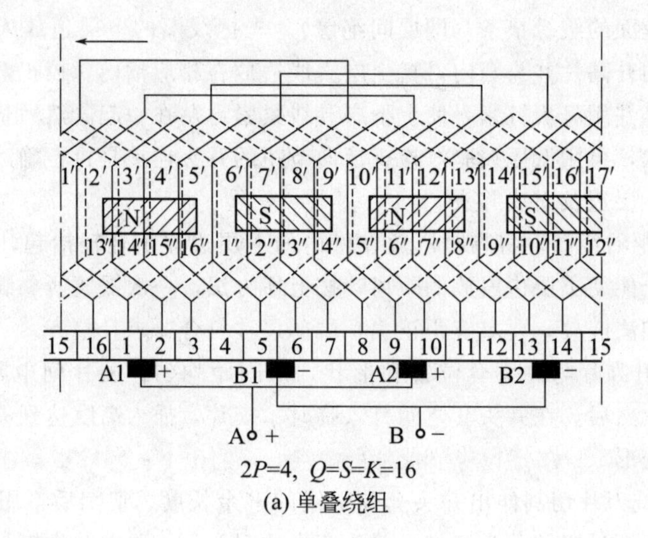

2P=4, Q=S=K=16

(a) 单叠绕组

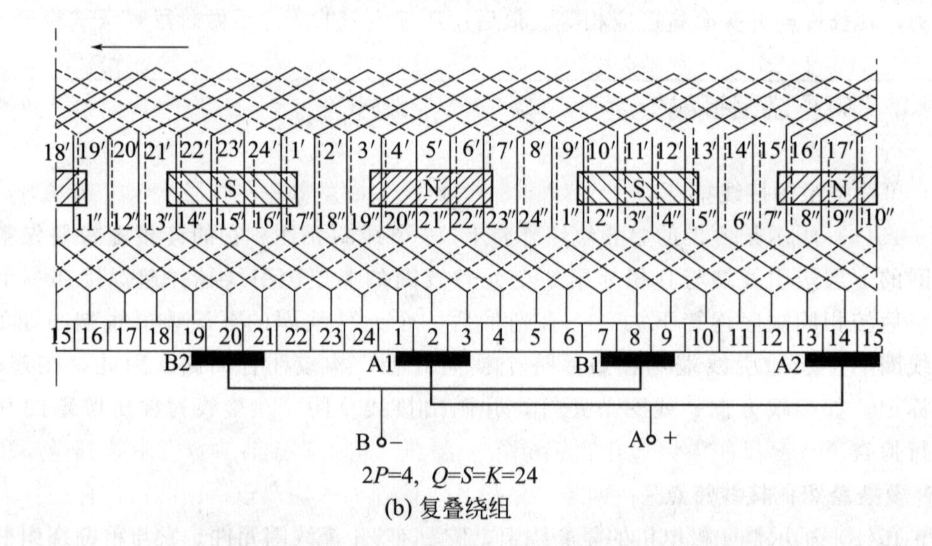

2P=4, Q=S=K=24

(b) 复叠绕组

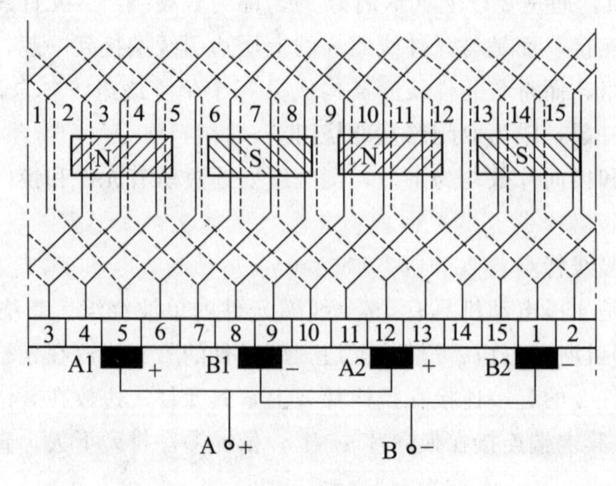

2P=4, Q=S=K=15

(c) 单波绕组

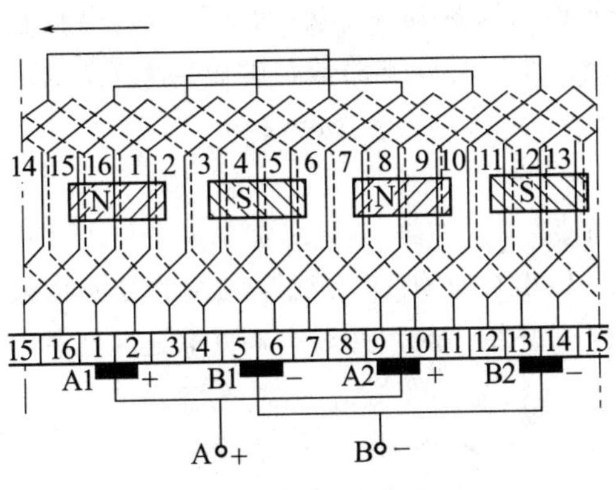

$2P=4$, $Q=S=K=16$

(d) 复波绕组

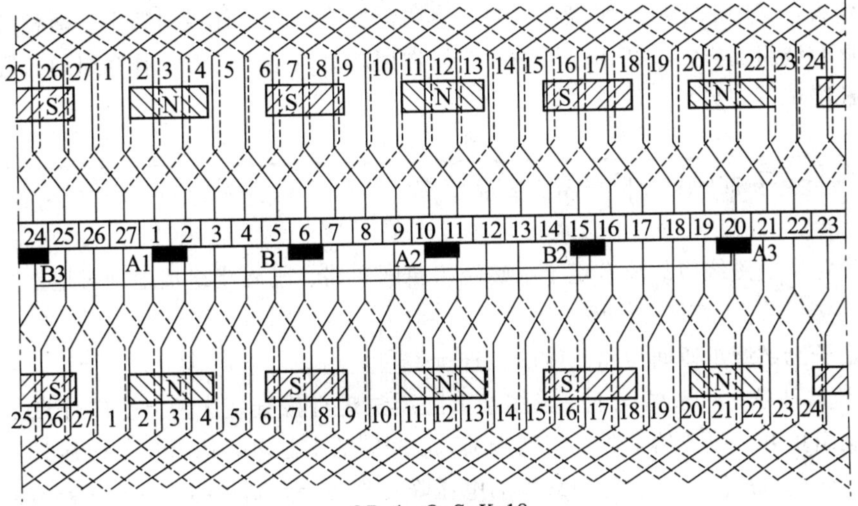

$2P=4$, $Q=S=K=18$

(e) 单蛙绕组

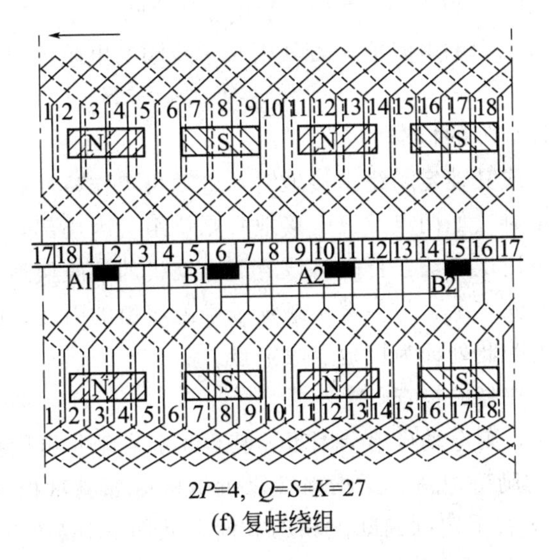

$2P=4$, $Q=S=K=27$

(f) 复蛙绕组

图 9-15　不同类型绕组的展开图

Q—转子槽数；K—换向片数；S—绕组元件数

一条支路，所有S极下的元件（包括其在N极的下层边）串联起来，组成另一条支路。总共有两条并联支路。单波绕组中，并联支路数与磁极数无关，即：

$$2a=2$$

或支路对数：$a=1$。

（4）复波绕组的接线特点

图9-15(d)所示表示4极电机具有16个线圈元件的复波绕组展开图。它的实质相当于两个或两个以上的单波绕组交叠在一起，并靠电刷并联起来工作。它和复叠绕组一样也有单闭路和双闭路两种。

（5）蛙绕组的接线特点

图9-15(e)和(f)所示表示蛙绕组的展开图。蛙绕组又称混合绕组，是将叠绕组和波绕组同时嵌在一个电枢转子内，两套绕组在每个换向片上并联焊接起来，所以每个换向片上焊有四个线头，其中二个属于波绕组，另二个属于叠绕组。这种绕组特点是两种绕组互起均压作用。对叠绕组而言，波绕组起甲种均压线作用，对波绕组而言，叠绕组起乙种均压线作用，所以蛙绕组不需另加均压线。

例17 定子励磁绕组常见故障及检查

常见的定子励磁绕组故障有定子励磁绕组匝间短路、励磁绕组接地（对地击穿）以及绕组连接极性接反等。

（1）定子励磁绕组匝间短路故障的检查

① 交流降压法。一般情况下，采用交流降压法进行检查。这种方法的优点是不需轴心和将励磁绕组拆开，只要给励磁绕组两端通入220V的交流电，用万用表电压挡的触针分别测量每个极包的电压降，若各极包线圈的电压降几乎相等，则说明不存在短路故障；若有个别线圈电压降很低，则说明这个极包线圈有短路故障。

② 电阻检查法。直流电动机中的定子励磁绕组完全相同，则其电阻值亦相等。用万用表电阻挡测该电动机各极包线圈的电阻值。若其中某一线圈的电阻值很小，则说明该线圈有短路故障。

（2）定子励磁绕组接地故障的检查

通常情况下，励磁绕组或其他定子绕组接地时对电动机工作特性影响不大，接地保护会动作起来，报警，接地严重时（如两点及以上接地）则绕组会因局部短路而发热烧毁。

接地的检查一般可以采用试灯法：首先将该直流电动机的机座接地，再将一个串接于灯泡的交流电源，一端接触在铁芯上，另一端接触定子励磁绕组的引线，随着灯泡发亮的一瞬间，看到火花或烟雾，则说明此处即为接地点故障点。

（3）定子励磁绕组接反故障的检查

当励磁绕组方向接错时，则电动机启动困难，甚至不能启动。可用指南针法来检查：在励磁绕组中通入10%左右的励磁电流，用指南针靠近磁极端部测试极性，从而可查出接反的线圈。如图9-16所示。用右手定则判断磁场的方向，从图9-16(a)可以看出，它的磁场时从一个极出来向另一个极进去，所以是正确的。而图9-16(b)的磁场方向均为进入磁极，所以是错误的。

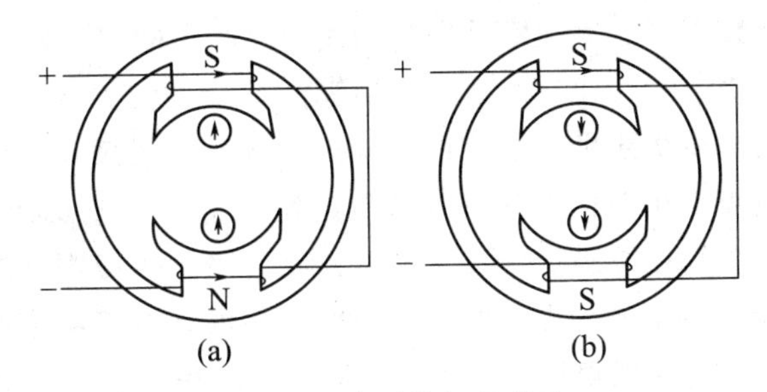

图 9-16　定子绕组的接法

例 18　励磁绕组故障修理

励磁绕组的修理可分为局部处理和线圈重绕两种。

（1）局部处理

表面短线或短路时，可去掉损坏的几匝，即先剥开外包绝缘层，把短路线匝去掉，绕后用同规格的导线对接上补绕足够的匝数。焊好引线片，再用玻璃丝带扎紧，重新涂漆烘干。

（2）线圈重绕

当线圈内部短路、线圈接地使线圈烧毁或线圈老化时，均需要重新绕线。

① 拆卸定子

a. 用内径千分尺测量磁极中心处的径向距离和主极间的距离，做好记录。

b. 各电缆线的连接关系及各引出线标志，绘出接线草图。

c. 测定个磁极绕组的极性并做好记录。

d. 松开磁极紧固螺栓，逐个取下磁极。同时注意记录各磁极和机座间垫片的种类、厚度和数量，主机垫片用以调节电机转速。换向极垫片分磁性（硅钢片）和非磁性（黄铜片）垫片两种。分别用于调整换向极的第一和第二气隙。这些垫片在重装时务必保持原样。

e. 从磁极上取下线圈支撑、上绝缘托板、线圈，下绝缘托板，记录相应位置。

② 绕制励磁线圈

a. 并励绕组的绕制。制作绕线模是绕制并励主极绕组的前期工作。线模由模心和挡板两部分组成，如图 9-17 所示。绕线模的尺寸可根据原绕组的尺寸或直接测量磁极铁芯而定。考虑到绕组间隙及垫放绝缘等因素，线模长、宽要比主极铁芯适当大些，确定线模尺寸的经验数据，如表 9-1 所示。

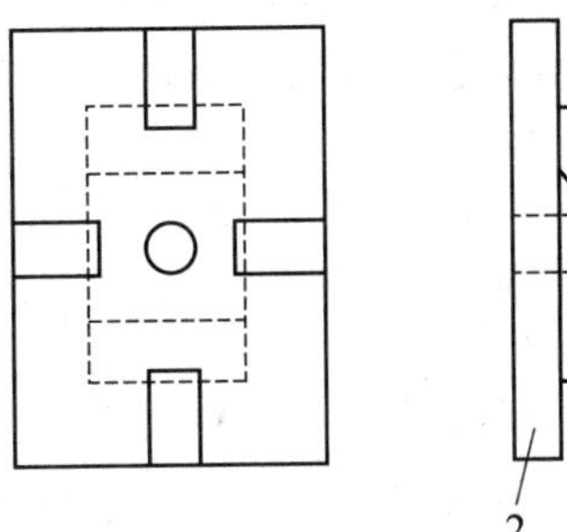
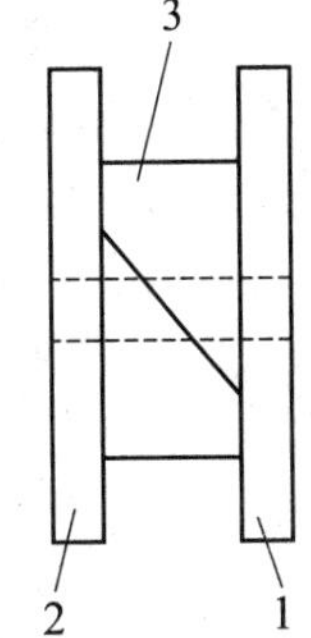

图 9-17　并励磁绕组的线模

1—前挡板；2—后挡板；3—分瓣活络模芯

表 9-1　线模尺寸　/mm

磁极铁芯长	模芯比铁芯放宽	模芯比铁芯放长
100 以下	6	8
100～200	7	10
200 以上	8	12

一般并励绕组的匝数较多。因线圈的匝数和线径与产生的磁动势大小有关，所以绕线前应核实线径、匝数与原绕组的线径、匝数是否相等。

绕制时先将线模固定在绕线机上，检查绕线机动作是否灵敏，记圈器调零，空车试转。待合格后，才能开始绕线。在挡板上开槽处放置绕组扎带，如图 9-18 所示。开始绕线，绕道一定层数时，将各边上的扎带回折一次，然后再绕。当绕过线圈宽度的 1/4 或 1/5 处时，拉紧各边上的扎带，这样隔几层（或一层）扎带回扎一次，直至结束。当绕到最后一层时，把扎带弯成扣形，压住最后的那根导线，以防线圈脱模时松散。

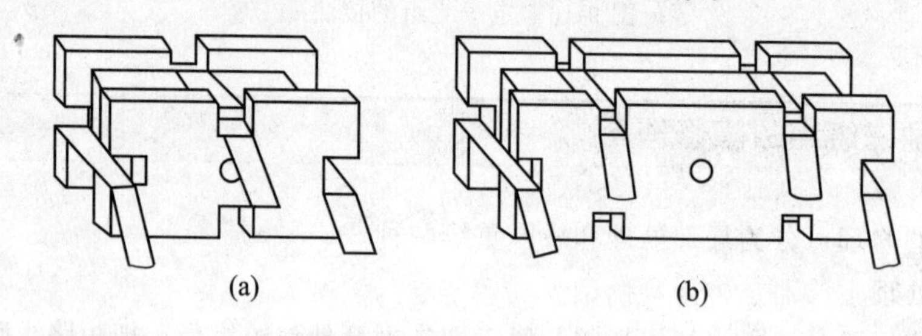

图 9-18　绕组扎带的安放

线圈的绕制方法有两种：一种为混绕法，它适用于导线直径为 0.5mm 以下的线圈，绕线时需用手拉紧导线，故导线排列不容易整齐；另一种为齐绕法，它适用于 0.5mm 以上的线圈，绕线时排列整齐，齐绕法绕第二层时，要使导线绕在第一层导线排列的缝隙里，这样可使整个线圈紧固服帖。

b. 串励绕组的绕制。串励线圈的绕制方法随所用导线不同而异，一般采用平绕法，绕制方法基本上与并励线圈相同。

为使绕组引线头连接方便，而且不致使引线线头从里向外拉，造成短路，要求内外两根引线的线头都放在绕组外层表面，这样进行正反面绕线。因此，要预先计算好线圈的匝数、层数和每层匝数。例如，串励绕组线圈共有 16 匝，每层 4 匝共 4 层，用绝缘扁导线绕制如图 9-19 所示。

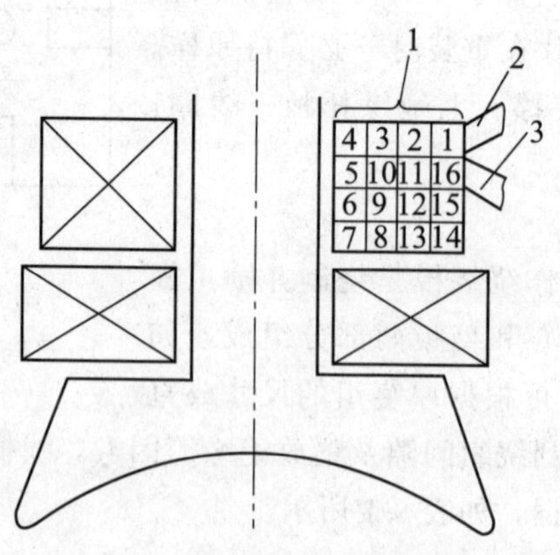

图 9-19　串励绕组正反绕法的次序

1—反绕；2—首端；3—尾端

绕线次序如下：先取 4 匝导线的总长度在绕线模上反绕第 4、3、2、1 匝，随手把第 1 匝的线头扎住；然后顺绕第一层的第 5、6、7 匝，再继续依次顺绕第二层、第三层、第四层。但需注意第二层、第四层的导线绕线次序与第一层、第三层相反。这样安排绕线次序就能使线圈的首尾引线端均在外层表面上。

（3）定子装配

① 将修理好的零部件清理干净，并将机座轴向立放，下面垫放方木。

② 主极、换向极装配时，每只按拆卸时对应的零部件数量装在铁芯上。

③ 按原对应位置将装配好的主极用尼龙绳或外套橡胶管的细钢丝吊起，放入机座内部，用螺栓将主极固定在机座上，并初步紧固好；在机座与磁极之间插入原有的磁极垫片，调整主极内径，并同时考虑到主极内径与机座止口的同轴度要求。控制每个磁极中心位置与机座内壁的距离，使之相等。调整后再紧固螺栓。

④ 将换向极装在内座内，其方法与主极装配相似。

⑤ 按拆卸时画的连接图，装连接线和电缆引出线，并包好绝缘。

例 19 换向器片间短路的修理

换向器主要由云母片、换向片组成。其结构图见图 9-20。

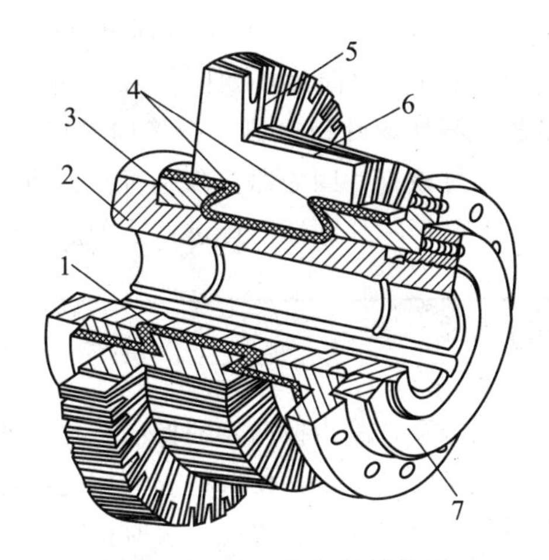

图 9-20 普通换向器结构图

1—绝缘套筒；2—钢套；3—V 形钢环；
4—V 形云母环；5—云母片；6—换向片；7—螺旋压圈

换向器是直流电动机的重要部件。由于它的零件很多，结构复杂，所以在电机运行中，易出故障。下面介绍换向器片间短路常见故障的修理。

所谓换向器片间短路，就是在换向器上相邻的两换向片之间出现短路相接现象。换向片之间短路，会使得换向其表面出现较大火花；短路严重时，换向器表面会产生环火。

换向器片间短路的修理如下。

（1）用清槽片清理

当电枢绕组由于短路故障而烧毁时，一般用观察法即可找到故障点。为了要确定短路故障发生在绕组内部还是在换向片之间，应将与换向片相连的绕组线头脱开，然后用校验灯检验换向器片间是否短路，如在换向片表面发现短路，或火花烧灼伤痕，通常应用如图 9-21 所示

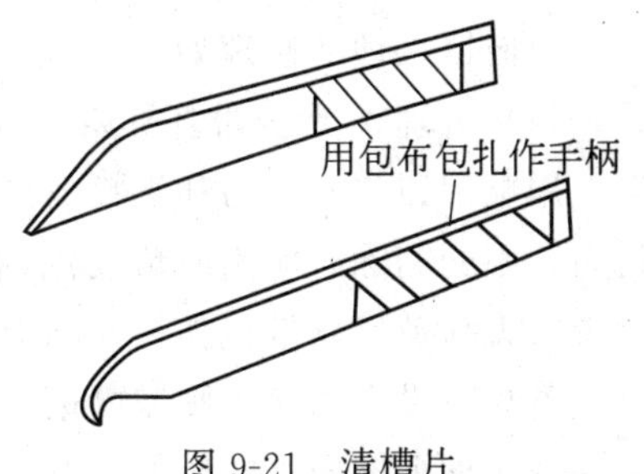

图 9-21 清槽片

的清槽片刮掉片间短路的金属屑、电刷粉末、腐蚀性物质等，直至用校验灯检验无短路即可。并用云母粉和虫胶或云母粉、环氧树脂和聚酰胺树脂（650）混合成糊状，然后填入凹槽里，使其硬化干燥。

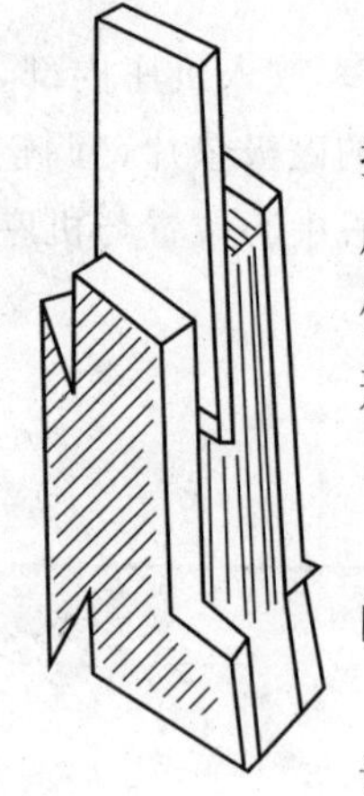

图 9-22　将磨成峰口的锯条刀插入故障片间

（2）清理清理换向片组的V形槽及V形环

如果在仔细清除外部片间杂物之后，仍不能消除片间短路，这时就得把换向器拆开，仔细清理换向片组的V形槽及V形环。在拆开换向器前，应先在换向器外圆包一层0.5～1mm厚的弹性纸作衬垫绝缘，并在故障处做好标记，然后套上叠压模，再把换向器拆开。进一步检查换向片间、V形槽表面及V形环的故障，根据不同故障分别进行处理。

（3）更换片间云母片

如果上述方法仍不能消除片间短路，则只能更换片间云母片。更换片间云母片的方法如下。

把上述拆开的换向片组放在平板上，在发生故障的换向片间做好标记，再用橡胶圈把它箍紧，然后拆除钢丝箍或无纬玻璃丝，用磨成锋口的宽锯条的一段插入故障片间，松动后抽出故障的换向片，随即插入与故障换向片同一规格的新换向片。如图9-22所示。换向片换好后，再用铁箍（内垫厚纸板）将换向片组箍紧。把换向片组加热到165℃±5℃，拧紧螺钉作第一次箍紧，冷却后用校验灯检查片间短路故障是否已经消除，若未消除，则应仔细寻找故障原因或重复上述工作。若已消除片间短路则进行装配。

例20　换向器接地的修理

换向器接地又称换向器对地击穿，是指换向器的换向片与压圈或套筒相通。

在换向器上若有两片以上的换向片接地，便会引起电枢绕组短路，使电枢发热，甚至烧毁线圈。此外，电刷会产生强烈的换向火花。因此，及时检查出换向器接地点，并且必须进行及时修理。

引起换向器接地的主要原因有换向片V形云母环外露部分积存导电粉尘、油泥，使换向片与铁套筒或转轴连接，对地击穿；V形云母环的3°面缝隙进入脏物、金属屑或炭粉，使换向片在电压作用下击穿V形云母环，从而引起接地。

通常用校验灯法来检查换向器是否接地：采用220V、60W灯泡串在电枢转轴和换向器之间，将灯泡一端固定在转轴上，另一端在换向器上移动，逐片试验，灯泡不亮的换向片则表示没有接地；灯泡发亮的换向片表示接地。

换向器接地的修理如下。

（1）清理V形云母环外露部分

用电工刀将有油污和炭粉的绝缘层彻底清理干净，用毛刷刷去云母环外露部分的积灰和污垢，不能刷除时应用酒精或汽油擦洗。再检查接地情况，如故障消失，则用B级胶粉云母带或无纬玻璃丝带包扎，并刷上B级胶，同时外部再刷一层灰磁漆1321。

若故障没有消除，则需要进行换向器内部处理。

（2）拆下换向器的压圈，取出V形云母环

首先要记好换向器压圈与换向片端面的相互位置，然后取下定位螺钉，拧下螺栓，取出压圈和V形云母环，在与故障相应的位置上不进行清理而检查云母环、V形槽和压圈。如有烧痕要清除，进行修补。

再试绝缘电阻，若故障还没有消除，则需将全部的线圈引线与换向片脱开，仔细检查换向片另一端的V形槽。

（3）取下换向器进行解体

打开端部的绑箍，用绝缘纸将换向器表面包好，并用钢丝将换向器捆住，最后将电枢绕组与并头套的焊接点烫开，使绕组与换向器分离，同时做好详细记录。

将绕组焊接头抬起，拆下换向器。将铁压圈拆下，取出V形云母环进行检查和修补。

（4）V形云母环的修补

首先将V形云母环清理干净，并且在清理部分削出坡口，然后用酒精擦拭坡口周围，涂上虫胶或环氧树脂，修剪换向器塑型云母板，贴在清理好的烧伤缺口部位上再用熨斗熨平。在其外表面涂一层虫胶或环氧树脂，再熨帖一层塑型云母板，使V形云母环厚度均一，在作对地耐压试验合格后，即可装配。

例21　换向器凸片或变形的修理

换向器凸片或变形，就是在换向器中有一片或几片换向片高出或低于正常圆柱形换向器的表面。如图9-23所示。

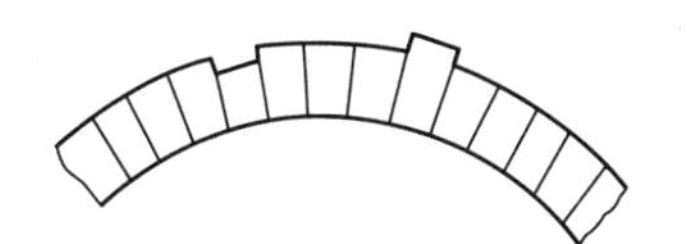

图9-23　换向片的凸片或变形示意图

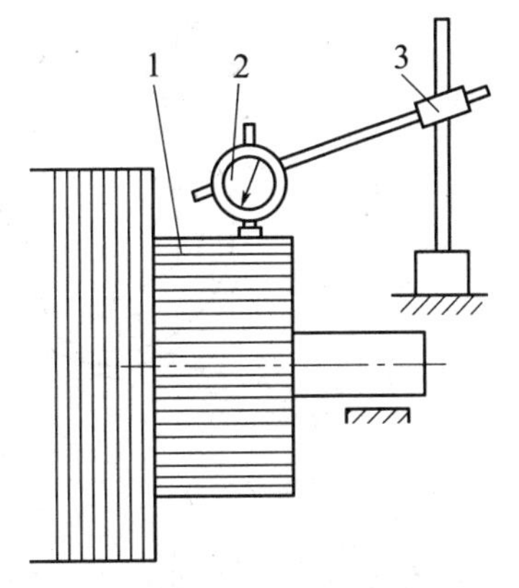

图9-24　用千分表检测换向器凸片

1—换向器；2—千分表；3—千分表座

换向器出现凸片或变形后，电机高速运行时，将使电刷和换向器工作表面接触不良，严重时还将打碎电刷，引起强烈的换向火花，影响电机的正常换向和运行。在电机转速很低时（或用手慢慢旋转电枢）。一般可以听到电刷“夹、夹”的跳动声、这时（切断电源后）若用手指触摸电刷可感觉到电刷有明显的跳动。若检查换向器工作表面，常常在凸片的附近出现由深到浅的灼烧痕迹。

通常可用千分表测量换向器表面是否高低不平，如图9-24所示。测量时把电枢放在车床上，将千分表座吸牢在基座上，千分表的端头与换向器工作表面接触，然后盘车或使电机低速运行，千分表便可以显示凸片的高低状况了。

换向器凸片或变形的修理如下。

换向器凸片后，修理方法是先将换向器紧固，再精车或研磨换向器工作表面。其主要步骤如下。

① 拆开电机，取出电枢，并进行清理。

② 钻掉或拧下换向器的定位螺钉。

③ 将电枢放入烘箱，在125℃±5℃温度下烘焙2～3h。

④ 取出烘箱里的电枢，趁热用测力扳手（图9-25）或棘轮扳手（图9-26）将换向器螺栓拧紧。利用塑型云母板在热态时具有的可塑性，使V形云母环与压圈、套筒及换向片接触较好，而不碎裂。

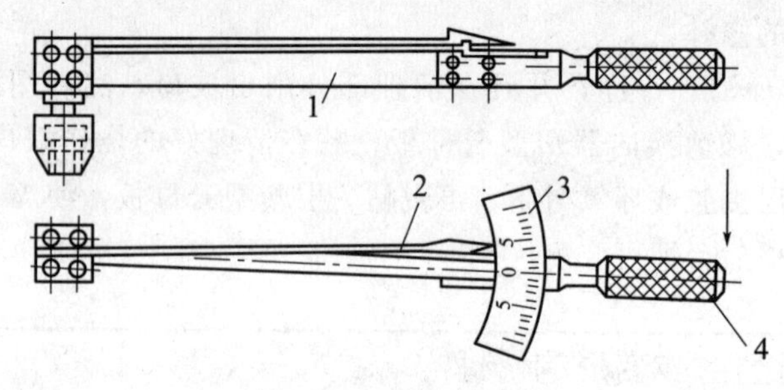

图9-25　测力扳手

1—弹性心杆；2—指针；3—标尺；4—手柄

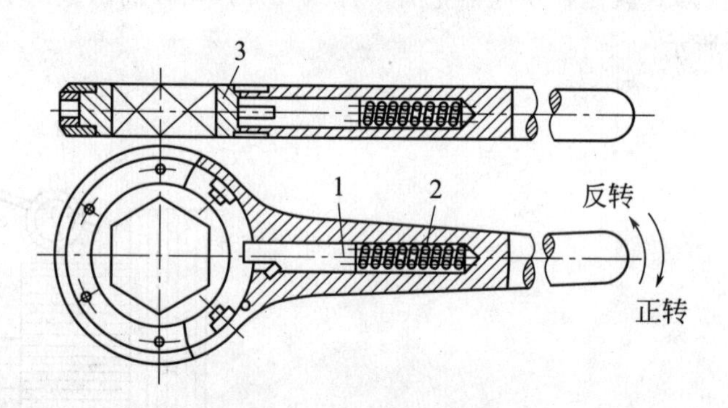

图9-26　棘轮扳手

1—棘爪；2—弹簧；3—内六角套筒

⑤ 在冷态时（50℃以下）再次紧固螺栓。

⑥ 用小锤轻轻敲击换向片，若发出的是清脆的金属声，则表明换向器已经紧固；若发出的是破壳声，则表明换向器尚未紧固，则应再重复修理，直至换向器紧固为止。

⑦ 重新钻换向器定位孔，然后将定位螺钉拧紧。

⑧ 检查换向器云母槽的深度，若深度小于1mm时，则先下刻云母槽和换向片倒角，然后再精车换向器工作表面。

云母槽的下刻深度，随换向器的直径不同而不同，见表9-2。

表9-2　换向器云母槽下刻深度

换向器直径/mm	云母槽下刻深度/mm
小于50	0.5

续表

换向器直径/mm	云母槽下刻深度/mm
50～150	0.8
150～300	1.2
300 以上	1.5

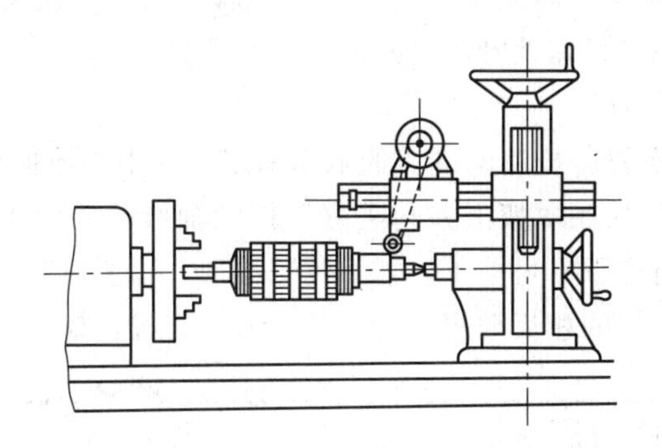

图 9-27　用车床改制的云母槽下刻机

云母槽下刻最简单的方法，就是用锯条片制成简单的下刻工具，然后一槽一槽地锯刻。也可用这种如图 9-27 所示的用车床改制的云母槽下刻机，进行加工。下刻时间电枢装在机床主轴顶尖与尾座顶尖之间，在小拖板上装一台电动机，电动机主轴上装一把片铣刀，此片铣刀的厚度应等于云母片的厚度。由电动机带动铣刀高速旋转，当铣刀对准云母片时，由机床溜板箱带动铣刀作纵向移动，进行下刻。然后，将换向器转过一个角度，再下刻相邻的云母槽，直至全部刻完。

例 22　换向器修复后的一般检查

① 用小锤轻敲换向片，根据发出声音来判断是否紧固。若发出清脆的金属声，则表明换向器已经紧固；若发出的是破壳声，则表明换向器尚未紧固，则应再重复修理，直至换向器紧固为止。

② 用 220V 校验灯逐片检查片间是否短路。

③ 做对地耐压试验，试验电压一般为二倍额定电压再加 1000V，时间为 1min。

④ 检查换向片轴线平行度。换向片全长沿轴线偏斜度一般不应超过片间云母片的厚度，否则，将影响电机的换向。

例 23　直流电机的拆卸 

在修理和维护保养电机时，往往需要把电机拆开，修好后，再重新将电机装配好。如拆装步骤和方法不当，就会使部分零部件受到不应有的应力而损坏。因此，掌握正确的拆装步骤和方法是十分必要的。现对一般直流电动机的拆装以及拆装时应注意的问题作简单介绍。

直流电机的拆卸步骤如下。

① 拆除接于电机上的所有连线。

② 拆除电机的底脚螺栓。

③ 拆除与电机相连接的传动装置。

④ 拆去轴伸端的联轴器或带轮。

⑤ 取下换向器端的轴承外盖。

⑥ 打开换向器端的通风窗，从刷握中取出电刷，再拆下接到刷杆上的连接线。

⑦ 拆下换向器端的端盖。拆除时在端盖边缘垫以木楔，用铁锤沿端盖四周边缘均匀地敲击，逐渐使端盖止口脱离机座及轴承的外圈，取出刷架。

⑧ 用纸板将换向器包好。

⑨ 拆去轴端的端盖螺钉，把连同端盖的电枢从定子内小心地抽出以免绕组受到擦伤。

⑩ 将连同端盖的电枢放在木架上并包裹好，拆除轴伸端的轴承盖螺钉，取下轴承外盖及端盖。轴承只在损坏情况下方可取下，如无特殊原因，不要拆除。

电机的装配，可按拆卸的相反顺序进行，并按所刻记号，校正电刷位置。

例24 直流电机修复后试验

直流电机经过拆装后，要进行检查试验，即将电机试运转若干小时，观察电机出力、火花及转速等情况。检查试验是为了确定每台新装配完成的电机，在电或机械方面都符合其制造标准的要求。

（1）装配的一般检查

进行试验前，一般先要检查所有紧固螺钉是否都拧紧，电机转动是否灵活，换向器表面是否光洁、是否偏心、是否有高低不平的现象，电刷标牌是否符合要求，电刷与换向器实际接触面积是否占电刷整个横截面积的75%以上，电刷受应力是否均匀适当，电刷是否能自由活动等。

（2）确定电刷中性位置

电刷中性位置是指当电机为空载发电机运转，其励磁电流和转速不变时，在换向器上测的最大感应电势时的位置。在电机各绕组正确接线情况下，为保证电机运转性能良好，电机的电刷必须在中性位置上，因此，在电机运转前，应进行电刷中性位置的检查。确定刷架中性位置的方法有感应法、发电机正反转法和电动机正反转法三种。

① 感应法。这是确定电刷中性位置最常用的一种方法。如图9-28所示。在电机静止状态下，将毫伏表接到相邻两组电刷上（电刷与换向器接触一定要良好）。励磁绕组通过开关K接到1.5～3V的直流电源上。并交替接通或断开电源。毫伏表指针会左右摆动，这时逐步移动刷架位置，在不同位置上测量出励磁电流断开时的转子绕组感应电动势值。当感应电动势为零时的电刷所在的位置就是中性位置。

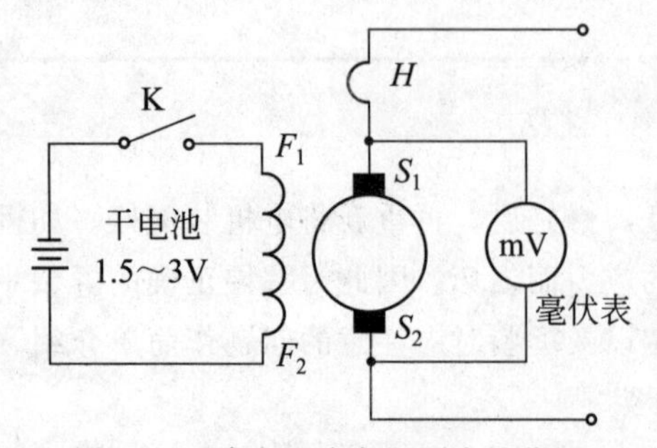

图9-28 感应法确定电刷中性位置

② 发电机正反转法。用发电机正反转法确定电刷中性位置时，电机在试验时用他励或并励方式。在电机转速不便，励磁电流不变，负载都不变的情况下使电机正转和反转。看电机在正反转时电枢的输出电压是否相等，若两个电压值相等，此时电刷

所在的位置就是中性位置。若不相等，则移动刷架使之相等。

③ 电动机正反转法。用电动机正反转法确定电刷中性位置时，电动机在试验时最好接成他励方式。电机在外施电压不变、励磁电流不变的情况下空载进行正转和反转，逐步移动电刷的位置，并分别测量电机在正转和反转时转速，直到两者转速相等，此时电刷所在的位置就是中性位置。

（3）耐压试验

当全部更换绕组修复装配后，直流电机往往要做各绕组对机壳及绕组间绝缘强度试验，即耐压试验。

耐压值　　$U=1000+2U_e$　　承受一分钟

其中　U_e——电机额定电压。

（4）绕组绝缘电阻测定

额定电压为500V或500V以下的电动机，可用500V兆欧表分别测量各绕组对机壳的绝缘，其电阻值不得低于0.5兆欧，对更换过的绕组部分则不应低于5MΩ。其次测量各绕组之间的绝缘情况。

（5）电枢绕组匝间绝缘强度试验

当电机空载状态下，使电动机处于大于额定电压30%的过压状态，5min不击穿。若电动机要进行负载（发热）试验，则此项匝间绝缘强度试验应在电机温度接近正常工作温度下进行。

（6）绕组元件连接检查试验

电机静止不动，电刷间通入直流电，先用直流电压表测量换向片片间电压的方向，若绕组元件连接正确，则片间电压的方向始终在电刷的某一边保持不变；若绕组某元件连接错误，则在这元件跨接的片间电压的方向相反。然后参考片间电阻值的测量数据，就可检查出绕组元件的连接质量。

除上述试验外，还有许多保证电机运转可靠性的试验项目，如超速试验、过载能力试验和振动测量等。

Chapter 10

第十章 照明与配线

电气照明是一种人工照明，它具有灯光稳定、易于控制、调节及安全、经济等优点，成为现代人工照明中应用最为广泛的一种照明方式。

照明根据应用场合可分为交通运输、工矿企业、文化艺术、建筑装饰、民用五大类。本章将介绍一般的常用照明以及一些常用照明灯线路。

例 1 常用电光源的类型

常用电光源按发光原理可分为热辐射光源和气体放电光源，见表 10-1。

表 10-1 电光源的分类

<table>
<tr><th>序号</th><th colspan="2">类别</th><th>电光源</th><th>说明</th></tr>
<tr><td rowspan="2">1</td><td colspan="2" rowspan="2">热辐射光源</td><td>白炽灯</td><td rowspan="2">这类电光源均以钨丝为辐射体。通以电流后使钨丝发热达到自炽温度，产生热辐射，发出可见光</td></tr>
<tr><td>卤钨灯</td></tr>
<tr><td rowspan="6">2</td><td rowspan="6">气体放电光源</td><td rowspan="2">低压气体放电灯</td><td>荧光灯</td><td rowspan="6">气体放电光源是利用气体放电时其原子辐射产生的光辐射。按光源中气体的压力大小又分低压气体放电光源和高压气体放电光源。高压气体放电光源的管壁负荷较大，灯的表面积较小，但灯的功率较大，因此又称“高强气体放电灯”（HID灯）</td></tr>
<tr><td>低压钠灯</td></tr>
<tr><td rowspan="4">高压气体放电灯</td><td>高压钠灯</td></tr>
<tr><td>高压汞灯</td></tr>
<tr><td>金属卤化物灯</td></tr>
<tr><td>氙灯</td></tr>
</table>

常用电光源的主要性能比较见表 10-2。

表 10-2 常用电光源的主要性能比较

特性参数	白炽灯	卤钨灯	荧光灯	高压汞灯（普通型）	高压钠灯（普通型）	金属卤化物灯	管形氙灯
额定功率/W	10～1000	500～2000	6～125	50～1000	35～1000	125～3500	1500～100000

续表

特性参数	白炽灯	卤钨灯	荧光灯	高压汞灯（普通型）	高压钠灯（普通型）	金属卤化物灯	管形氙灯
发光效率/(1m/W)	10～15	20～25	40～90	30～50	70～100	60～90	20～40
平均使用寿命/h	1000	1500	1500～5000	2500～6000	12000～24000	500～3000	1000
显色指数 Ra	97%～99%	95%～99%	70%～90%	30%～50%	20%～25%	65%～90%	95%～97%
色温/K	2400～2900	3000～3200	3000～6500	4400～5500	2000～3000	4500～7000	5700～6700
启动稳定时间	瞬时	瞬时	1～48	4～8min	5～6min	5～10min	瞬时
再启动稳定时间	瞬时	瞬时	瞬时	5～10min	10～15min①	10～15min	瞬时
功率因数	1.0	1.0	0.33～0.7	0.44～0.67	0.44	0.4～0.6	0.4～0.9
频闪效应	无	无	有	有	有	有	有
表面亮度	大	大	小	较大	较大	大	大
电压变化对光通的影响	大	大	较大	较大	大	较大	较大
环境温度对光通的影响	小	小	大	较小	较小	较小	小
耐震性能	较差	差	较好	好	较好	好	好
所需附件	无	无	镇流器 起辉器	镇流器	镇流器	镇流器 触发器	镇流器 触发器

① 采用触发器时，再启动稳定时间不大于1min。

例2 常用电光源的特点及适用场所

各种常用电光源的特点及适用场所，见表10-3。

表10-3 常用电光源的特点及适用场所

类型	热辐射光源		气体放电光源			
种类	白炽灯	卤钨灯	荧光灯（日光灯）	高压汞灯		高压钠灯
				外附镇流器式	自镇式	
优点	结构简单、价格低廉，使用和维修方便，光质较好（发出热光），功率因数高	光效较高（约比白炽灯高1/3），光色好，构造简单，体积小，使用和维修方便	光效较高（比自炽灯高4倍），寿命长，光色近于日光	光效高寿命长耐震性好	光效高，寿命较长，无镇流器附件，使用方便，光色较好，初启动无延时	光效很高，省电，寿命长，紫外线辐射少，透雾性好
缺点	光效低，寿命短，耐震性差	灯管必须水平装设，倾斜度应小于4°，灯管表面温度高（可达500～700℃）不耐震	光质不如白炽灯（属冷光），功率因数低，需附件多，故障比自炽灯多，装设成本较高	功率因数低，需附件，价格高，启动时间长，初启动4～8min 再启动5～10min	价格高，不耐震，再启动需延迟3～6min	价格高，辨色性差，初启动时间4～8min，再启动需10～20min

续表

类型	热辐射光源		气体放电光源			
种类	白炽灯	卤钨灯	荧光灯（日光灯）	高压汞灯		高压钠灯
				外附镇流器式	自镇式	
适用场所	①照明开关频繁要求瞬时启动或要避免频闪效应的场所 ②识别颜色要求较高，或艺术要求的场所 ③需要调光的场所 ④局部照明，事故照明 ⑤需要防止电磁波干扰的场所	①照度要求较高，显色性能要求较高，但无震动的场所 ②要求频闪效应小 ③需要调光	①悬挂高度较低（如 6m 以下）要求照度又较高者（如 100lx 以上） ②识别颜色要求较高的场所 ③在自然采光不足而人们需长期停留的场所	①照度要求较高，但对光色无特殊要求的场所 ②有震动的场所		①高大厂房，照度要求较高，但对光色无特别要求的场所 ②有震动的场所 ③多烟尘场所
举例	住宅、旅馆、博物馆等	体育馆、大礼堂等	住宅、旅馆、办公室、医院等	大中型厂房、仓库、露天堆场及作业场地		铸钢车间，冶金车间、机械加工车间

例 3 白炽灯的规格和故障处理

白炽灯结构简单，适用于一般工矿企业、机关学校和家庭作普通照明。如果适当选择灯泡的功率，配合合适电源也可用作信号指示用。白炽灯按用途可分为下列四种。

① 普通白炽灯泡，其规格如表 10-4 所示。

表 10-4 普通白炽灯泡的规格

灯泡型号	额定数值				灯座型号	备注
	电压/V	功率/W	光通量/lm	发光效率/(lm/W)		
PZ6	220	15	101	6.7	2C-22 或 E27	①光通量（又名光流）：单位时间内从某光源发射出来能产生视觉的那部分总能量。单位是 lm ②发光效率：电灯所发出的光通量与电灯消耗电功率的比值，也就是单位功率的光通量。单位是 lm/W
PZ7		25	198	7.9		
PZ8		40	340	8.5		
PQ8		60	540	9.0		
PQ9		100	1050	10.5		
PQ10		150	1845	12.3		
PQ11		200	2660	13.3		
PQ12		300	4350	14.5	E27 或 E40	
PQ13		500	7700	15.4	E40	
PQ14		1000	17000	17.0		

② 低压灯泡：用于安全行灯，常用规格为额定电压 12V、24V、32V、36V，功率

10W、15W、20W、25W、30W、40W、50W、60W、100W。灯头有卡口式和螺口式之分，如图 10-1 所示。

(a) 卡口式　　(b) 螺口式

图 10-1　白炽灯泡与灯头

③ 开关板指示灯泡：用于开关板上作指示用。

④ 经济灯泡：电压为 6～8V，与经济灯座（内装一小型变压器）配用或配用一个电铃变压器，可用于晚间不需灯光很亮之处，以节约用电。

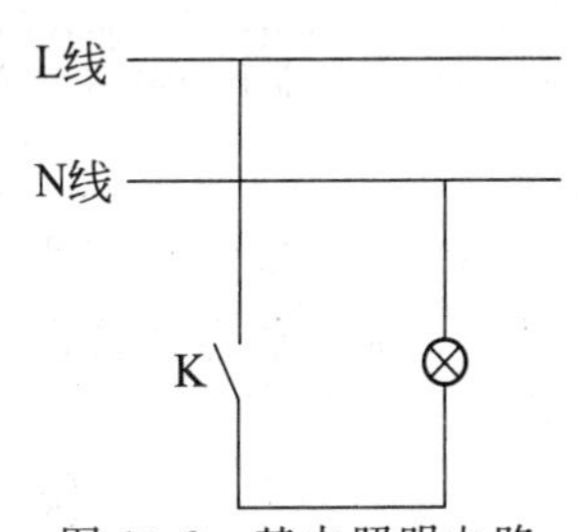

图 10-2　基本照明电路

白炽灯泡照明线路由电源、导线、开关和照明灯组成。在日常生活中，可以根据不同需要，采用不同的开关、线路来控制照明灯具。最基本的照明电路是用一只单联开关控制一盏灯，如图 10-2 所示。开关必须接在相线（火线）端，确保开关断开时灯具不带电。按动开关至“开”，电路接通，灯亮；按动开关至“关”，电路断开，灯熄灭，灯具不带电。

白炽灯的故障与处理方法如表 10-5 所示。

表 10-5　白炽灯的故障与处理方法

故障现象	可能原因	处理方法
灯泡不亮	①灯丝断掉 ②灯座或开关接触不良 ③熔丝断掉 ④电路断开	①调换灯泡 ②将灯座与开关中弹簧修复接触点；或调换灯座或开关 ③修复熔丝 ④检查修复[1]
灯泡不亮且熔丝接上就爆断	①电路负载过大 ②电路短路	①调低电路负载 ②检查修复[2]
灯光忽亮忽暗或熄灭	①灯座或开关松动 ②熔丝接触不良 ③电源电压忽高忽低（或由于附近有大容量负载经常启动） ④灯泡灯丝断开处忽接忽离	①旋紧加固 ②旋紧加固 ③不需修理 ④调换灯泡

续表

故障现象	可能原因	处理方法
灯泡发强烈白光瞬时烧坏	①灯丝短路电流增大 ②灯丝额定电压低于电源电压	①调换灯泡 ②调换与电源电压相符的灯泡
灯光暗淡	①灯泡钨丝蒸发老化变细,电流减小,且玻璃泡内发黑 ②灯泡外部积垢或积灰 ③电源电压过低或导线太细 ④线路因潮湿或因绝缘损坏而有漏电现象	①调换灯泡 ②擦去灰垢 ③如有条件改用粗导线或升高电压 ④察看线路,遇到绝缘损坏处加强绝缘或调换新线

① 电路断开包括相线或中性线断开两种。检查方法如下：首先用测电笔检查总开关进线桩头，如有电，再用校验灯测试，如灯亮，则说明进线正常；如灯不亮就表示进线断开，应修复进线。再用测电笔分别测试各支路，如有电，然后再用校验灯，一端接相线，另一端接试各级中性线，如校验灯正常亮，说明中性线正常未断，若不亮说明中性线已断，应接通中性线。

② 检查电路短路点方法如下：首先把中性线上熔丝插头取下，用功率较大的校验灯串接到熔丝桩头两端，如校验灯正常亮，则说明这一支路短路了。然后用校验灯分别对这一支路各灯的开关试验。若校验灯会发亮，说明短路点就出现在这一段电路内或在这一盏电灯上。最后加以修复。

例4 白炽灯的安装

白炽灯的安装有室外的，也有室内的，室内白炽灯的安装通常有吸顶式、壁式和悬吊式三种。下面主要介绍日常生活中常用的悬吊式白炽灯的安装方法，其他两种安装的方法是类似的。下面是安装步骤及具体做法。

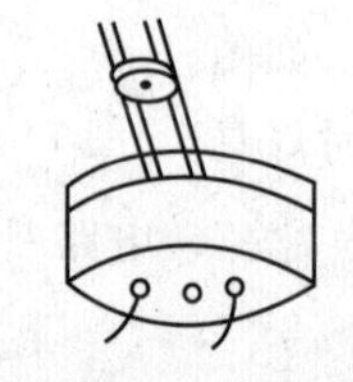
图 10-3　圆木的安装

(1) 圆木（木台）安装

先加工圆木，在圆木底部刻两条线槽，圆木中间钻三个小孔。如果是槽板明配线，应在正对槽板的一面锯一个豁口，接着将电源相线和零线卡入圆木线槽，并穿过圆木中间两侧小孔，留出足够连接电器或软吊线的线头。最后用螺钉从中心孔穿入，将圆木固定在事先完工的预埋件上，如图 10-3 所示。

(2) 挂线盒的安装

以塑料挂线盒为例，叙述挂线盒的安装工艺。先将圆木上的电线头从挂线盒底座中穿出，用木螺钉将挂线盒紧固在圆木上，如图 10-4(a) 所示。然后将伸出挂线盒底座的线头剥去 20mm 左右的绝缘层，弯成接线圈后，分别压接在挂线盒的两个接线桩上。再按灯具的安装设计要求，取一段铜芯软线（花线或塑料绞线）作挂线盒与灯头之间的连接线，上端接挂线盒内的接线桩，下端接灯头接线桩，如图 10-4(b) 所示。为了不使接头处承受灯具重力，吊灯电源线在进入挂线盒盖后，在离接线端头 50mm 处打一个结，如图 10-4(c) 所示。这个结正好卡在挂线盒线孔里，承受着部分悬吊灯具的质量。对于瓷质挂线盒，应在离上端头 60mm 左右的地方打结，再将线头分别穿过挂线盒两棱上的小孔固定后，与穿出挂线盒底座的两根电源线头相连；最后将接好的两根线头分别插入挂线盒底座平面的小孔里。其余挂线盒的操作方法与塑料挂线盒的安装相同。

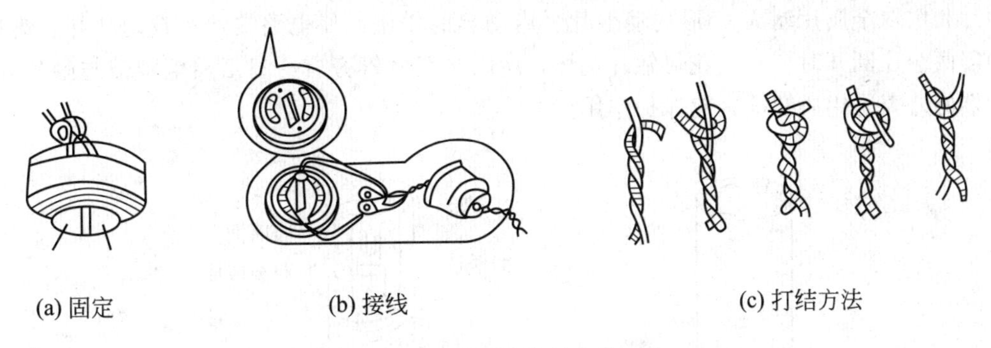

(a) 固定　　(b) 接线　　(c) 打结方法

图 10-4　挂线盒的安装

此外，平灯座在圆木上的安装也与塑料挂线盒在圆木上的安装方法大体相同，不同的是不需要软吊线，由穿出的电源线直接与平灯座两接线桩相接，如图 10-5 所示。

（3）灯头的安装

旋下灯头上的胶木盖子，将软吊线下端穿入灯头盖孔中，在离导线下端头 30mm 处打一个结，然后把去除了绝缘层的两个下端头芯线分别压接在两个灯头接线桩上，如图 10-6（a）所示，最后旋上灯头盖子。如果是螺口灯头，相线应接在跟中心铜片相连的连接桩上，N 线接在与螺口相连的接线桩上，如图 10-6(b) 所示。

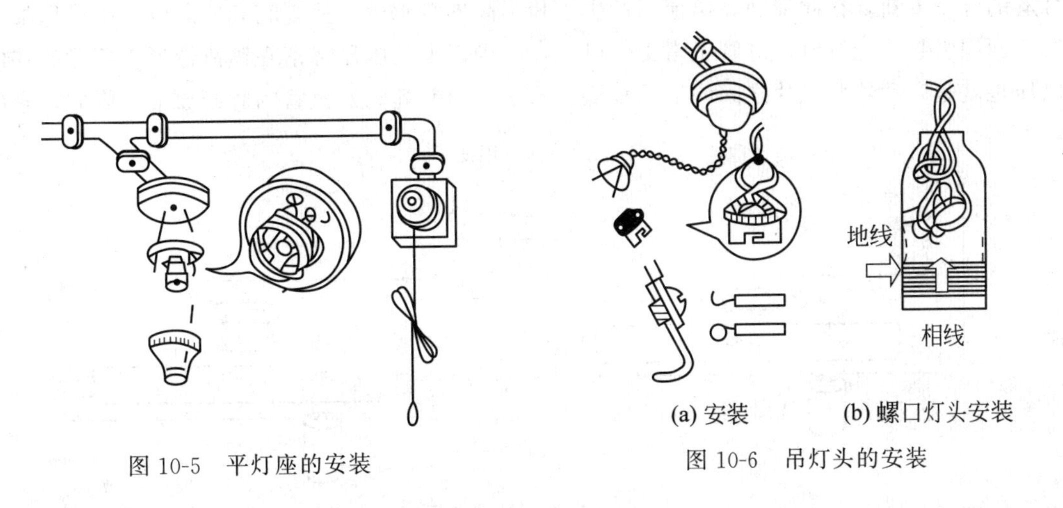

图 10-5　平灯座的安装

(a) 安装　　(b) 螺口灯头安装

图 10-6　吊灯头的安装

例 5　日光灯的组成和使用

日光灯是由灯管、镇流器、起动器等三个主要部件组成。

（1）灯管。灯管是一根 15～38mm 直径的玻璃管，在管内壁上涂上一层荧光粉（有毒的金属盐），灯管两端各有一个灯丝。灯丝由钨丝绕成，用以发射电子。管内在真空情况下充有一定量的氩气与少量水银。当管内产生辉光放电时，发出一种波长极短的不可见光，这种光被荧光粉吸收后转换成近似日光的可见光，因此叫日光灯。

（2）镇流器。镇流器是一只绕在硅钢片铁芯上的电感线圈，它有两个作用，在启动时由于启动器的配合产生瞬时高电压，促使灯管放电；在工作时起限制灯管中电流的作用。

（3）启动器。启动器如图 10-7 所示，是一个充有氖气的玻璃泡，其中装有一个固定的静触片和用双金属片制成U形的动触片。启动器的作用是使电路接通和自动断开。为避免启动器两触片断开时产生火花将触片烧坏，所以在氖气管旁有一只纸质电容器与触片并联。启动器的外壳是铝质圆筒，起保护作用。

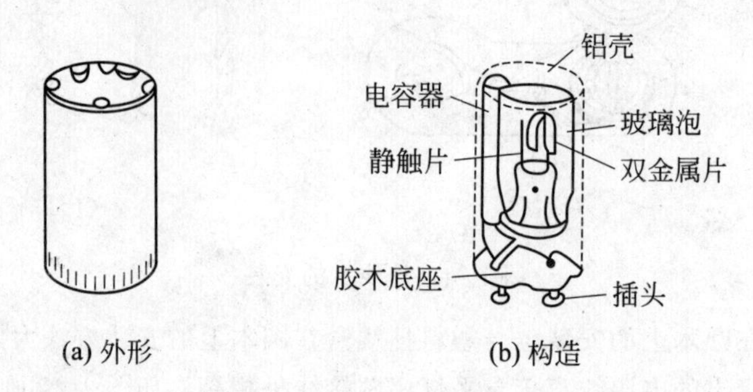

图 10-7　启动器

日光灯的接线如图 10-8 所示。在电路刚接上电源时，灯管尚未放电；启动器的触片处在断开位置。此时，电源电压全部加在启动器的两个触片上，使氖管中产生辉光放电而发热，两触片接触，将电路接通。于是有电流流过镇流器和灯管两端的灯丝，使灯丝加热并发射电子，这时启动器内辉光放电已停止，双金属片冷却缩回，两触片分开，使流过镇流器和灯丝的电流中断，在此瞬间，镇流器产生了相当高的自感电动势，它和电源电压串联后加在灯管两端引起辉光放电，灯管正常工作以后，一半以上的电压降落在镇流器上，灯管两端的电压也就是启动器两触片之间的电压较低，不足以引起起动器氖管的辉光放电。因此，它的

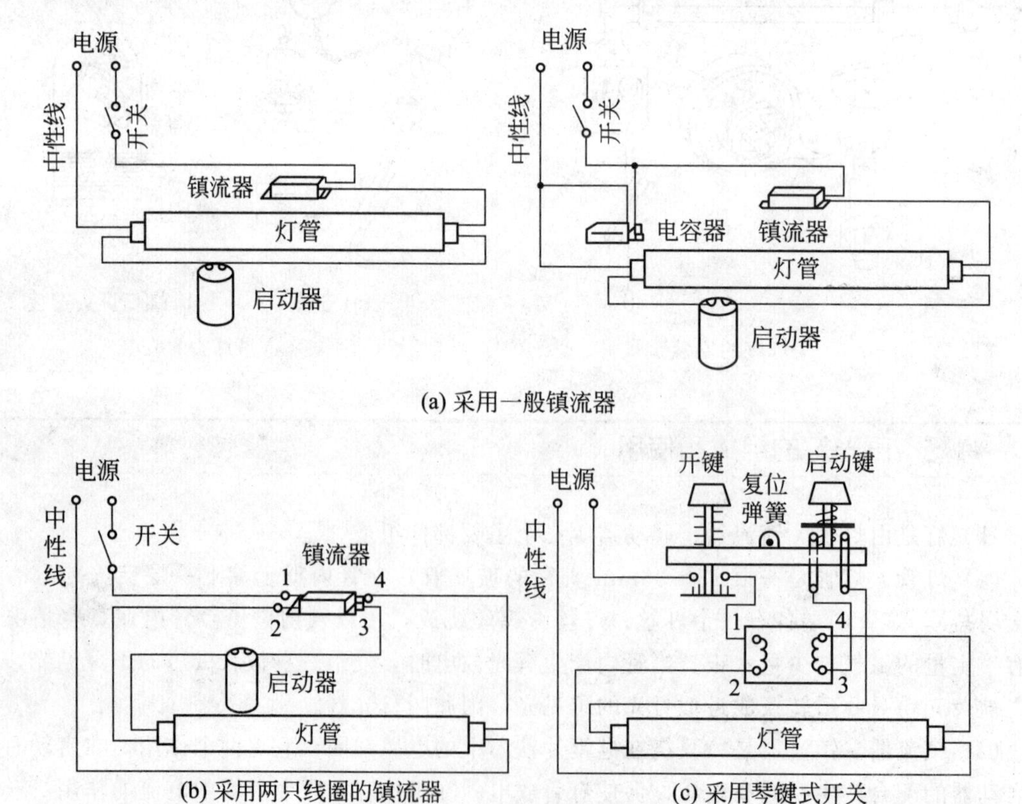

图 10-8　日光灯接线图

两个触片仍保持断开状态。为了要提高灯管的启动效果，有时可以采用具有两只线圈的镇流器。

安装日光灯应注意以下几个问题。

① 镇流器必须和电源电压、灯管功率相配合，不可混用。由于镇流器比较重，又是发热体，宜将镇流器反装在灯架中间。如果采用琴键式开关，如图 10-8(c) 所示，则无须装置启动器，但需注意，当按下启动键以后，不宜停留时间过长，以免灯丝加热时间过长而影响灯管的寿命。

② 启动器规格需根据灯管的功率大小来决定，起动器宜装在灯架上便于检修的位置。

③ 应注意防止因灯脚松动而使灯管跌落，可以采用弹簧灯座，或者把灯管与灯架扎牢。

④ 如果灯架与平顶紧贴，木架内的镇流器应有适当的通风。

⑤ 工厂由于工作需要，必须放低照明时，可采用弹簧灯座的日光灯，灯管至少离地 1m，吊灯线加套绝缘套管（应套至离地 2m），日光灯架上面加装盖板。

例 6　日光灯的规格和故障处理

(1) 日光灯的型号规格

日光灯的型号规格如表 10-6 所示。

表 10-6　日光灯型号规格

型号	额定功率/W	灯管尺寸/mm		灯管工作电压/V	灯管工作电流/A	预热电流/A	额定光通量/lm	额定寿命/h
		直径	总长度					
RR-6	6	15±1	226.6	50±6	0.14	0.2	210	3000
RL-6							230	
RR-8	8	15±1	301.6	60±6	0.16	0.22	325	
RL-8							360	
RR-10	10	25±1.5	344.6	45±5	0.25	0.35	410	
RL-10							450	
RR-15S	15	25±1.5	450.6	58^{+6}_{-8}	0.30	0.5	665	5000
RL-15S							730	
RR-15	15	38±2	450.6	50±6	0.33	0.5	580	
RL-15							635	
RR-20	20	38±2	603.6	60±6	0.35	0.5	930	
RL-20							1000	
RR-30S	30	25±1.5	908.6	96^{+12}_{-10}	0.36	0.56	1700	
RL-30S							1860	
RR-30	30	38±2	908.6	81^{+12}_{-10}	0.405	0.62	1550	
RL-30							1700	
RR-40	40	38±2	1213.6	108^{+11}_{-10}	0.41	0.65	2400	
RL-40							2640	
RR-100	100	38±2	1213.6	92±11	1.5	1.8	5500	3000
RL-100							6100	

注：RR—日光色荧光灯管；RL—冷白色；S—细管形。

由于日光灯电路内有电感元件（镇流器），因此功率因数较低，为了改善功率因数，可以加装电容器。日光灯电容器主要规格如表10-7所示。

表10-7　日光灯电容器主要规格

电压/V	电容量/μF	配用日光灯管功率/W
220	2.5	20
220	3.75	30
220	4.75	40

（2）日光灯的故障及其处理方法

日光灯的故障及其处理方法如表10-8所示。

表10-8　日光灯照明故障与处理方法

故障现象	可能原因	处理方法
不能发光或发光困难	①电源电压太低或电路压降大 ②启动器陈旧或损坏，内部电容器击穿或断开 ③接线错误或灯脚接触不良 ④灯丝已断或灯管漏气 ⑤镇流器配用规格不合，或镇流器内部电路断开 ⑥气温较低	①如有条件改用粗导线或升高电压 ②检查后调换新的启动器或调换内部电容器 ③改正电路或使灯脚接触点加固 ④用万用表检查如灯丝已断，又看到荧光粉变色，表明漏气，应调换灯管 ⑤调换适当镇流器 ⑥加热、加罩
灯光抖动及灯管两头发光	①接线错误或灯脚等松动 ②启动器接触点并合或内部电容器击穿 ③镇流器配用规格不合或接线松动 ④电源电压太低或线路压降较大 ⑤灯丝陈旧发射电子将完，放电作用降低 ⑥气温低	①改正电路或加固 ②调换启动器 ③调换适当镇流器或使接线加固 ④如有条件改用粗导线或升高电压 ⑤调换灯管 ⑥加热、加罩
灯光闪烁或光有滚动	①新灯管的暂时现象 ②单根管常有现象 ③启动器接触不良或损坏 ④镇流器配用规格不合或接线不牢	①使用几次或灯管二端对调 ②有条件和需要时改装双管灯 ③使启动器接触点加固或调换启动器 ④调换适当的镇流器或将接线加固
灯管两头发黑或生黑斑	①灯管陈旧 ②若系新灯管可能因起动器损坏，使两端发射物加速蒸发 ③灯管内水银凝结是细灯管常有现象 ④电源电压太高 ⑤启动器不好或接线不牢引起长时间闪烁 ⑥镇流器配用规格不合	①调换灯管 ②调换启动器 ③启动后即能蒸发 ④如有条件调低电压 ⑤调换启动器或将接线加固 ⑥调换合适镇流器
灯光减低或色彩较差	①灯管陈旧 ②气温低或冷风宜吹灯管 ③电路电压太低或电路压降较大 ④灯管上积垢太多	①调换新灯管 ②加罩或回避冷风 ③如有条件调整电压或调换粗导线 ④清除灯管积垢

续表

故障现象	可能原因	处理方法
杂声与电磁声	①镇流器质量较差，或其铁芯钢片未夹紧 ②电路电压过高引起镇流器发出声音 ③镇流器过载或其内部短路 ④启动器不好引起开启时辉光杂声	①调换镇流器 ②如有条件设法降压 ③调换镇流器 ④调换启动器
镇流器发热	①灯架内温度过高 ②电路电压过高或过载 ③灯管闪烁时间长或使用时间长	①改善装置方法，保持通风 ②如有条件调低电压或调换镇流器 ③消除闪烁原因或减少连续使用时间
灯管使用时间短	①镇流器配用规格不合或质量差或镇流器内部短路致使灯管电压过高 ②开关次数太多，或起动器不好引起长时间闪烁 ③震动引起灯丝断掉 ④新灯管因接线错误而烧坏	①调换镇流器 ②减少开关次数或调换启动器 ③改善装置位置减少受震 ④改正接线

例7 日光灯的安装

安装日光灯前应检查灯管、镇流器、启辉器等有无损坏，是否互相配套，然后按下列步骤进行安装。

① 准备灯架。根据日光灯管长度的要求，购置或制作与之配套的灯架。

② 组装灯具。对分散控制的日光灯，将镇流器安装在灯架的中间位置，对集中控制的几盏日光灯，几只镇流器应集中安装在控制点的一块配电板上，然后将启辉器座安装在灯架的一端，两个灯座分别固定在灯架两端，中间距离要按所用灯管长度量好，使灯管两端灯脚既能插进灯座插孔，又能有较紧的配合。

③ 固定灯架。固定灯架的方式有吸顶式和悬吊式。悬吊式又分金属链条悬吊和钢管悬吊两种。安装前应先在设计的固定点打孔预埋合适的紧固件，然后将灯架固定在紧固件上。

④ 接线。各配件的位置固定后，按电路图进行接线。由镇流器一端开始，镇流器接至灯管一头的灯丝一端，再由灯丝另一端接至启辉器，然后又由启辉器另一端连接至灯管另一头的灯丝一端，最后将该灯丝的另一端和镇流器的另一端用导线引出。注意镇流器的引出线下一步是接至控制开关，而由灯丝一端的引出线是接至电源中性线的。

⑤ 安装灯管。在灯座上安装灯管时，对插入式灯座，先将灯管一端灯脚插入带弹簧的一个灯座，稍用力使弹簧灯座活动部分向外退出一小段距离，另一端趁势插入不带弹簧的灯座。对开启式灯座，先将灯管两端灯脚同时卡入灯座的开缝中，再用手握住灯管两端灯头旋转约1/4圈，灯管的两个引脚即被弹簧片卡紧，使电路接通，如图10-9所示。

⑥ 安装启辉器。最后把启辉器旋入底座，如图10-10所示。把日光灯管装入灯座，开关按白炽灯安装方法进行接线。检查无误后，即可通电试用。

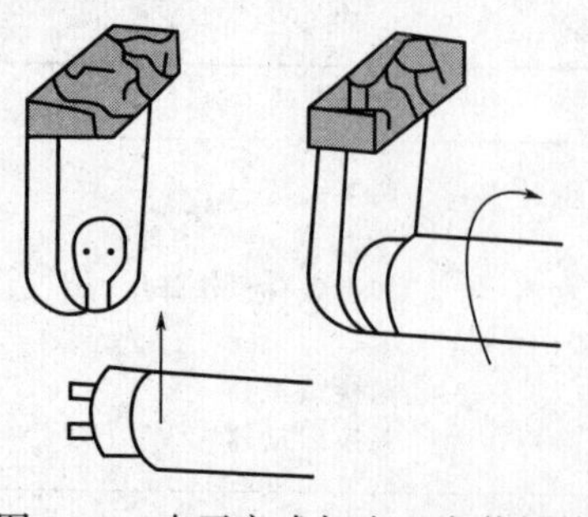
图 10-9　在开启式灯座上安装灯管

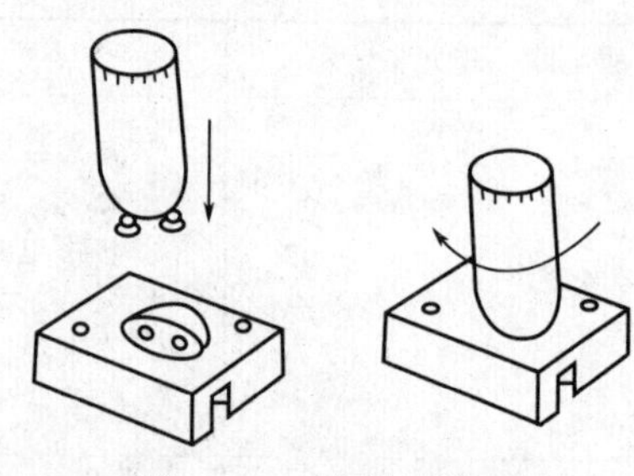
图 10-10　安装启辉器

例 8　电子节能灯的常见故障与处理

（1）电子节能灯简介

电子节能灯主要由灯头、电路板、毛管组成，一般按灯管外形分为 U 形、D 形、H 形、螺旋形等，如图 10-11 所示，不同的外形适应不同的装配需求。电子节能灯也叫半导体节能灯，是一种新光源，显色指数（Ra）达 90 以上，光效 100lm/W，色温 4000～6000K。优点是寿命长（大于 50000h），节电 80%，环保（无紫外线、无频闪、无重金属），显色性好。

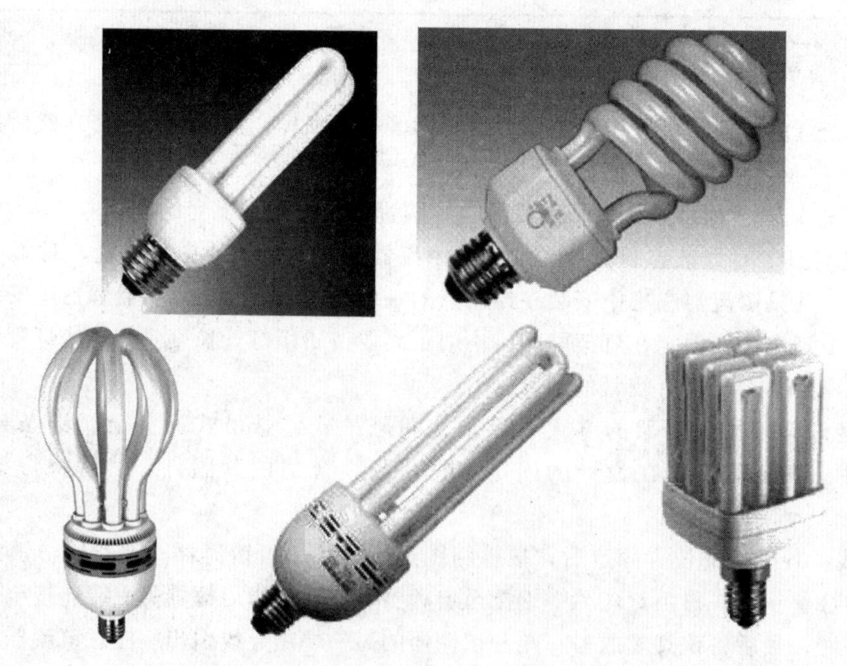
图 10-11　各种电子节能灯

（2）使用节能灯的注意事项

① 电子节能灯不能在调光台灯、延时开关、感应开关的电路中使用。

② 应避免在高温高湿的环境中使用。

③ 电子节能灯不宜频繁开和关。

（3）电子节能灯的维修

维修电子节能灯时，首先要排除假故障。关灯后节能灯如有间歇性的闪光，这并不是灯的质量问题，主要原因是电工线路安装不规范，将开关设在N线造成的。只要把进线端的N线与相线调换一下即可。使用了带氖灯的开关，关灯后仍然能形成微流通路，或接线中安装双联开关的，会造成有时关灯后有闪光现象。

电子节能灯常见故障及处理方法见表10-9。

表10-9　电子节能灯常见故障及处理方法

故障现象	故障原因	处理方法
灯管不发亮	①熔丝熔断	①查明原因并排除故障，再换上同规格的熔丝
	②电源整流桥堆损坏	②更换整流桥堆
	③滤波电容击穿短路	③更换滤波电容
	④主振三极管特性不良	④更换特性好的三极管
	⑤灯管灯丝烧断	⑤更换灯管
	⑥控制电路中有元件焊接不良	⑥逐一检查并重新进行焊牢
灯管两端发红，中部不发光	①灯丝回路中的启动电容器击穿	①更换耐压大于450V的电容
	②双向触发二极管性能不一致	②更换性能一致的双向二极管
灯管两端过早发黑，使用寿命短	①两只主震三极管同时导通，使管子热击穿	①更换主震三极管
	②灯管质量不良，产生整流效应，使电流增大，过流而烧毁主震三极管	②更换主震三极管和灯管
	③电感局部短路使电流增大	③重绕或更换电感
振荡器不起振	①主震三极管损坏	①更换主震三极管
	②触发管击穿	②更换触发管
	③高频变压器损坏	③修理或更换高频变压器

例9　照明灯具的选择

(1) 优先选用效率较高的灯具

应优先选用配光合理、效率较高的灯具。室内开启式灯具的效率不宜低于70%；带有包合式灯罩的灯具的效率不宜低于55%；带格栅灯具的效率不宜低于50%。

(2) 按环境条件正确选用灯具

根据工作场所的环境条件，应分别采用下列各种灯具。

① 在特别潮湿的场所，应采用防潮灯具或带防水灯头的开启式灯具。

② 在有腐蚀性气体和蒸汽的场所，宜采用耐腐蚀性材料制成的密闭式灯具。若采用开启式灯具时，各部分应有防腐蚀防水措施。

③ 在高温场所，宜采用带有散热孔的开启式灯具。

④ 在有尘埃的场所，应按防尘的保护等级分类来选择合适的灯具。

⑤ 在装有锻锤、重级工作制桥式吊车等震动、摆动较大场所的灯具，应有防震措施和保护网，防止灯泡自动松脱和掉下。

⑥ 在易受机械损伤场所的灯具，应加保护网。

⑦ 在有爆炸和火灾危险场所使用的灯具，应符合现行国家标准和规范的有关规定。

例 10 照明灯具位置的确定

(1) 照明灯具位置的确定

① 照明灯具安装位置，要根据房间的用途、室内采光方向、以及门的位置和楼板的结构等因素确定。

② 照明灯具安装除板孔穿线和板孔内配管，需在板孔处打洞安装灯具外，其他暗配管施工均需设置灯位盒，即 90mm×90mm×45mm 八角盒。

③ 室外照明灯具在墙上安装时，不可低于 2.5m；室内灯具一般不应低于 2.4m；住宅壁灯（或起夜灯）由于楼层高度的限制，灯具安装高度可适当降低，但不宜低于 2.2m；旅馆床头灯不宜低于 1.5m。

(2) 壁灯灯位盒位置确定

① 壁灯灯具的安装高度指灯具中心对地而言，故在确定灯位盒时，应根据所采用灯具的式样及灯具高度，准确确定灯位盒的预埋高度。

② 壁灯如在柱上安装灯位盒应设在柱中心位置上。

③ 壁灯灯位盒在窗间墙上设置时，应预先考虑好采暖立管的位置，防止灯位盒被采暖管挡在后面。

④ 住宅蹲便厕所（卫生间）一般宜设置壁灯，坐便厕所在有条件时也宜设壁灯，其壁灯灯位盒应躲开给、排水管及高位水箱的位置。

⑤ 成排埋设安装壁灯的灯位盒，应在同一直线上，高低位差不应大于 5mm。可防止安装灯具后超差。

例 11 常用照明灯座

常用照明附件有灯座、开关、挂线盒、插座等。灯座有瓷质的、胶木压制和金属材料三种。使用时，应根据使用场合的不同，选择不同材料的灯座。如瓷灯座可用于潮湿处，胶木灯座与金属灯座则可用于干燥处等。灯座的种类大致分为螺旋式和插口式两种，型号如表 10-10 所示。各种灯座的主要规格、外形和用途如表 10-11 所示。

表 10-10 灯座型号

灯座式样	灯座型号
螺旋式	E27/27-1，E27/35-1，E40/45-1，E40/50-1，E40/75-3
插口式	2-C-22-2，2-C-22-3

表 10-11 各种灯座规格、外形和用途

名称及外形	种类	额定电压 V	额定电流 /A	用途
插口灯座	胶木、铜质 胶木小型 铜质小型	250 24V 以下	3 —	一般用

续表

名称及外形	种类	额定电压 V	额定电流 /A	用　　途
插口平灯座	胶木、铜质 胶木小型 铜质小型	250 24V 以下	3 —	安装在天花板上、墙壁上等
插口安全灯座	胶木	250	3	胶木喇叭口能将铜圈和灯头罩没，可防触电
插口双插座灯座	胶木	250	5	可供同时插接其他电器
插口单插座灯座	胶木	250	5	同上，但仅一侧有插口
螺旋灯座	胶木 铜质	250	3	一般装螺旋头灯泡用
螺旋平灯座	胶木 铜质 瓷质	250	3	同上，安装在天花板上、墙壁上等
防水灯座	胶木 瓷质	250	3	用于屋外
螺旋防水平灯座		250	3	用于屋外，安装在墙壁上
螺旋安全灯座		250	3	同插口安全灯座，但供螺旋头灯泡用
螺旋安全平灯座		250	3	同螺旋平灯座，但较安全
螺旋双插座灯座		250	5	同插口双插座灯座，但用于螺旋头灯泡

例 12 常用照明灯具控制开关

照明灯具控制开关的外形和功能见表 10-12。

表 10-12 照明灯具控制开关的外形和功能

名称	示意图	功能
拉线开关		有暗式和明式两种,暗式拉线较短;明式较长
扳动开关		有明装和暗装两式,开、闭位置明显(一般上开下闭)
跷板开关		体积较小,设计美观,操作也轻巧,多为居室选用
钮子开关	钮子开关	体积小,操作方便,但价格高,多在宾馆、居室用
触摸开关	金属圆片B 开关板 LED(红) 塑料盒 接线柱 (a) 开关板正面 (b) 开关板反面	手指触摸金属圆片 B 后,人体感应电压产生触发信号使开关闭合或断开
光敏开关	86mm×86mm 金属触片 LED	以光敏晶闸管作传感器,根据环境光亮度自动开、闭电路。可用作公共照明电灯的控制开关
声控开关		一般与灯具开关串联。利用驻极体拾音话筒拾取声音信号(讲话或击掌)经放大后形成触发信号,控制亮、灭

开关的选择除考虑式样和功能外，还要注意电压和电流。用电电压 220V 时应选择额定电压 250V 级的开关。开关额定电流选择应按 2 倍负载电流大小来选择，普通照明灯选2.5～10A 的开关。如果负载电流很大，应选择刀开关。

开关安装位置应方便使用和维修。跷板式、扳动式开关距地高度 1.2～1.5m（一般为 1.4m）；距门框水平距离 150～300mm；拉线式开关距地高度 2.2～3m，距天花板 200mm，距门框水平距离 150～300mm（一般 200mm）。成排安装的开关高度要一致，拉线开关相邻净空间距离不应小于 20mm。厨房、浴室等多尘、潮湿房间应采用防水型、密封性能好的开关，或采取防水、防溅、防尘措施。单极开关应串在火线回路中，不应串在零线回路。

例 13 拉线开关安装

① 暗配线安装拉线开关，可以装设在暗配管的八角盒上，先将拉线开关与木（塑料）

台固定好，在现场一并接线，固定开关连同木（塑料）台。如图 10-12 所示。

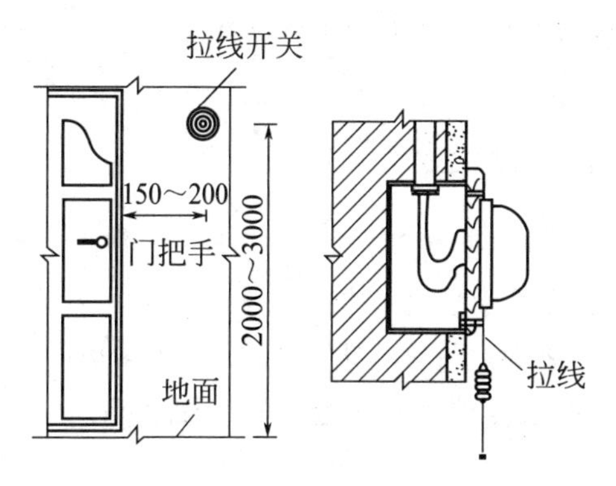

图 10-12　拉线开关安装（尺寸单位：mm）

② 明配线安装拉线开关，应先固定好木（塑料）台，拧下拉线开关盖，把两个线头分别穿入开关底座的两个穿线孔内，用两枚直径不大于 20mm 的木螺栓将开关底座固定在木（塑料）台上，把导线分别接到接线桩上，然后拧上开关盖。注意拉线口应垂直朝下不使拉线口发生摩擦，防止拉线磨损断裂。

③ 多个拉线开关并装时，应使用长方形木台，拉线开关相邻间距不应小于 20mm。

④ 安装在室外或室内潮湿场所的拉线开关，应使用瓷质防水拉线开关。

例 14　跷板开关安装

① 灯开关的安装位置应便于操作，开关按要求一般距离地面 1.3m，如图 10-13 所示。医院儿科门诊、病房灯开关不应低于 1.5m。拉线开关一般距地面 2～3m 或距顶棚 0.25～0.3m，灯开关安装在门旁时距离门框边 0.15～0.2m。

② 双联以上的跷板开关接线时，电源线应并接好，分别接到与动触头相连通的接线桩上，把开关线桩接在静触头线桩上。如果采用不断线连接时，管内穿线时，盒内应留有足够长度的导线，开关接线后两开关之间的导线长度不应小于 150mm，且在线芯与接线桩上连接处不应损伤线芯。

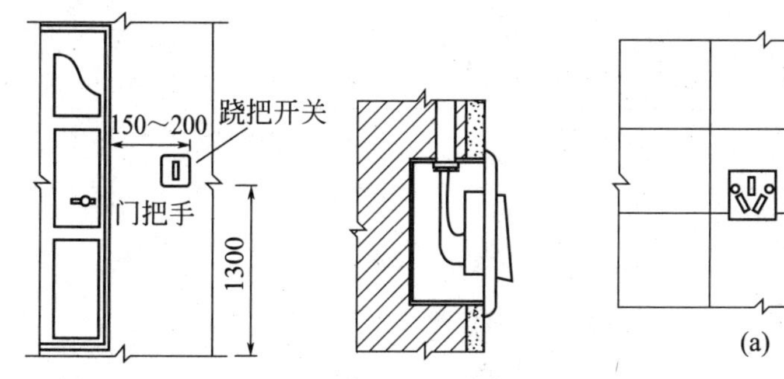

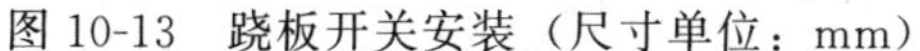

图 10-13　跷板开关安装（尺寸单位：mm）

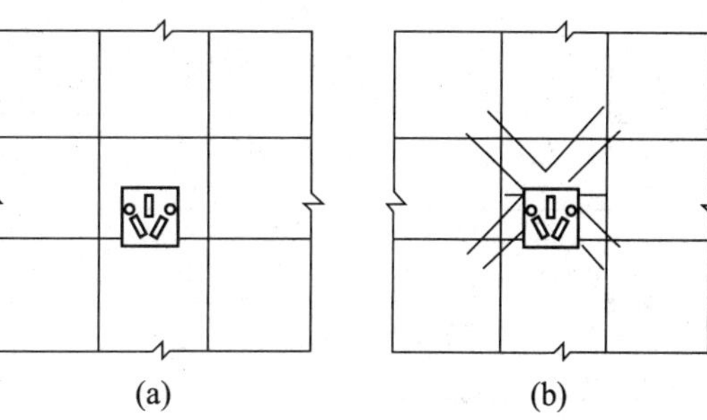

图 10-14　八角盒缩口盖外形

③ 暗装开关应有专用盒，严禁开关无盒安装。开关周围抹灰处应尺寸正确、阳角方正、边缘整齐、光滑。墙面裱糊工程在开关盒处应交接紧密、无缝隙。饰面板（砖）镶贴时，开关盒处应用整砖套割吻合，不准用非整砖拼凑镶贴，如图 10-14 所示。

④ 跷板开关无论是明装、还是暗装，均不允许横装，即不允许将手柄置于左右活动位置，因为这样安装容易因衣物勾拉而发生开关误动作。

例 15 常用插座

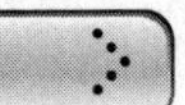

三相四孔插座设有接地（接零）桩头，多用于机泵、加工场等小型三相动力设备。单相电用二孔或三孔座。二孔座是不带接地（接零）桩头，用于不需接地保护的电器（电灯、电视等）；三孔座带有接地（接零）桩头，用于需要接地保护的电器（电冰箱、洗衣机等）。如果建筑物没有配备保护接地或保护接零系统，则采用三孔插座也失去意义，可将三孔插座的上孔弃之不用。

明装插座的安装高度距地不低于 1.3m，一般为 1.5～1.8m；暗装插座的安装高度不低于 150mm。

75、86 两系列开关、插座见表 10-13。75 系列面板采用电视机屏幕造型，86 系列面板采用平面直角造型。两系列开关的动、静触片的触点均采用 99.9% 的白银点焊，触头通、断凭压力弹簧的瞬时动作来完成，敏捷可靠。导电片及插座的接触片均采用 H62 黄铜带和 QSn0.4%～6.5%锡青铜，电气性能良好。开关、插座的导电零件全部封装入整个壳体内，使用安全、寿命长。接线也方便简捷，只需将导线裸头放入接线桩头小孔内，从边上拧紧压紧螺栓即可。

表 10-13 开关、插座面板

图例	产品型号	产品名称	规格
	P86Z22T10	二极 双联扁圆两用插座	250V 10A
	P86Z22AT10	带安全门二极 双联扁圆两用插座	
	P86Z13-10	单相三极插座	250V 10A
	P86Z13A10	带安全门 单相三极插座	
	P86Z13-15	单相三极插座	250V 15A
	P86Z13A15	带安全门 单相三极插座	
	P86Z223-10	二、三极插座	250V 10A
	P86Z223A10	带安全门 二、三极插座	250V 10A
	P146Z323-10	三联 二、三极插座	250V 10A
	P146Z323A10	带安全门 三联二、三极插座	
	P86K21-6	双联单控开关	250V 6A
	P86K22-6	双联双控开关	
	P86K21-10	双联单控开关	250V 10A
	P86K22-10	双联双控开关	

例 16 插座盒位置的确定

① 插座是线路中最容易发生故障的地方，插座的形式、安装高度及位置，应根据工艺和周围环境及使用功能确定，应保证安全、方便、利于维修。

② 安装插座应使用开关盒，且与插座盖板相配套。

③ 插座盒一般应在距室内地坪 1.3m 处埋设，潮湿场所其安装高度应不低于 1.5m。

④ 托儿所、幼儿园及小学学校、儿童活动场所，应在距室内地坪不低于 1.8m 处埋设。

⑤ 在车间及实验室安装插座盒，应在距地坪不低于 300mm 处埋设；特殊场所一般不应低于 150mm，但应首先考虑好与采暖管的距离。

⑥ 住宅内插座盒距地 1.8m 及以上时，可采用普通型插座；如使用安全插座时，安装高度可为 300mm。

⑦ 住宅 $10m^2$ 及以上的居室中，应在最易使用插座的两面墙上各设置一个插座位置；$10m^2$ 以下的居室中，可设置一个插座；过厅可设一个插座位置。

⑧ 旅馆客房各种插座及床头控制板用接线盒，一般装在墙上，当隔音条件要求高且条件允许时，可安装在地面上。

⑨ 为了方便插座的使用，在设置插座盒时应事先考虑好，插座不应被挡在门后，在跷板等开关的垂直上方或拉线开关的垂直下方，不应设置插座盒，插座盒与开关盒的水平距离不宜小于 250mm。

⑩ 为使用安全，插座盒（箱）不应设在水池、水槽（盆）及散热器的上方，更不能被挡在散热器的背后。

⑪ 插座如设在窗口两侧时，应对照采暖图，插座盒应设在采暖立管相对应的窗口另一侧墙垛上。

⑫ 插座盒不应设在室内墙裙或踢脚板的上皮线上，也不应设在室内最上皮瓷砖的上口线上。

⑬ 插座盒不宜设在宽度小于 370mm 墙垛（或混凝土柱）上。如墙垛或柱宽为 370mm 时，应设在中心处，以求美观大方。

⑭ 住宅楼餐厅内只设计一个插座时，应首先考虑在能放置冰箱的位置处设置插座盒。随着厨用电器的增多，厨房内应设有多个三眼插座盒，装在橱柜上或橱柜对面墙上。

⑮ 住宅厨房内设置供排油烟机使用的插座盒时，应设在煤气台板的侧上方。

例 17 插座的接线原则

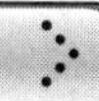

目前使用的电源插座大多是单相两孔或单相三孔，还有三相四孔插座，有些插座还带开关控制。常见电源插座的外形如图 10-15 所示。两孔插座是不带接地桩头的单相插座，用于不需要接地保护的电器；三孔插座是带接地桩头的单相插座，用于需要接地保护的电器；三相四孔插座为三相用电设备提供三相电源（380V），同时还带接地桩，能提供接地保护。

① 单相两孔插座的接线。单相两孔插座有横装和竖装两种。横装时接线原则为“左零右相”，即面对插座，左极接中性线、右极接相线，如图 10-16(a) 所示；竖装时接线原则为“上相下零”，面对插座，上极接相线、下极接中性线，如图 10-16(b) 所示。

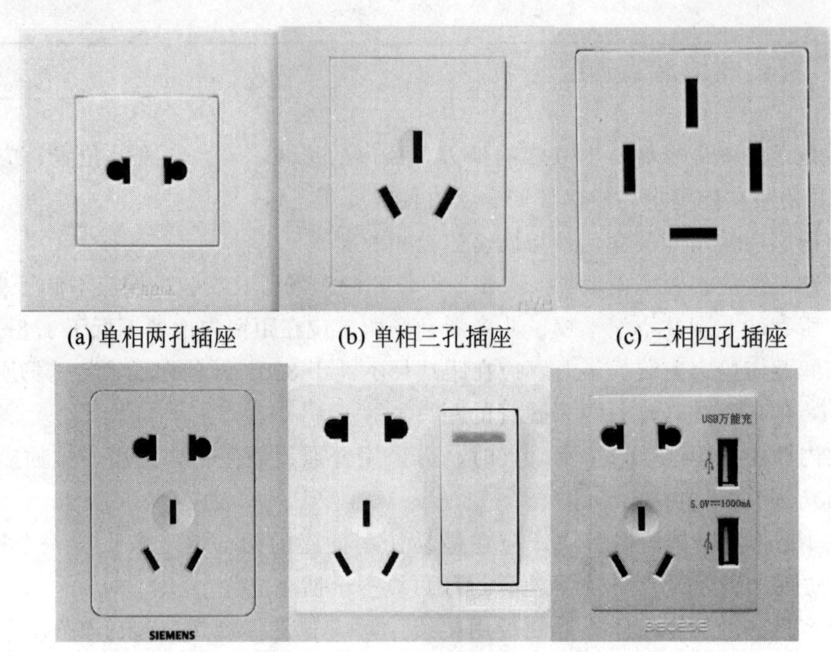

(a) 单相两孔插座　(b) 单相三孔插座　(c) 三相四孔插座

(d) 五孔插座(两孔+三孔)　(e) 带开关控制的插座　(f) 带USB接口的插座

图 10-15　常见电源插座的外形

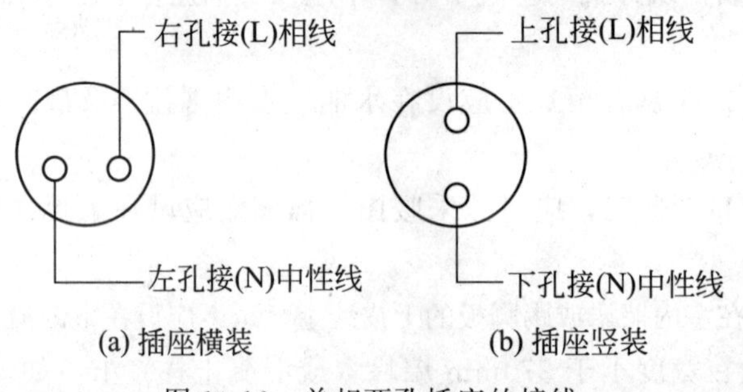

(a) 插座横装　(b) 插座竖装

图 10-16　单相两孔插座的接线

② 单相三孔插座的接线。单相三孔插座的接线应遵守“左零右相上接地”的原则，即面对插座，左极接中性线、右极接相线、保护接地线应接在上方中间，如图 10-17 所示。

③ 三相四孔插座的接线。三相四孔插座下面三孔呈倒“品”字，分别接三个相线，正上方一孔（极）接保护地线（PE 线），如图 10-18 所示。

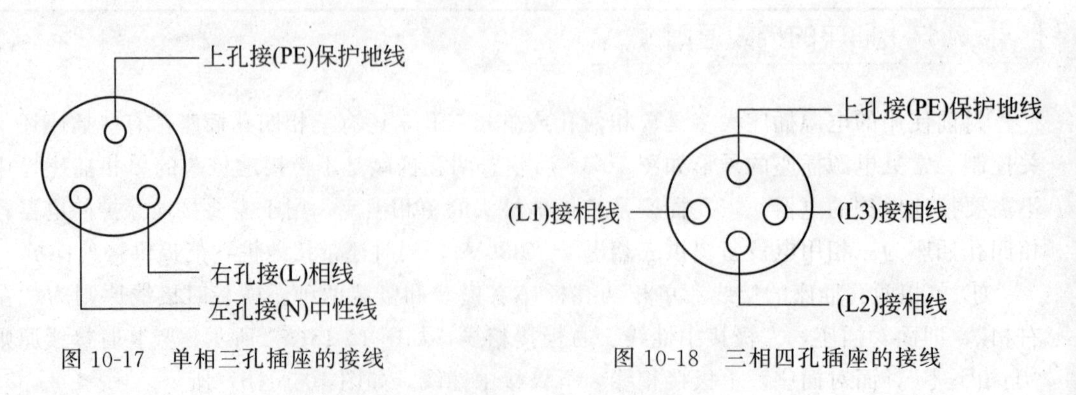

图 10-17　单相三孔插座的接线　　图 10-18　三相四孔插座的接线

例 18 插座的安装

① 插座安装前与土建施工的配合以及对电气管、盒的检查清理工作应同开关安装同时进行。暗装插座应有专用盒，严禁无盒安装。

② 插座是长期带电的电器，是线路中最易发生故障的地方，插座的接线孔都有一定的排列位置，不能接错，尤其是单相带保护接地的三孔插座，一旦接错，就容易发生触电伤亡事故。插座接线时，应仔细辨认识别盒内分色导线，正确地与插座进行连接。面对插座，单相双孔插座应水平排列，右孔接相线，左孔接中性线；单相三孔插座，上孔接保护地线（PEN），右孔接相线，左孔接中性线；三相四孔插座，保护接地（PEN）应在正上方，下孔从左侧分别接在 L1、L2、L3 相线。同样用途的三相插座，相序应排列一致，如图 10-19 所示。

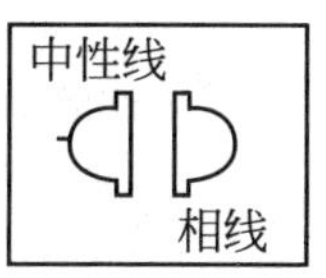

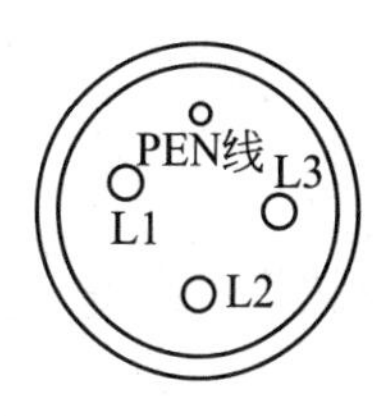

图 10-19 插座的安装

③ 交直流或电源电压不同的插座安装在同一场所，应有明显标志，便于使用时区别，且其插头与插座互相不能插入。

④ 插座接线完成后，将安装在盒内的导线顺直，也盘成圆圈状塞入盒内。

⑤ 插座面板的安装不应倾斜，面板四周应紧贴建筑物表面，无缝隙、孔洞。面板安装后表面应清洁。

⑥ 埋地时还可埋设塑料地面出线盒，但盒口调整后应与地面相平，立管应垂直于地面，如图 10-20 所示。

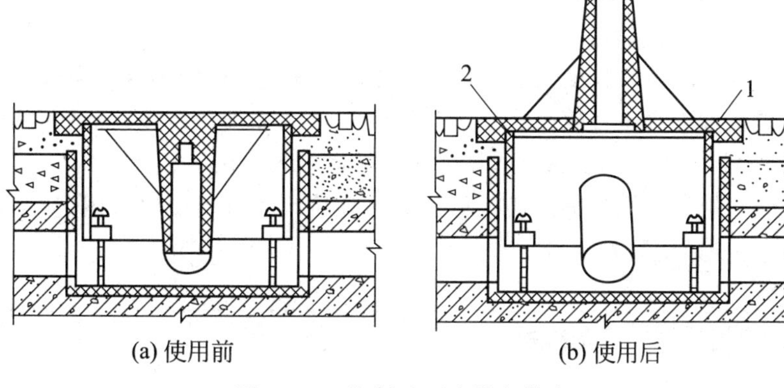

图 10-20 塑料地面出线盒做法

1—橡胶密封圈；2—木螺栓

例 19 吊灯的安装

几种吊灯的安装方法如图 10-21 所示。

（1）软线吊灯的安装

① 软线加工。截取所需长度（一般为 2m）的塑料软线，两端剥出线芯拧紧（或制成羊

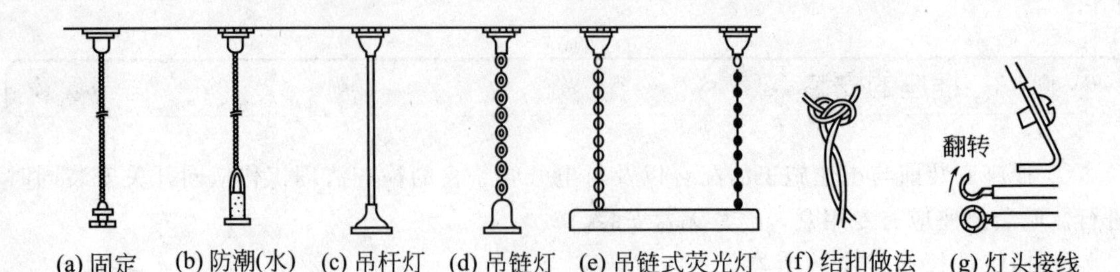

图 10-21 吊灯的安装方法

眼圈状）挂锡。

② 灯具组装。拧下吊灯座和吊线盒盖，将吊线盒底与木（塑料）台固定牢，把软线分别穿过灯座和吊线盒盖的孔洞，然后打好保险扣，防止灯座和吊线盒螺栓承受拉力。将软线的一端与灯座的两个接线桩分别连接，另一端与吊线盒的临近隔脊的两个接线桩分别相连接，并拧好灯座螺口及中心触点的固定螺栓，防止松动，最后将灯座盖拧好。吊盒内保险扣做法如图 10-21(f) 所示。

③ 灯具安装。把灯位盒内导线由木台穿线孔穿入吊线盒内，分别与底座穿线孔临近的接线桩上连接，把零线接在与灯座螺口触点相连接的接线桩上，导线接好后用木螺栓把木（塑料）台连同灯具固定在灯位盒的缩口盖上。

（2）吊杆灯吊灯安装

① 灯具组装。软线加工后，与灯座连接好，将另一端穿入吊杆内，由法兰（导线露出管口长度不应小于 150mm）管口穿出。

② 灯具安装。先固定木台，然后把灯具用木螺栓固定在木台上，也可以把灯具吊杆与木台固定后再一并安装。超过 3kg 的灯具，吊杆应挂在预埋的吊钩上。灯具固定牢固后再拧好法兰顶丝，应使法兰在木台中心，偏差不应大于 2mm，安装好后吊杆应垂直。

（3）吊链式普通吊灯安装

① 软线加工。截取所需长度的软线，如前述方法加工，软线两端不需打结。

② 灯具组装。拧下灯座将软线的一端与灯座的接线桩进行连接，把软线由灯具下法兰穿出，拧好灯座。将软线相对交叉编入链孔内，最后穿入上法兰。

③ 灯具组装　把灯具线与电源线进行连接包扎后，将灯具上法兰固定在木台上。注意软线不能绷紧，以免承受灯具重量。

例 20　明灯的基本控制线路

照明灯的基本控制线路如表 10-14 所示。

表 10-14　照明灯的基本控制线路

序号	项目	接线图	说明
1	一个开关控制一盏灯	NO LO SA EL EL—照明灯具	①控制开关应安装在相线(L)上，以保证灯具装卸光源和检修的安全 ②对于只需短时照明场所（如楼梯、走廊等处）的电灯控制可采用节能定时开关，以节约电能

续表

序号	项目	接线图	说明
2	一个开关控制一盏灯，并与一插座相连	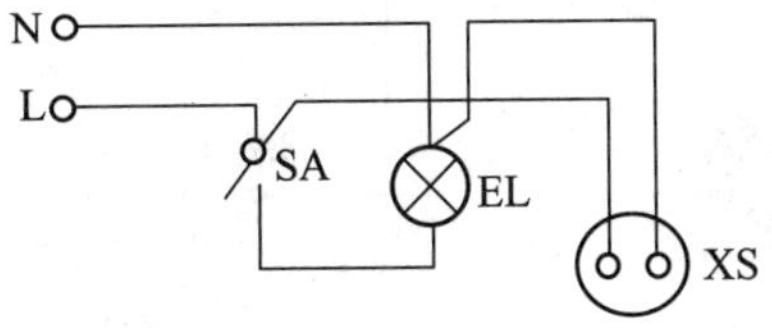 N L SA EL XS XS—插座	①控制开关装在相线(L)上，以控制电灯的亮灭，而插座则不受开关控制 ②线路中间不宜分线接头，接头应在接线端子处，或通过专门的接线盒
3	一个开关控制多盏灯	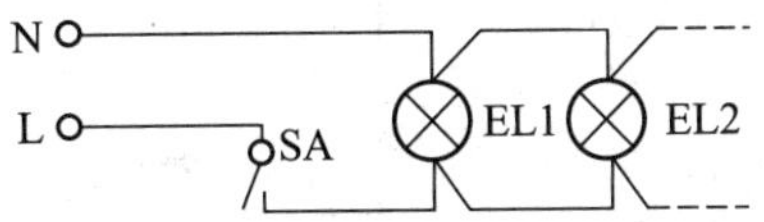 N L SA EL1 EL2	①控制开关装在相线(L)上，且线路中间不宜接头 ②开关和导线的容量应能充分满足全部灯具工作的要求
4	多个开关分别控制多盏灯	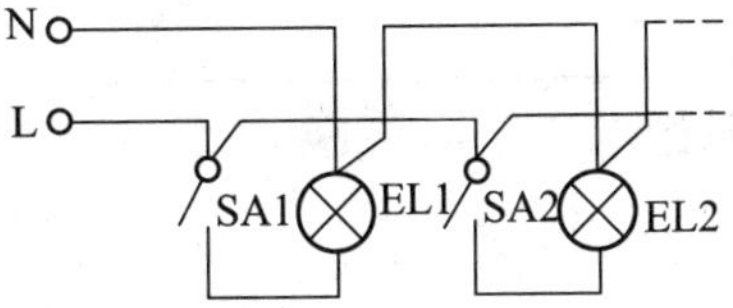 N L SA1 EL1 SA2 EL2	①控制开关均应装在相线(L)上 ②线路接头均在接线端子处
5	用两个双连开关在两处控制一盏灯	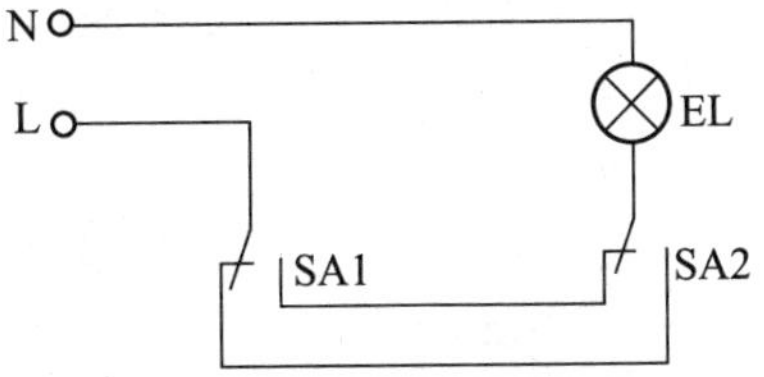 N L EL SA1 SA2	①控制开关均应装在相线(L)侧 ②常用于楼梯和走廊上的电灯控制，可在楼梯上下和走廊两端控制灯的亮灭

例 21 两只双联开关两地控制一盏灯电路

(1) 电路图

两只双联开关两地控制一盏灯电路原理如图 10-22 所示。

(2) 工作原理

在日常生活中需两地控制一盏灯的地方很多，如走廊灯控制、卧室灯控制等。

图 10-22 是两只双联开关两地控制一盏灯的优选电路，是广大电工人员采用最多的电路。它有 4 种状态，即：

① 当开关 SA_1 向上拨，开关 SA_2 向下拨时，灯 EL 灭。

② 当开关 SA_1 向上拨，开关 SA_2 向上拨时，灯 EL 亮。

③ 当开关 SA_1 向下拨，开关 SA_2 向上拨时，灯 EL 灭。

④ 当开关 SA_1 向下拨，开关 SA_2 向下拨时，灯 EL 亮。

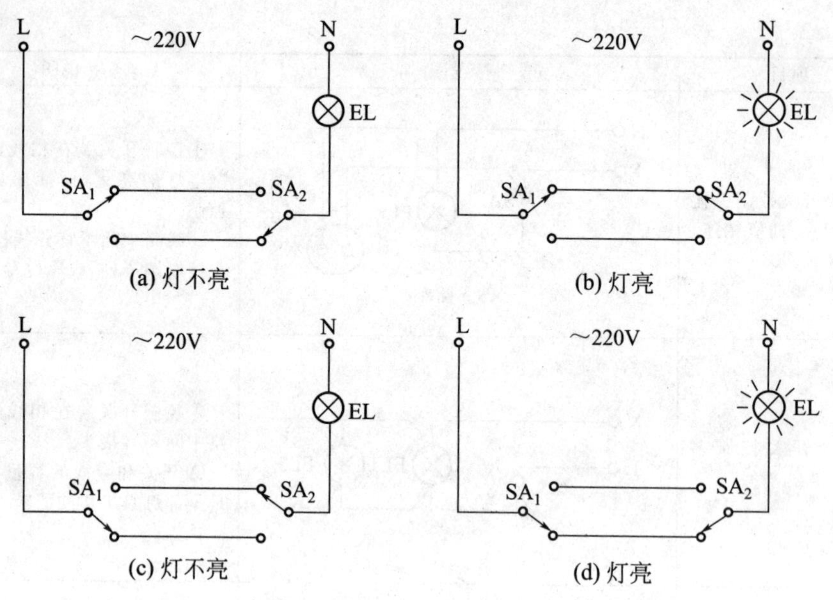

图 10-22　两只双联开关两地控制一盏灯电路原理

例 22　三地控制一盏灯电路

（1）电路图

三地控制一盏灯电路原理如图 10-23 所示。

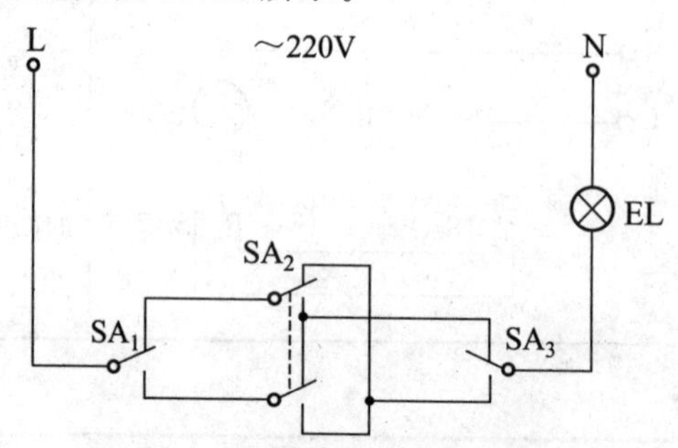

图 10-23　三地控制一盏灯电路原理

（2）工作原理

在我们日常生活中，常常需要用多只开关来控制一盏灯，最常见的如楼梯上有一盏灯，要求上、下楼梯口处各安装一只开关，使上、下楼时都能对电灯进行开灯或关灯控制。

图 10-23 中开关 SA_1、SA_3 用单开双控开关，SA_2 用双开双控开关。

电路有 8 种状态，即：

① 当开关 SA_1 向上拨，开关 SA_2、SA_3 向下拨时，灯 EL 灭。

② 当开关 SA_1～SA_3 都向下拨时，灯 EL 亮。

③ 当开关 SA_1 向下拨，开关 SA_2、SA_3 向上拨时，灯 EL 亮。

④ 当开关 SA_1、SA_2 向上拨，开关 SA_3 向下拨时，灯 EL 亮。

⑤ 当开关 SA_1、SA_3 向上拨，开关 SA_2 向下拨时，灯 EL 亮。

⑥ 当开关 SA_1、SA_3 向下拨，开关 SA_2 向上拨时，灯 EL 灭。

⑦ 当开关 SA_1、SA_2 向下拨，开关 SA_3 向上拨时，灯 EL 灭。

⑧ 当开关 SA_1～SA_3 都向上拨时，灯 EL 灭。

例 23 四地控制一盏灯电路

（1）电路图

四地控制一盏灯电路原理如图 10-24 所示。

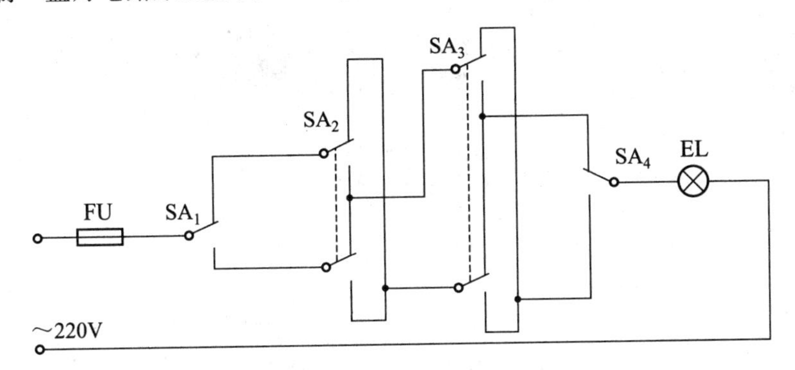

图 10-24 四地控制一盏灯电路原理

（2）工作原理

① 开关 SA_1 向上拨，开关 SA_2～SA_4 向下拨时，照明灯 EL 灭。

② 开关 SA_2 向上拨，开关 SA_1、SA_3、SA_4 向下拨时，照明灯 EL 灭。

③ 开关 SA_3 向上拨，开关 SA_1、SA_2、SA_4 向下拨时，照明灯 EL 灭。

④ 开关 SA_4 向上拨，开关 SA_1～SA_3 向下拨时，照明灯 EL 灭。

⑤ 开关 SA_1、SA_2 向上拨，开关 SA_3、SA_4 向下拨时，照明灯 EL 亮。

⑥ 开关 SA_1、SA_3 向上拨，开关 SA_2、SA_4 向下拨时，照明灯 EL 亮。

⑦ 开关 SA_1、SA_4 向上拨，开关 SA_2、SA_3 向下拨时，照明灯 EL 亮。

⑧ 开关 SA_2、SA_3 向上拨，开关 SA_1、SA_4 向下拨时，照明灯 EL 亮。

⑨ 开关 SA_2、SA_4 向上拨，开关 SA_1、SA_3 向下拨时，照明灯 EL 亮。

⑩ 开关 SA_3、SA_4 向上拨，开关 SA_1、SA_2 向下拨时，照明灯 EL 亮。

⑪ 开关 SA_1～SA_3 向上拨，开关 SA_4 向下拨时，照明灯 EL 灭。

⑫ 开关 SA_1、SA_2、SA_4 向上拨，开关 SA_3 向下拨时，照明灯 EL 灭。

⑬ 开关 SA_1、SA_3、SA_4 向上拨，开关 SA_2 向下拨时，照明灯 EL 灭。

⑭ 开关 SA_2～SA_4 向上拨，开关 SA_1 向下拨时，照明灯 EL 灭。

⑮ 开关 SA_1～SA_4 都向上拨时，照明灯 EL 亮。

⑯ 开关 SA_1～SA_4 都向下拨时，照明灯 EL 亮。

例 24 楼房走廊照明灯自动延时关灯电路

（1）电路图

楼房走廊照明灯自动延时关灯电路原理如图 10-25 所示。

（2）工作原理

当人走进楼房走廊时，按下任何一只按钮后松开复位，失电延时时间继电器KT线圈得电吸合后又断电释放，KT失电延时断开的常开触点立即闭合，照明灯点亮。与此同时，KT开始延时。经KT一段时间延时后，KT失电延时断开的常开触点断开，使走廊的照明灯自动熄灭。

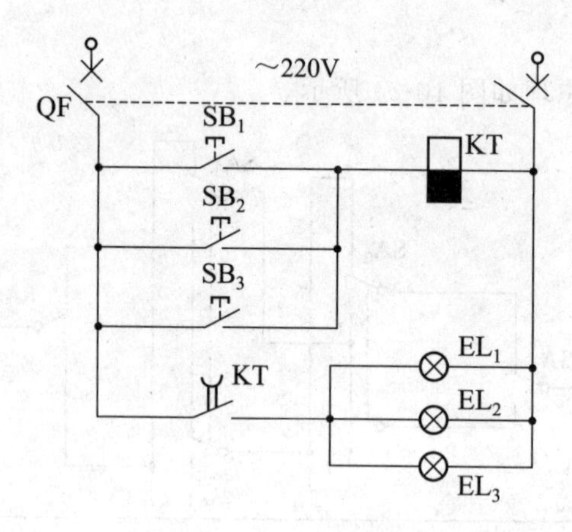

图10-25　楼房走廊照明灯自动延时关灯电路原理

图10-25中，延时时间继电器选用JS7-3A或JS7-4A型失电延时时间继电器，线圈电压为220V。这种延时时间继电器在线圈得电后所有触点立即转态动作，即常开立即变成常闭，常闭立即变成常开，使KT线圈得电吸合，在线圈断电释放后延迟一段时间触点才恢复原来状态。此电路采用的是失电延时断开的常开触点。

例25　照明供电线路的保护

（1）保护装置的装设类别

① 短路保护，所有线路均应装设。

② 过负荷保护，下列情况必须装设。

a. 住宅、重要仓库、公共建筑、商店、工矿企业的办公和生活用房、有火灾或爆炸危险的房间内；

b. 当有延燃性外层的绝缘导线明敷在易燃体的建筑结构上时。

（2）保护装置的装设位置

① 配电箱及其他配电装置的出线上；

② 向建筑物供电的进线处。当建筑物进线由架空线支线接入，而架空线已采用20A及以下的保护装置时，其接入建筑物的支线可不装设保护；

③ 220/12～36V变压器的一、二次侧。

（3）保护装置装设的注意事项

① 一般情况下，保护装置和开断设备不能装设在N线或PEN线上，而只装设在相线上；但对有爆炸危险场所的单相两线制电路中的相线与N线或PEN线，均应装设短路保护，并使用双极开关同时切断相线与N线或PEN线；

② 三相三线、单相和直流两线电路中，如采用低压断路器（自动开关）保护，可将它

装在三相三线电路的两相上和两线电路的一相上；

③ 道路照明的各回路应有保护，而且每一灯具宜装设单独的熔断器保护。

例 26　照明供电线路保护装置的选择

（1）熔断器的选择与校验

① 熔断器的额定电压必须大于或等于线路的额定电压，即 $U_{N \cdot FU} \geqslant U_N$；

② 熔断器熔体的额定电流 $I_{N \cdot FE}$ 必须大于或等于线路的计算电流 I_{30}，而且必须躲过线路的启动电流 I_{st}，即：

$$I_{N \cdot FE} \geqslant K I_{30}$$

式中，K 为保证熔体额定电流躲过线路启动电流的一个计算系数，按表 10-15 确定。

表 10-15　照明线路熔断器保护的计算系数 *K* 值

熔断器型号	熔体材料	熔体电流/A	计算系数 K 值		
			白炽灯、卤钨灯、荧光灯、金属卤化物	高压汞灯	高压钠灯
RL1	铜、银	≤60	1	1.3～1.7	1.5
RC1A	铅、铜	≤60	1	1～1.5	1

③ 熔断器断流能力的校验

a. 对限流熔断器（如 RL1 型）：

$$I_{oc} \geqslant I'' \quad (10\text{-}1)$$

式中　I_{oc}——熔断器的最大分断电流；

I''——熔断器安装地点的三相次暂态短路电流有效值；

b. 对非限流熔断器（如 RC1A 型）：

$$I_{oc} \geqslant I_{sh} \quad (10\text{-}2)$$

式中　I_{sh}——熔断器安装地点的三相短路冲击电流有效值；

④ 熔断器保护还应与被保护的线路相配合，特别是有爆炸危险的场所，导线的允许载流量不应小于熔断器熔体额定电流的 1.25 倍（即熔体额定电流不应大于导线允许载流量的 0.8 倍）。

（2）断路器（自动开关）的选择、整定与校验

① 照明用断路器（自动开关）的额定电压必须大于或等于线路的额定电压，即 $U_{N \cdot QF} \geqslant U_N$；

② 断路器的额定电流 $I_{N \cdot QF}$ 必须大于或等于线路的计算电流 I_{30}，而且其过流脱扣器额定电流 $I_{N \cdot OR}$ 也必须大于或等于线路的计算电流 I_{30}，即

$$I_{N \cdot QF} \geqslant I_{N \cdot OR} \geqslant I_{30} \quad (10\text{-}3)$$

③ 断路器过流脱扣器的动作电流 I_{op} 按式(10-3) 整定：

$$I_{op} \geqslant K I_{30}$$

式中，K 为保证断路器实现过负荷保护或短路保护的一个计算系数，按表 10-16 确定。

表 10-16 照明线路断路器保护的计算系数 K 值

断路器脱扣器类型	计算系数 K 值		
	白炽灯、卤钨灯、荧光灯、金属卤化物	高压汞灯	高压钠灯
带热脱扣器的断路器	1	1.1	1
带瞬时脱扣器的断路器	6	6	6

④ 断路器断流能力的校验：

a. 对动作时间在 0.02s 以上的万能式断路器（DW 型）：

$$I_{oc} \geqslant I_k$$

式中 I_k——通过断路器的最大三相短路电流周期分量有效值；

b. 对动作时间在 0.02s 及以下的塑壳式断路器（DZ 型）：

$$I_{oc} \geqslant I_{sh}$$

或

$$i_{oc} \geqslant i_{sh}$$

式中 I_{sh}和 i_{sh}——通过断路器的最大三相短路冲击电流有效值和瞬时值。

⑤ 断路器的过电流保护还应与被保护的线路相配合，特别是有爆炸危险的场所，导线的允许载流量，不应小于断路器过流脱扣器的动作电流的 1.25 倍（即断路器过流脱扣器动作电流不应大于导线允许载流量的 0.8 倍）。

Chapter 11

第十一章 安全用电

随着科学技术的发展，电作为主要的动力源在工业、农业、国防、日常生活等方面得到广泛的应用，为了使电能更有效地为社会主义建设服务，造福于人类，除了掌握电的基本规律外，还必须了解安全用电的知识，安全合理地使用电能，避免人身伤亡和设备损坏等事故的发生。

例 1 电工安全操作规程

① 从事电气工作人员，必须具备电气的基本知识，非电气人员禁止从事电气作业。

② 严禁带负荷拉隔离开关和刀开关。

③ 输电线路、电气设备和开关的安装位置不得影响人员与车辆通行，电气设备的外壳应有可靠的接地和接零。

④ 使用梯子时，下面应有人监护，禁止两人以上（含两人）在同一梯子上工作。

⑤ 选配熔断器熔体时，禁止用大容量熔体更换小容量的熔体或用铜、铝线代替熔体。

⑥ 高低压配电室设备和电动机，在检修后确认无误，人员应站到安全区域方可送电试车。

⑦ 从事现场作业、高空作业，必须有两人以上。

⑧ 设备和线路未经证实无电，不得轻易触摸。

⑨ 对地电压 250V 以上，禁止带电作业；250V 以下，需带电作业时必须采取安全措施。

⑩ 雷雨天气应停止工作，不得靠近带电体。

⑪ 检修工作完毕，检修人员应清点工具，防止将工具遗忘在设备上而造成事故。

⑫ 停送电必须有专人与有关部门联系，严禁约时停、送电。

⑬ 如工作人员两侧、后方有带电部分，应特别加设防护遮栏。

⑭ 在已停电但未装地线设备上工作时，应先将设备对地放电。

例 2 电工人身安全知识

① 在进行电气设备安装和维修操作时，必须严格遵守各种安全操作规程和规定，不得

玩忽职守。

② 操作时要严格遵守停电操作的规定，要切实做好防止突然送电时的各种安全措施，如挂上“有人工作，不许合闸”的警示牌，锁上闸刀或取下总电源保险器等。不准约定时间送电。

③ 在邻近带电部分操作时，要保证有可靠的安全距离。

④ 操作前应仔细检查工具的绝缘性能，绝缘鞋、绝缘手套等安全用具的绝缘性能是否良好，有问题的应立即更换，并应定期进行检查。

⑤ 登高工具必须安全可靠，未经登高训练的，不准进行登高作业。

⑥ 如发现有人触电，要立即采取正确的抢救措施。

例 3 安全电压

在一般情况下，36V 以下电压不会造成人身伤亡，称为安全电压。工程上规定有交流 36V、12V 两种；直流 48V、24V、12V、6V 四种。为了减少触电事故，要求所有工作人员经常接触的电气设备全部使用安全电压，而且环境越潮湿，使用安全电压等级越低。例如，机床上的照明灯一般使用 36V 电压供电；坦克、装甲车使用 24V 电源供电；汽车使用 24V、12V 电源供电。

例 4 设备运行安全知识

① 对于已出现故障的电气设备、装置及线路，不应继续使用，以免事故扩大，必须及时进行检修。

② 必须严格按照设备操作规程进行操作，接通电源时必须先合隔离开关，再合负荷开关；断开电源时，应先切断负荷开关，再切断隔离开关。

③ 当需要切断故障区域电源时，要尽量缩小停电范围。有分路开关的，要尽量切断故障区域的分路开关，尽量避免越级切断电源。

④ 电气设备一般都不能受潮，要有防止雨雪、水汽侵袭的措施。电气设备在运行时会发热，因此必须保持良好的通风条件，有的还要有防火措施。有裸露带电的设备，特别是高压电气设备要有防止小动物进入造成短路事故的措施。

⑤ 所有电气设备的金属外壳，都应有可靠的接地措施。凡有可能被雷击的电气设备，都要安装防雷设施。

⑥ 在电力设备上工作，保证安全的组织措施：工作票制度（包括口头命令或电话命令）、工作许可制度、工作监护制度、工作间断和转移工地制度、工作结束和送电制度。

例 5 电工工作监护制度

① 工作监护制度是保障人身安全和正确操作的重要措施。电工在作业过程中，工作监护人和工作负责人都应在现场认真监护工作组员的安全。工作组员应服从工作负责人和工作监护人的指挥。

② 完成工作许可手续后，工作负责人（监护人）应向工作组员交代带电部位、已采取的安全措施和其他注意事项。在下列情况下，工作负责人可参加具体工作。

a. 在变配电设备上进行全部停电作业；b. 在变配电设备上进行邻近带电作业，工作组员不超过三人，且无偶然触及带电设备可能时；c. 架空线路停电作业的工作地点较集中，附近又无其他线路时。

③ 对工作条件复杂，有触电危险的工作，应设专职监护人并不得兼任其他工作。

④ 在工作中遇雷雨、暴风或其他威胁工作组员安全的情况时，工作负责人或工作监护人应及时采取措施，必要时停止工作。

例6　触电事故的预防

如果对电气设备使用不当，安装不合理，设备维护不及时和违反操作规程等，都可能造成人身伤亡的触电事故。

为此，在实际工作中，要严格按照操作规程去做。

① 不要带电操作。电工应尽量不进行带电操作。特别是在危险的场所应禁止带电作业。若必须带电操作，应采取必要的安全措施，如有专人监护及采取相应的绝缘措施等。

② 对电气设备应采取必要的安全措施。电气设备的金属外壳可采用保护接零或保护接地等安全措施，但绝不允许在同一电力系统中一部分设备采取保护接零，另一部分设备采取保护接地。

③ 建立完善的安全检查制度。安全检查是发现设备故障，及时消除事故隐患的重要措施。安全检查一般应每季度进行一次，特别要加强雨季前和雨季中的安全检查。各种电器，尤其是移动式电器应建立经常的与定期的检查制度，若发现安全隐患，应及时处理。

④ 严格执行安全操作规程。安全操作规程是为了保证安全操作而制定的有关规定。根据不同工种、不同操作项目，制定各项不同安全操作规程。如《变电所值班安全规程》、《内外线维护停电检修操作规程》、《电气设备维修安全操作规程》、《电工试验室安全操作规程》等。此外，在停电检修电气设备时必须悬挂“有人工作，不准合闸”的警示牌。电工操作应严格遵守操作规程和制度。

⑤ 建立电气安全资料。电气安全资料是做好电气安全工作的重要依据之一，应注意收集和保存。为了工作和检查的方便，应建立高压系统图、低压布线图、架空线路及电缆布置和建立电气设备安全档案（包括厂家、规格、型号、容量、安装试验记录等），以便于查对。

⑥ 加强电气安全教育。加强电气安全教育和培训是提高电气工作人员的业务素质、加强安全意识的重要途径，也是对一般职工和实习学生进行安全用电教育的途径之一。

例7　电火灾的预防

（1）合理地选用供电电压

在使用电气设备时，首先，要使电气设备的额定电压必须与供电电压相配。供电电压过高，容易烧毁电气设备；供电电压过低，电气设备也不能发挥效能。其次，还要考虑到环境对安全用电的影响。

（2）合理选用导线截面积

在合理地选用供电之后，还必须合理选用导线截面积。导线是传输电流的，不允许过热，所以导线的额定电流比实际输送的电流要大些。家庭照明配电线路，其导线截面积一般选 1.5mm²、2.5mm² 和 4mm²，材质为铜导线或铝导线。铜导线以每平方毫米允许通过的电流为 6A 左右计，铝导线则为 4A 左右计。如表 11-1 所示为常用铜、铝导线的截面与安全载流量对照表。

表 11-1　常用铜、铝导线的截面积与安全载流量对照

导线截面积/mm²	铜导线的安全载流量/A	铝导线的安全载流量/A
1.5	10	7
2.5	15	10
4	25	17
6	36	25

（3）合理选用开关，相线应连接开关

选用开关时，应根据开关的额定电压及额定电流，还要根据它开断的频率、负载功率的大小以及操纵距离远近等进行选用。

相线连接开关是重要的安全用电措施。相线连接开关可以保证当开关处于分断状态时用电器上不带电。

（4）提高安全用电的重视程度，培养良好的工作习惯

电能的应用十分广泛，电工技术要求也越来越高，如果安装、使用不当，就会发生这样或那样的事故。为了防止事故的发生，应提高用电的重视程度，培养良好的工作习惯。例如，尽量避免带电操作，不使用不合格的电器设备；注意线路维护，及时更换损坏的导线，不乱拉电线及乱装插座；对有小孩的家庭，所有明线和插座都要安装在小孩够不着的部位；也不在插座上装接过多和功率过大的用电设备，不用铜丝代替熔丝等，如图 11-1 所示。

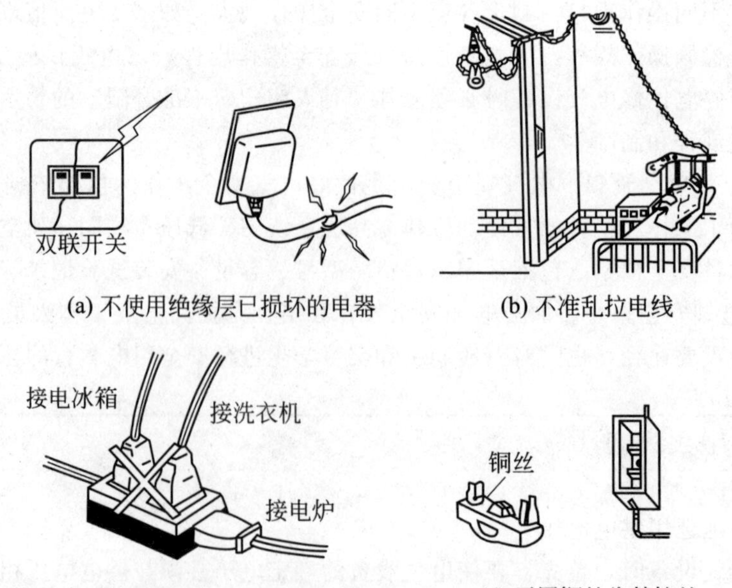

图 11-1　安全用电措施

例 8　触电的类型及对人体的伤害

触电一般是指人体触及带电体时，电流对人体造成不同程度的伤害。触电事故可分为电击与电伤两种类型。生产与生活中所发生的触电死亡事故，大都是由电击造成的。

所谓电伤就是指人体外器官受到电流的伤害。如电弧造成的灼伤；电的烙印；由电流的化学效应而造成的皮肤金属化；电磁场的辐射作用等。电伤是人体触电事故较为轻微的一种情况。

所谓电击就是指当电流通过人体内部器官，使其受到伤害。如电流作用于人体中枢神经，使心脑和呼吸机能的正常工作受到破坏，人体发生抽搐和痉挛，失去知觉；触电的伤亡程度主要取决于通过人体的电流大小、途径和时间，实验证明，有 0.6～1.5mA 的电流通过人体则有感觉，手指麻刺发抖。50～80mA 的电流通过人体使人呼吸麻痹、心室开始颤动。电流通过人体的途径以两手间通过的情况最危险。通电时间越长，人体电阻越小，危险越大。电击是人体触电较危险的情况，往往会造成死亡。

例 9　触电的方式和类型

当人体被施加一定电压时，将会受到伤害。目前，我国采用三相三线制和三相四线制供电方式，因此触电有下面几种类型。

（1）两相（双线）触电

如图 11-2 所示，当人的双手或人体的某二部位接触三相电中的两根火线时，人体承受线电压，环路电阻为人体电阻加接触电阻，这时，将有一个较大电流通过人体。这种触电方式属最危险的一种触电。

图 11-2　两相（双线）触电

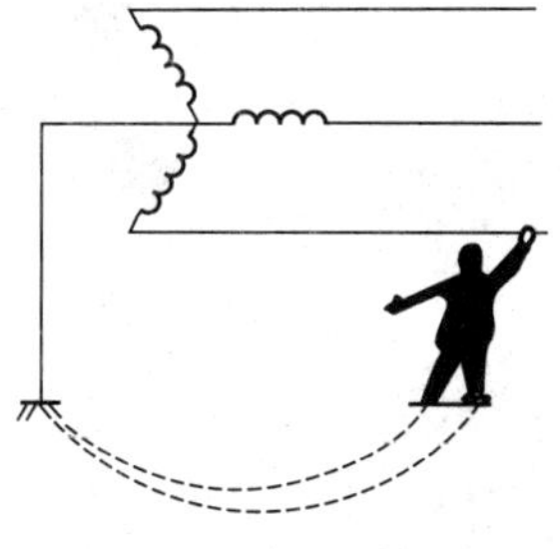

图 11-3　三相四线制触电

（2）单相触电

① 三相四线制单相触电。如图 11-3 所示，人体的一个部位接触一根火线，另一部位接触大地，这样，人体、大地、中线、一相电源绕组形成回路。人体承受相电压，构成三相四线制单相触电。

② 三相三线制单相触电。输电线路与大地均属导体。因此，二者间存在电容，当人体某部位接触火线时，人体、大地、导体对地电容构成环路，引起触电事故，三相三线制单相触电如图 11-4 所示。这种触电方式，环路电流与对地

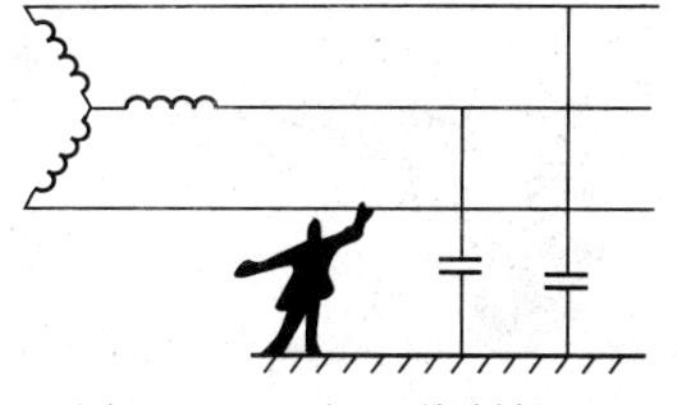

图 11-4　三相三线制触电

电容大小有关。导线越长，接地电容越大，对人体的危害越大。

例 10 触电后脱离电源的方法

首先使触电人迅速脱离电源。其方法，对低压触电，可采用“拉”、“切”、“挑”、“拽”、“垫”的方法，拉开或切断电源，操作中应注意避免救护人触电，应使用干燥绝缘的利器或物件，完成切断电源或使触电人与电源隔离。对于高压触电，则应采取通知供电部门，使触电电路停电，或用电压等级相符的绝缘拉杆拉开跌落式熔断器切断电路。或采取使线路短路造成跳闸断开电路的方法。也要注意救护人安全，防止跨步电压触电。触电人在高处触电，要注意防止落下跌伤。在触电人脱离电源后，根据受伤程度迅速送往医院或急救。

例 11 触电的诊断与急救

当发生触电时，应迅速将触电者撤离电源，或用绝缘器具（如木棒、干扁担、干布带、干衣服或干绳等）迅速将电源线断开，使伤员脱离电源。如果伤员未脱离电源，救护人员需用绝缘的物体（如隔着干衣服等）才能接触伤员的肌体，使伤员脱离电源。如果伤员在高空作业，还需预防伤员在脱离电源时摔下而导致摔伤。

伤员脱离电源被救下后，应及时拨打“120”联系医疗部门，并进行必要的现场诊断和抢救，直至救护人员到达。触电现场诊断方法如图 11-5 所示。如果是一度昏迷，尚未失去知觉，则应使伤员在空气流通的地方静卧休息；如果是呼吸暂时停止，心脏停止跳动，伤员尚未真正死亡，或者虽有呼吸，但是比较困难，这时必须毫不迟疑地用人工呼吸和心脏按摩进行抢救。

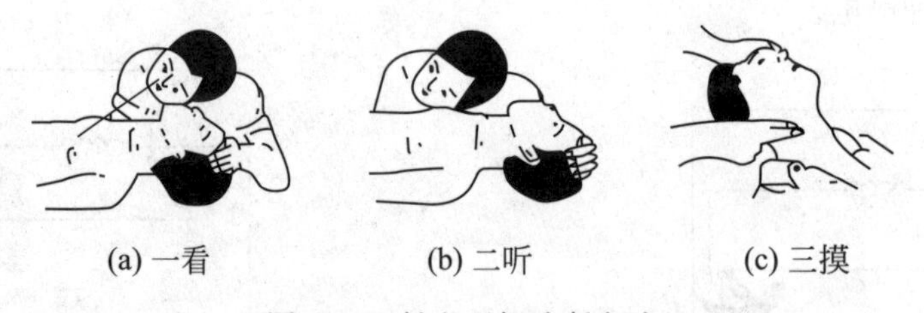

(a) 一看　　(b) 二听　　(c) 三摸

图 11-5　触电现场诊断方法

(1) 口对口人工呼吸抢救法

将伤员伸直仰卧在空气流通的地方，解开领口、衣服、裤带，再使其头部尽量后仰，鼻孔朝天，使舌根不致阻塞气道，救护人用一只手捏紧伤员鼻孔，用另一只手的拇指和食指扳开伤员嘴巴，先取出伤员嘴里东西，然后救护人员紧贴着伤员的口吹气约 2s，放松 2s。如图 11-6 所示，依次吹气和放松，连续不断地进行。如果扳不开嘴巴，可以捏紧伤员的嘴巴，紧贴着鼻孔吹气和放松。

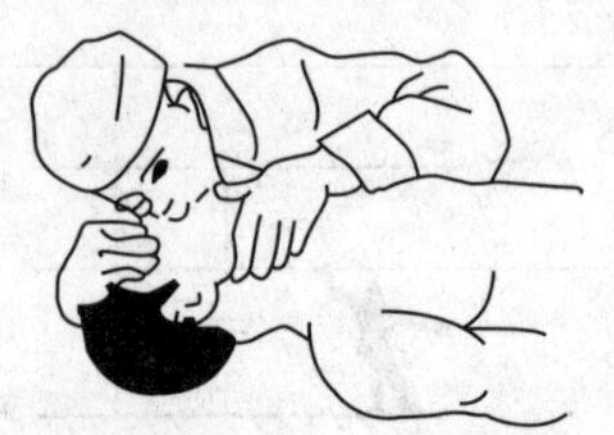

图 11-6　口对口人工呼吸法

人工呼吸法在进行中，若伤员表现出有好转的征象时（如眼皮闪动和嘴唇微动）应停止人工呼吸数秒钟，让他自行呼吸；如果还不能完全恢复呼吸，需把人工呼吸进行到能正常呼吸为止，人工呼吸法必须坚持长时间地进行，在没有呈现出明显的死亡症状以前，切勿轻易放弃，死亡症状应由医生来判断。

在实行口对口（鼻）人工呼吸时，当发现触电者胃部充气膨胀，应用手按住其腹部，并同时进行吹气和换气。

当触电者呼吸停止但还有心脏跳动时，应采用口对口人工呼吸抢救法，如图 11-6 所示。

（2）人工胸外挤压抢救法

当触电者虽有呼吸但心跳停止，应采用人工胸外挤压抢救法，如图 11-7 所示。将伤员平放在木板上，头部稍低，救护人站在伤员一侧，将一手掌根放在胸骨下端，另一只手叠于其上，靠救护人员的体重，向胸骨下端用力加压，使其陷下 3cm 左右，随即放松，让胸廓自行弹起，如此有节奏地压挤，每分钟约 60～80 次。急救如有效果，伤员的肤色即可恢复，瞳孔缩小，颈动脉搏动可以扪到，自发性呼吸恢复，心脏按摩法可以与人工呼吸同时进行。

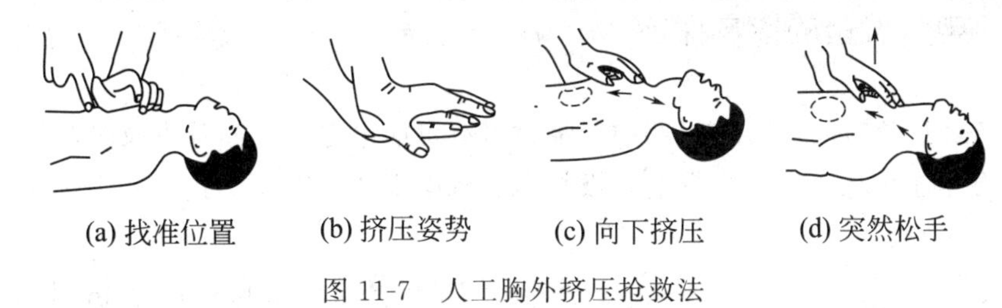

(a) 找准位置　(b) 挤压姿势　(c) 向下挤压　(d) 突然松手

图 11-7　人工胸外挤压抢救法

当触电者伤势严重，呼吸和心跳都停止，或瞳孔开始放大，应同时采用“口对口人工呼吸”和“人工胸外挤压”抢救法，如图 11-8 所示。

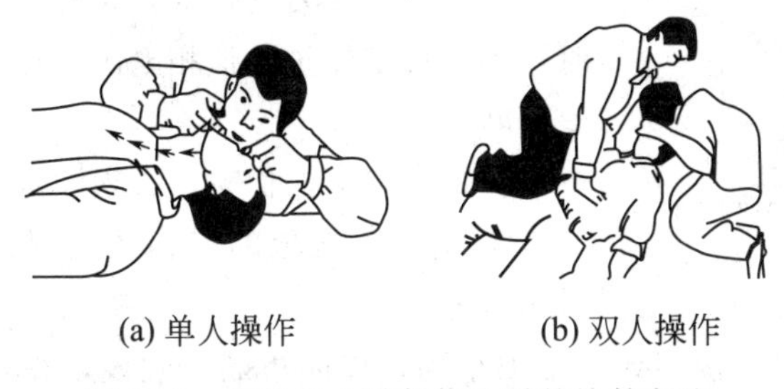

(a) 单人操作　(b) 双人操作

图 11-8　呼吸和心跳都停止时的抢救方法

例 12　触电急救的注意事项

① 发现了触电事故，发现者一定不要惊慌失措，要动作迅速，救护得当。首先，要迅速将触电者脱离电源，电源电流对人体的作用时间愈长，对生命的威胁愈大。所以，触电急救时首先要使触电者迅速脱离电源。其次，立即就地进行现场救护，同时找医生救护。

② 将触电者脱离电源后，将触电人员身上妨害呼吸的衣服全部解开，立即移到通风处，越快越好。迅速将口中的假牙或食物取出。

③ 如果触电者牙紧闭，需使其口张开，把下颚抬起，将两手四指托在下颚背后外，用力慢慢往前移动，使下牙移到上牙前。

④ 在使触电人脱离电源时应注意：防止自身及他人触电并防止伤者二次伤害。

⑤ 抢救过程要不停地进行，在送往医院的途中也不能停止抢救。当抢救者出现面色好转、嘴唇逐渐红润、瞳孔缩小、心跳和呼吸迅速恢复正常，即为抢救有效的特征。

⑥ 在现场抢救中，不能打强心针，也不能泼冷水，如图 11-9 所示。

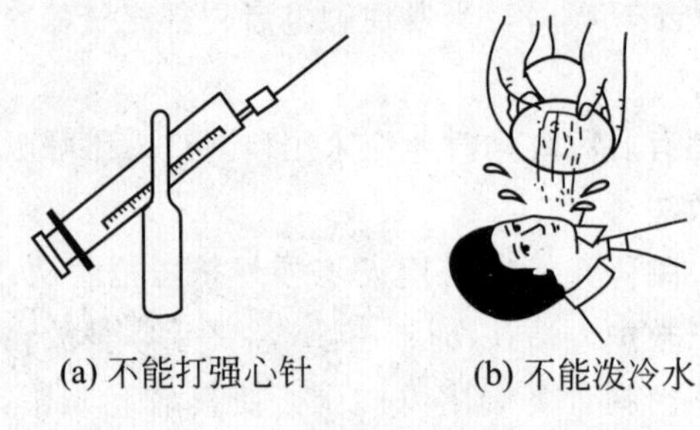

(a) 不能打强心针　　(b) 不能泼冷水

图 11-9　触电急救的注意事项

例 13　电气设备的接零保护

电气设备经过长时间运行，内部的绝缘材料有可能已老化，如若不及时修理，将出现带电部件与外壳相连，从而使机壳带电，极易出现触电事故。因此，我们采用接零和接地两种保护措施。

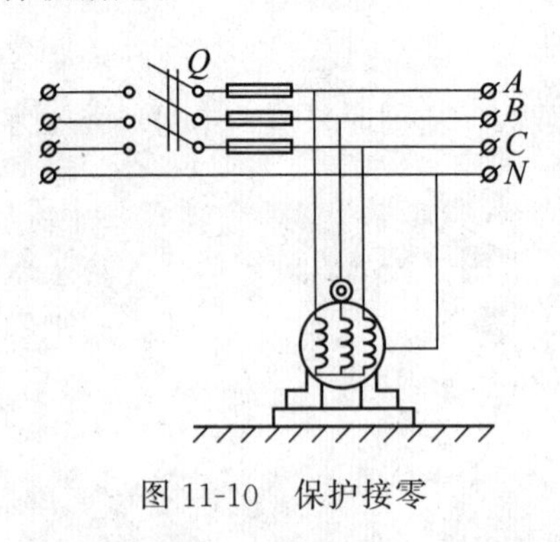

图 11-10　保护接零

在 1000V 以下中线接地良好的三相四线制系统中，如 380V/220V 系统，将电气设备的外壳或框架与系统的零线相接，称保护接零。

图 11-10 为保护接零示意图，当某相绕组与机壳短路时，因有接零保护使该相电源短接、电流很快烧断该相熔丝而断电。

在采用接零保护时，必须注意以下几点。

① 对中点接地的三相四线制系统，电力装置宜采用低压接零保护。

② 采用保护接零时，接零导线必须牢固，以防折断，脱线，在零线中不允许安装熔断器和开关等设备。为了在相线碰壳时，保护电器可靠地动作，要求接零的导线电阻不要太大。

例 14　电气设备的接地保护

(1) 接地保护的作用

接地保护就是把电气设备的金属外壳，框架等用接地装置与大地可靠地连接，以保护人身安全，它适用于 1000V 以下电源中性点不接地的电网和 1000V 以上的任何形式电网。

保护接地示意图如图 11-11 所示。当某相绕组与机壳相碰，使机壳带电，而人体与机壳相碰时，因接地电阻很小，远小于人体电阻，电流绝大部分通过接地线入地，从而保护人身安全。

(2) 安装接地装置注意事项

① 同一电源上的电器设备不可一部分设备接零，另一部分接地。因为当接地的电气设备绝缘损坏而碰壳时，可能由于大地的电阻较大使保护开关或保护熔丝不能动作，于是电源

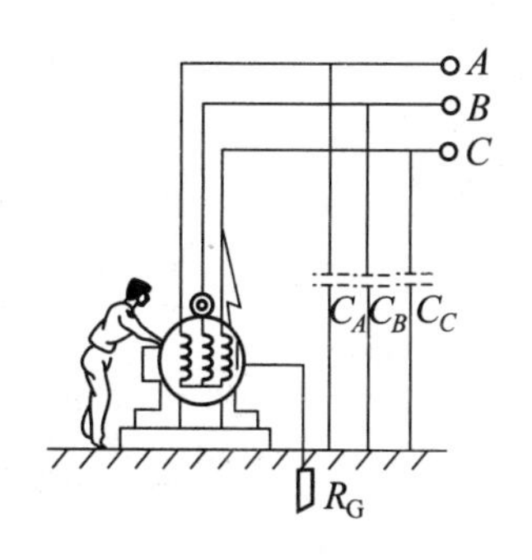

图 11-11　保护接地示意图

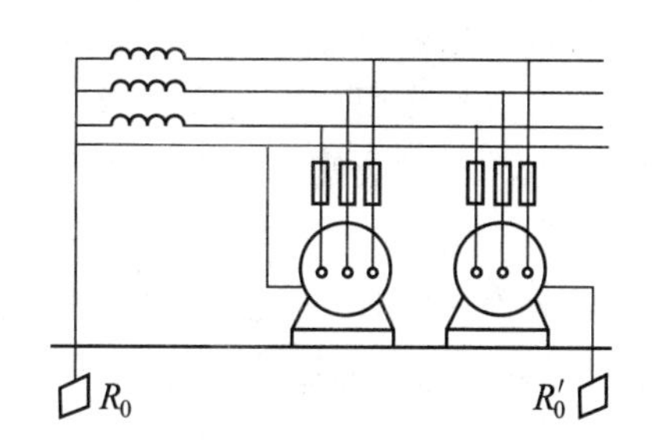

图 11-12　不正确的接地接零保护

中性点电位升高（等于接地短路电流乘以中点接地电阻），以至于使所有的接零电气设备都带电（图 11-12），反而增加了触电危险性。

② 接地装置的安装要严格按照国家有关规定，安装完毕必须进行严格测定接地电阻，以满足完好运行的要求。

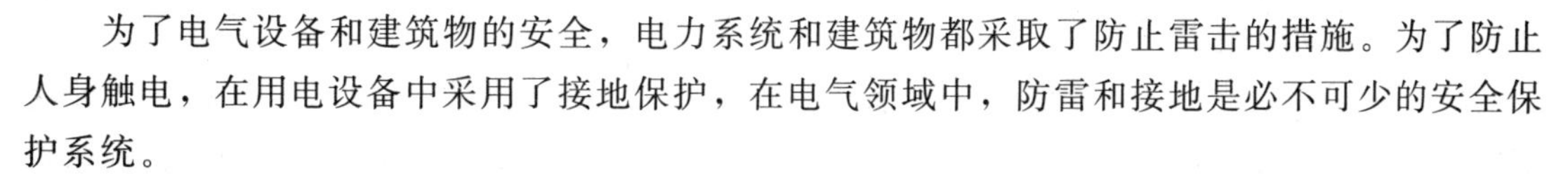

例 15　雷电的危害

为了电气设备和建筑物的安全，电力系统和建筑物都采取了防止雷击的措施。为了防止人身触电，在用电设备中采用了接地保护，在电气领域中，防雷和接地是必不可少的安全保护系统。

当雷电场在某一方位的场强强度达到 25～30kV/cm 时，雷云就开始向这一方位放电（即雷电）。这种放电时间极短，在 0.03～0.15s 内，电流极大，可高达几十万安，并伴有雷鸣电闪，破坏性极大。图 11-13 为负雷云对建筑物顶部放电示意图，雷击的危害有三种形式。

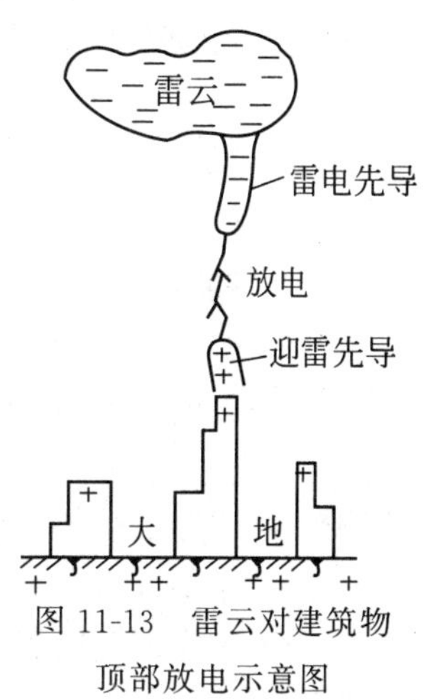

图 11-13　雷云对建筑物顶部放电示意图

（1）直击雷

雷电直接击中电气设备、线路或建筑物，强大的雷电流通过被击物体，产生有极大破坏作用的热效应和机械力效应，伴之还有电磁效应和对附近物体的闪络放电（即雷电反击或二次雷击）。

（2）感应雷

雷云在建筑物和架空线路上空形成很强的电场，在建筑物和架空线路上便会感应出与雷云电荷相反的电荷。在雷云向其他地方放电后，云与大地之间的电场突然消失，但聚集在建筑物的顶部或架空线路上的电荷不能很快全部泄入大地，残留下来的大量电荷，相互排斥而产生强大的能量使建筑物震裂。同时，残留电荷形成的高电位，往往造成屋内电线、金属管道和大型金属设备放电，击穿电气绝缘层或引起火灾、爆炸。

（3）雷电波侵入

由于直击雷或感应雷所产生的高电位雷电波，沿架空线或金属管道侵入建筑物而造成危害。雷电波侵入的事故时有发生，在雷害事故中占相当大的比例。

雷电的危害如下。

① 雷电产生强大电流，瞬间通过物体时产生高温，引起燃烧、熔化。

② 雷击爆炸作用和静电作用能引起树林、电杆、房屋等物体被劈裂倒塌。

③ 雷电放电时能使物体产生数万度高温，空气急剧膨胀扩散，产生冲击波，具有一定的破坏力。

④ 雷电流在周围空间形成强大电磁场。电磁感应能使导体的开口处产生火花放电，如有易燃、易爆物品就会引起爆炸或燃烧。而在闭路导体中，因强大的感应电流也会引起燃烧。

例 16　建筑物的防雷等级

根据建筑物的重要程度、使用性质、雷击可能性的大小，以及所造成后果的严重程度，民用建筑物的防雷分类，可以划分为如下 3 类。

（1）一级防雷建筑

具有重要用途的建筑物、属于国家级重点文物的建筑物和建筑物及高度超过 100m 的建筑物，如国家级的会堂、办公建筑、大型博展建筑、大型旅游建筑、国际性的航空港、交通枢纽等属一级防雷建筑。

（2）二级防雷建筑

重要的或人员密集的大型建筑物、省级重点文物的建筑物和构筑物、19 层以上的住宅和高度超过 50m 的其他民用建筑、省级及以上大型计算机中心。如省部级办公室、省级通信广播建筑、大型的商店等属于二级防雷建筑。

（3）三级防雷建筑

不属于一、二类防雷的建筑属三级防雷建筑，但通过调查确认需要防雷的建筑物，如高度为 15m 及以上的烟囱、水塔等孤立的建筑物或构筑物。

第一类防雷建筑物应有防直击雷、放感应雷和防雷电波侵入的措施；第二类防雷建筑物，应有防直击雷和防雷电波侵入的措施，其中第二类防雷建筑物中储存易燃易爆物质的建筑物还应有防雷电感应的措施。第三类防雷建筑物应有防直击雷和防雷电波侵入的措施。

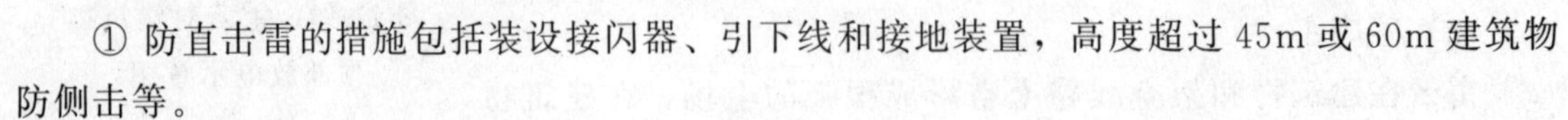

① 防直击雷的措施包括装设接闪器、引下线和接地装置，高度超过 45m 或 60m 建筑物防侧击等。

② 防感应雷的措施包括采用避雷器；建筑物内的主要金属物就近接地，平行敷设或交叉的金属管道的跨接，高度超过 45m 或 60m 的建筑物竖直敷设的金属管道和金属物的顶端和底端与防雷装置连接。

③ 防雷波侵入的措施包括架空和埋地的电缆、金属管道进出建筑物的要求。

例 18　直击雷的预防

接闪器是用于接受雷电流的金属导体。接闪器的金属杆，称为避雷针；接闪的金属带、金属网，称为避雷带、避雷网。

避雷针一般用镀锌圆钢或镀锌焊接钢管制成。一般采用镀锌圆钢（针长为 1m 以下时，直径不小于 12mm；针长为 1～2m 时，直径不小于 16mm）或镀锌钢管（针长为 1m 以下时，内径不小于 20mm；针长为 1～2m 时，内径不小于 25mm）制成，通常安装在构架、支柱或建筑物上，其下端经引下线与接地装置焊接，与大地构成通路。

避雷针的保护范围可以用一个以避雷针为轴的圆锥形来表示采用滚球法对避雷针（避雷线）进行保护范围计算，滚球法就是设想一个半径为 h_r 的球围绕避雷装置左右上下滚动，并认为可被此球接触到的地方均是可按雷电击中并引起损坏的地方，而装置附近未能按此球接触的空间即是有效的保护空间，即在此空间内按击中的概率小，击中时也不致引起大的损坏。国标推荐采用滚球法确定避雷针的防雷范围，并对单支和多支避雷针保护范围作了明确的规定。

使用滚球法确定保护范围的模型请参看图 11-14 为单根避雷针保护范围示意图，图 11-15 为双支避雷针保护范围示意图。表 11-2 为按建筑物防雷等级确定滚球半径和避雷网格尺寸。

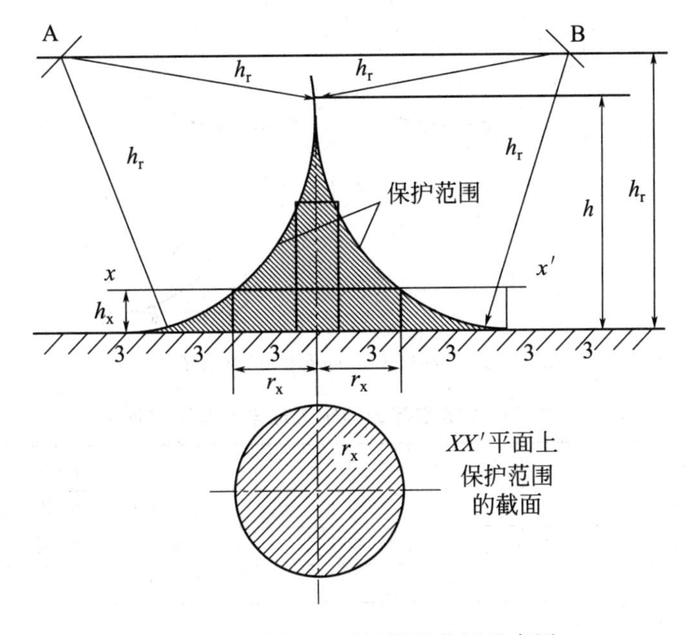

图 11-14　单根避雷针保护范围示意图

例 19 | 引下线和接地装置

（1）引下线

引下线是将接闪器与接地装置相连接的导体。是将雷电流倒入大地的通道。引下线一般采用镀锌圆钢或扁钢，圆钢直径不小于 8mm，扁钢截面不小于 $48mm^2$，厚度不小于 4mm，引下线还可利用建筑物的金属构件。如建筑物钢筋混凝土屋面板、梁、柱、基础内的钢筋，消防梯，烟囱的铁爬梯等都可作为引下线，但所有金属部件之间都应连成电气通路。

（2）接地装置

电气设备的某部分与土壤之间的良好电气连接，称为接地。接地装置是埋设在地下的接

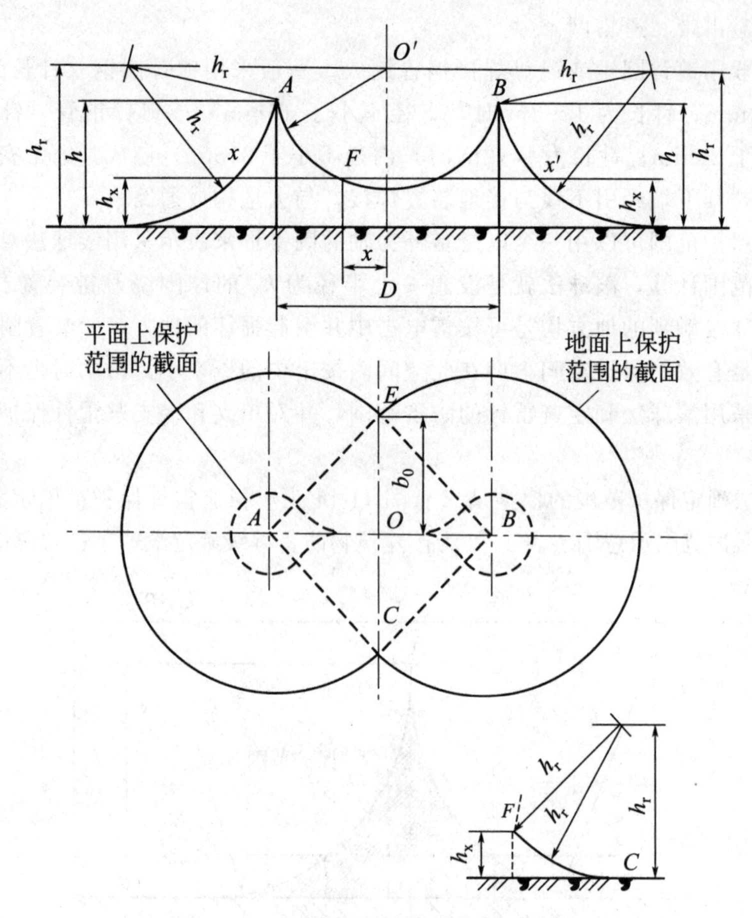

图 11-15　双根避雷针保护范围示意图

表 11-2　按建筑物防雷等级确定滚球半径和避雷网格尺寸

建筑物防雷等级	滚球半径 h_r/m	避雷网格尺寸/m
第一类防雷建筑物	30	≤5×5 或≤6×4
第二类防雷建筑物	45	≤h_r 时 10×10 或≤12×8
第三类防雷建筑物	60	≤20×20 或≤24×16

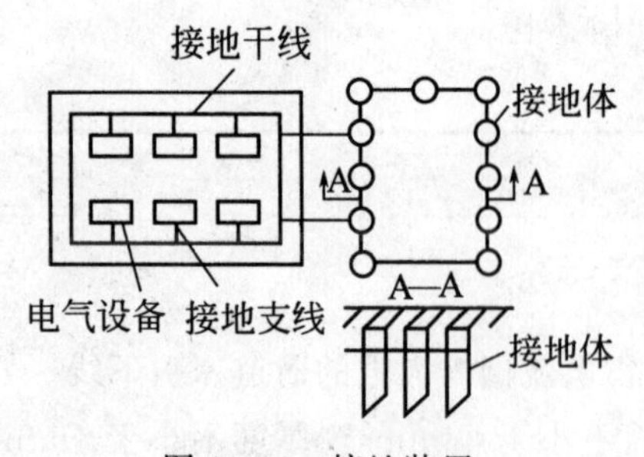

图 11-16　接地装置

地导体（即水平连接线）和垂直接地极的总称，它可以将雷电流尽快地疏散到大地之中，接地装置包括接地体和接地线两部分，接地体既可利用建筑物的基础钢筋，也可使用金属材料进行人工敷设。如图 11-16 所示。

① 人工接地体的尺寸。圆钢直径不小于 10mm；扁钢截面不小于 100mm^2，厚度不小于 4mm；角钢厚度不小于 4mm；钢管壁厚不小于 3.5m。

② 水平及垂直接地体距离建筑物外墙、出入口、人行道的距离不小于 3m。当不能满足要求时，可以加深接地体的埋设深度，水平接地体局部埋设深度不小于 1m 或水平接地体的局部用 50～80m 的沥青绝缘层包裹，或采用沥青碎石地面，在接地装置上面敷设 50～

80mm 厚的沥青层，其宽度超过接地装置 2m。

③ 利用建筑物基础钢筋网作接地体时应满足以下条件。

a. 基础采用硅酸盐水泥和周围土壤含水率不低于 4%，基础外表无防腐层或沥青质的防腐层。

b. 每根引下线的冲击接地电阻不大于 5Ω。

例 20 感应雷的预防

雷云放电消失或雷电直击线路，都会使线路感应或残余的过电压沿着线路侵入变配电所或其他建筑物内。为了防范被保护设备或建筑的毁坏，通常采用避雷器，使避雷器与保护设备并联，并装在被保护设备的电源侧，如图 11-17 所示。

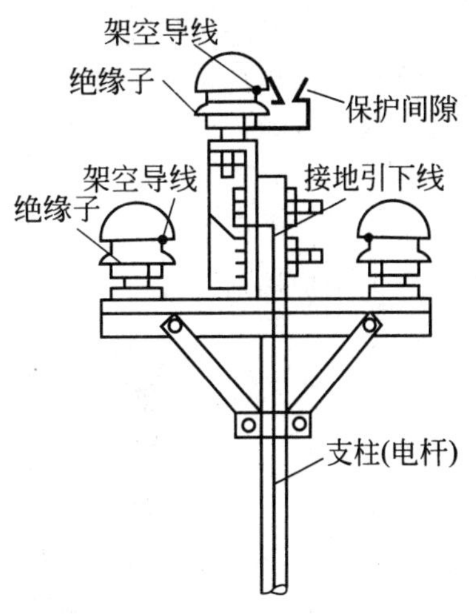

图 11-17 顶线绝缘子附加保护间隙

保护原理：正常时，避雷器的间隙保持绝缘状态，不影响运行；当高压冲击波来临时避雷器间隙被击穿而接地，从而强行截断冲击波，此时能够进入被保护设备的电压仅为雷电流通过避雷器和引线以及接地装置而产生的所谓残压，雷电流通过以后，避雷器间隙又恢复绝缘状态。

预防雷电波侵入主要采取以下措施。

① 低压线路宜全线采用电缆直接埋地敷设。

② 在入户端应将电缆的金属外皮、钢管接到防雷电感应的接地装置上。

③ 当全线采用电缆有困难时，可采用钢筋混凝土杆和铁横担的架空线，并应使用一段金属铠装电缆或扩套电缆穿钢管直接埋地引入。

例 21 防雷接地系统

为了避免雷电的危害，金属杆塔、避雷针（线）和避雷器等防雷设备都必须配以相应的接地装置，以便将强大的雷电流导入大地中，这种接地称为防雷接地。流过防雷接地体的是时间很短（一般为数十微秒）的雷电流，其值有时可达数十至数百千安。避雷器的接地电阻一般不超过 5Ω。

应当指出，上述三种接地有时是很难分开的，在工程上的接地实际上是集工作接地、保护接地和防雷接地为一体的接地装置。

接地系统有独立和等电位连接两种方式。等电位连接方式指用联结导线或过电压保护器将处于需要防雷的空间内的装置、建筑物的金属构架、金属装置、电气装置等连接起来。等电位连接是防止雷电冲击的重要技术手段，它不仅可以消除不同金属部件及导线间的雷电流引起的高电位差，而且可以很好地起到对雷电流分流的作用，以达到减少防雷空间内火灾、爆炸及生命危险。在实际防雷工程当中，等电位连接的应用几乎无处不在。从某种意义上讲，共用接地就是接地系统间的等电位连接，而各种过电压保护器即避雷器的安装，就是为了实现当雷电流侵入导线时与接地系统暂时的连接，以均衡导线和接地系统间的电位，其实质仍然是等电位连接。

按住房和城乡建设部《低压配电设计规范》（GB 50054—2011）规定：采用接地故障保护时，在建筑内应做总等电位连接（MEB），当电气设备或其某一部分的接地故障保护不能满足规定要求时，应在局部范围内做局部等电位连接（LEB）。

（1）总等电位连接

总等电位连接是在建筑物进线处，将PE线或N线与电气装置接地干线、建筑物内的各种金属管道（如水管、煤气管道、暖气管道等）以及建筑物金属物件等都接向总等电位连接端子，使它们都具有相同的电位。

（2）局部等电位连接

局部等电位连接又称辅助等电位连接，是在远离总等电位连接处，非常潮湿、触电危险性大的局部区域内进行的等电位连接，作为总等电位连接的一种补充。

图11-18是某建筑物的接地系统图。在进线配电箱内有保护接地的小母线，由此与用电设备分配电箱上的PE线连接，在进线配电箱的保护接地小母线上做总等电位连接，而在分配电箱的保护接地干线上做了局部等电位连接。

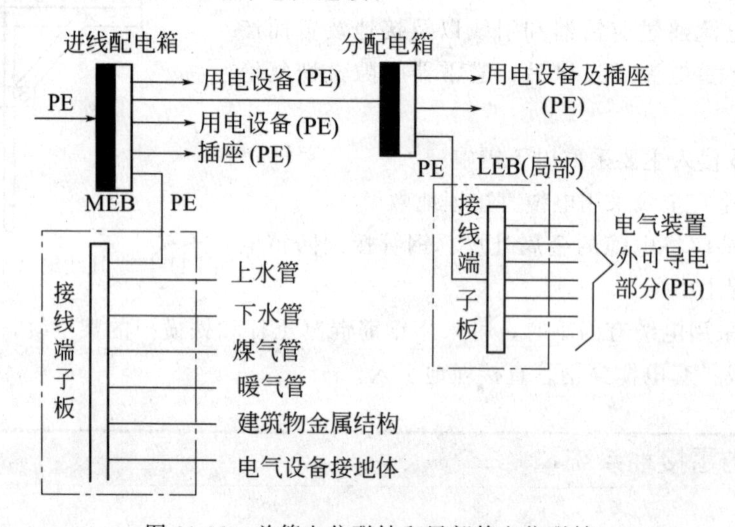

图11-18　总等电位联结和局部等电位联结

例22　建筑物的接地

接地平面图如图11-19所示，简要说明如下。

① 用ϕ10mm的不锈圆钢，采用搭接焊连接成的避雷带，架设在女儿墙和所有屋脊上。避雷带的支架间距、固定方法，参照国家标准予以规定。

② D1～D4点为引下线，是房屋剪力墙外侧的两根主钢筋，其上部与避雷带焊接连通，下部与联合接地体的钢筋焊接连通。

③ 联合接地体由钢筋混凝土基础内金属构件体所组成。即采用4mm×40mm的扁钢或利用ϕ6mm的两根钢筋作为连接线，将建筑基础内的主钢筋焊接成环形接地网，构成一个满足防雷接地要求的接地体，其接地电阻小于1Ω。

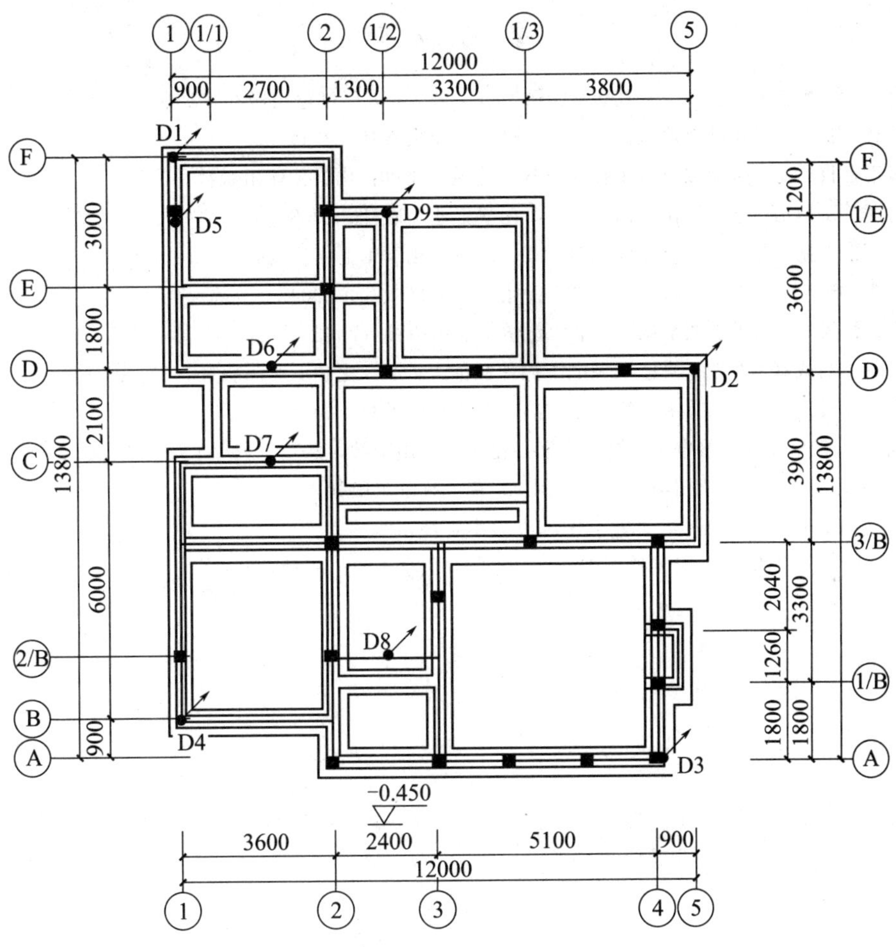

图 11-19　建筑接地平面图（尺寸单位：mm）

参 考 文 献

[1] 金国砥. 维修电工与实训——初级篇. 第 2 版. 北京：人民邮电出版社，2010.

[2] 乔长君. 维修电工技能快速入门. 北京：电子工业出版社，2014.

[3] 祖国建，肖雪耀. 学会维修电工技能就这么容易. 北京：化学工业出版社，2014..

[4] 邱利军，于曰浩. 电工操作入门. 北京：化学工业出版社，2008.

[5] 张宪、张大鹏. 电工电子仪器仪表装配工. 北京：化学工业出版社，2007.

[6] 付家才. 电气控制工程实践技术. 北京：化学工业出版社，2004.

[7] 张宪、张大鹏. 电子工艺基础. 北京：化学工业出版社，2013.

[8] 陈崇明，刘咸富，吴彤. 快速掌握电工操作技能. 北京：化学工业出版社，2014.

[9] 黄禹，黄威. 维修电工技术问答. 北京：化学工业出版社，2014.

[10] 张伯龙. 轻松掌握维修电工技能. 北京：化学工业出版社，2014.

[11] 黄海平，黄鑫. 电工读图与识图 200 例. 北京：科学出版社，2015.

[12] 李荣华. 跟我学电工操作. 北京：中国电力出版社，2015.

[13] 乔长君，等. 图解电工安装技能 100 例. 北京：化学工业出版社，2014.